上海市职业教育"十四五"规划教材

网络信息安全人才培养校企合作系列教材

U0198854

操作系统安全加固

杜春立　梁富伟　◎主　编

钱　雷　任　健　◎副主编

向黎希　李睿杰　黄斌华　◎参　编

电子工业出版社·

Publishing House of Electronics Industry

北京·BEIJING

内 容 简 介

本书以网络安全等级保护的要求为依据，强调学生"分析和加固"实践能力的培养，融入网络安全职业素养和课程思政元素，基于任务驱动方式对内容进行组织编排。全书共有 6 个模块，内容包括服务器安全配置、文件系统权限管理、重要数据加密、日志管理、防火墙安全配置、服务器连接安全配置。

本书可作为职业院校网络信息安全及相关专业的教材，也可作为信息安全管理初学者的入门参考书。

图书在版编目（CIP）数据

操作系统安全加固 / 杜春立，梁富伟主编. -- 北京：
电子工业出版社，2024. 8. -- ISBN 978-7-121-48633-3

Ⅰ. TP316

中国国家版本馆 CIP 数据核字第 20246XY129 号

责任编辑：郑小燕
印　　刷：三河市双峰印刷装订有限公司
装　　订：三河市双峰印刷装订有限公司
出版发行：电子工业出版社
　　　　　北京市海淀区万寿路 173 信箱　　　邮编：100036
开　　本：880×1230　　1/16　　印张：16.75　　字数：386 千字
版　　次：2024 年 8 月第 1 版
印　　次：2025 年 2 月第 2 次印刷
定　　价：49.80 元

凡所购买电子工业出版社图书有缺损问题，请向购买书店调换。若书店售缺，请与本社发行部联系，联系及邮购电话：（010）88254888，88258888。

质量投诉请发邮件至 zlts@phei.com.cn，盗版侵权举报请发邮件至 dbqq@phei.com.cn。

本书咨询联系方式：（010）88254550，zhengxy@phei.com.cn。

前　言

　　信息是社会发展的重要战略资源。信息技术和信息产业正在改变传统的生产、经营和生活方式，成为新的经济增长点。近几年，国家对信息安全的重视程度越来越高，各类职业院校都在相继开设网络信息安全专业，开展网络安全及相关内容的教学。

　　2017 年 6 月 1 日正式施行的《中华人民共和国网络安全法》，是我国第一部全面规范网络空间安全管理方面问题的基础性法律，是我国网络空间法治建设的重要里程碑，是依法治网、化解网络风险的法律重器，是让互联网在法治轨道上健康运行的重要保障。

　　本书依托网络安全行业的新理念、新方法、新应用，以系统与应用服务安全管理工作任务和职业能力为依据，遵循 Windows 系统和 Linux 系统安全加固的认知规律，以提升操作系统加固能力为主线进行编写。本书由经验丰富的一线教师和安全企业技术人员共同编写，基于任务驱动，体现"基于工作过程""教、学、做"一体化的教学理念，内容选取具有典型性和实用性，紧跟行业技术发展，注重学生网络法律法规意识、网络安全防范意识、操作规范意识、风险控制意识的培养，以及安全防护习惯和精益求精的职业态度的养成，融入自觉维护国家安全和社会稳定的课程思政元素。

　　全书共有 6 个模块。模块 1 为服务器安全配置，它是操作系统安全加固的基础，主要包括对用户账户、密码策略、应用服务的安全配置；模块 2 为文件系统权限管理，主要包括 Windows 和 Linux 安全权限设置；模块 3 为重要数据加密，介绍了数据的加密原理和方法，主要包括 BitLocker 加密、EFS 加密、OpenSSL 加密、VeraCrypt 加密和 GPG 加密；模块 4 为日志管理，介绍了 Windows 和 Linux 服务器中日志管理的方法，主要包括日志查看、日志过滤、日志导出和日志排查；模块 5 为防火墙安全配置，主要包括 Windows 防火墙配置、Linux iptables 防火墙配置、Linux firewalld 防火墙配置及虚拟防火墙配置；模块 6 为服务器连接安全配置，介绍了 Windows 服务器中常用的安全连接策略管理方法，主要包括配置 IP 安全策略、配置 IPSec 传输模式和 Windows 防火墙连接安全规则的制定。

　　通过对本书的学习，读者应当能够掌握操作系统安全运维相关的基本安全技术，具备维护与安全加固 Windows 系统和 Linux 系统的能力，以及胜任系统与应用服务安全管理等岗位工作的职业能力。

　　本书建议以学生为中心，以教师为主体，采用理实一体的方法进行教学，安排 72 学时。

　　本书配套相关电子教学资源，满足教师开展线上线下相融合的教学需求。请有此需要的教师登录华信教育资源网注册后免费下载，有问题时请在网站留言板留言或与电子工业出版社联系。

　　限于作者水平，书中难免存在疏漏和不足之处，欢迎广大读者提出宝贵意见和建议。

目　录

模块 1

服务器安全配置

服务器安全配置是维护网络安全的重要一环，也是经济社会稳定运行的重要保障。Windows 和 Linux 服务器安全配置是操作系统安全加固的基础，包括用户账户、密码策略、应用服务的安全配置。

本模块需要掌握的主要知识与技能有：

- 用户和用户组的安全配置
- 用户密码策略的安全配置
- 常用应用服务的安全配置

通过对本模块知识的学习，以及技能的训练，可以掌握以下操作技能：

- 能根据实际需求在 Windows 本地或域环境下配置系统安全账户
- 能根据实际需求在 Linux 环境下配置系统安全账户
- 能根据实际需求在 Windows 环境下配置密码安全策略
- 能根据实际需求在 Linux 环境下配置密码安全策略
- 能根据实际需求安全加固常用的应用服务

任务 1 Windows Server 本地用户账户安全管理

★ 学习目标

1. 能掌握网络安全等级保护中用户账户安全管理的相关要求；
2. 能掌握在 Windows 系统中本地用户账户安全管理的方法；
3. 能熟练地使用 lusrmgr.msc 工具安全管理本地用户和组账户；
4. 能熟练地使用 net 命令安全管理 Server Core 本地用户和组账户；
5. 通过本地用户账户安全管理，培养并保持良好的安全意识和防护习惯。

任务描述

公司网络系统安全管理员根据网络安全等级保护的要求，计划在公司的服务器上进行本地用户账户安全管理，来满足公司服务器安全稳定运行的需求。

为此，管理员需要使用普通用户身份登录服务器系统，并"以管理员身份运行"作为管理凭据提升权限，检查用户账户信息、删除或禁用过期的账户。同时，管理员需要为公司新员工创建用户账户，要求用户账户信息完整，遵循账户统一管理规范，并考虑用户账户实际使用需求，设定用户账户登录时间，禁用不使用的用户账户，确保系统安全稳定运行。Windows系统用户账户信息如表 1-1-1 所示。

表 1-1-1　Windows 系统用户账户信息

序号	用户名	全名	描述	密码	选项
1	Administrator	管理员	系统内置管理员账户	P@ss2019	重命名为 AdSkills
2	Guest	来宾	系统内置来宾账户	空	用户账户默认禁用
3	Operator	顾俊	网络安全运维操作员	Gj@2019#	隶属于 Users 组 用户账户永不过期
4	AuditUser	审计员	系统审计员	audit@2019#	用户不能更改密码
5	Zhangg	张刚	财务部新入职会计	Zhang@123#	用户第一次登录时须更改密码 工作日 8 点到 17 点
6	Chengm	程梅	人事部新入职专员，暂未报到	Cheng@123#	用户第一次登录时须更改密码 用户账户禁用
7	Lidm	李冬梅	财务部离职员工用户账户	Ld@2019#	用户账户停用或删除 用户账户一周后过期

知识准备

Windows 本地用户账户是操作系统的安全主体，用于保护和管理服务或用户对服务器上资源的访问。在实施本地用户账户安全管理任务时，不仅要知道网络安全等级保护中关于用户账户安全管理的相关要求，还要掌握 Windows 本地用户账户安全管理的方法。

1. 用户账户安全管理要求

根据《信息安全技术网络安全等级保护基本要求》中的规定，明确了安全等级保护对象、不同等级的保护能力，以及技术要求和管理要求。在日常保障服务器等设备的计算环境安全的过程中，对用户账户安全管理的要求主要有以下几个方面。

（1）应对需要登录的用户分配账户和配置权限。

（2）应重命名或删除默认账户，修改默认账户的默认密码。

（3）应及时删除或停用多余的、过期的账户，避免共享账户的存在。

（4）应授予管理用户所需要的最小权限，实现管理用户的权限分离。

公司对默认用户账户进行安全管理的常用方案如下。

- 方案一：重命名默认管理员等系统账户。优点是增强安全性，便于管理和审计等。
- 方案二：禁用重要的默认管理员账户，另建用户账户进行管理授权。优点是恶意者不能利用系统默认账户。
- 方案三：将系统默认账户放入 Guests 组，另建用户账户进行管理授权。优点是使恶意者花费大量时间获得默认账户，但是依旧不会获得其账户权限。

2．Windows 系统账户管理

（1）用户和组的作用

在用户和组的安全管理过程中，通过向用户和组分配权限来授予用户和组执行某些操作的能力。授权用户可以在计算机上执行某些操作，例如备份文件和文件夹或关闭计算机。

组账户是可作为单个单元进行管理的用户和计算机账户、联系人和其他组的集合。属于特定组的用户和计算机被称为组成员。不同用户具有不同的权限，每个用户在权限允许的范围内完成不同的任务。也可以通过组的形式，让多个用户具有相同的权限，管理员可以通过对组账户的管理来设置用户对系统的访问权限，从而在一定程度上保证了系统的安全。

🔊 **小提示：** 在实际应用中，通过将用户加入不同的组来简化用户权限的分配。

（2）管理 Windows 本地用户账户和组的方法

通常使用 lusrmgr.msc 本地用户和组管理工具管理存储在本地计算机上的用户账户和组。默认本地用户账户和默认本地组是在安装操作系统时自动创建的，可以将本地用户账户和组账户添加到本地组中。操作系统内置的本地组本身已经被赋予了一些权限，目的是使本地组具备管理本地计算机或访问本地资源的能力。在此基础上，如果用户账户被添加到本地组中，就会具备该组所拥有的权限。常用的默认本地用户和组账户如下。

1）默认内置的本地用户账户。

- Administrator（系统管理员账户）：计算机中管理员组的成员。系统管理员账户永远无法从管理员组中被删除或移除，但可以重命名或禁用系统管理员账户。即使系统管理员账户已被禁用，它仍然可通过安全模式访问计算机。
- Guest（来宾账户）：由在计算机中没有实际账户的人员使用，账户被禁用但未被删除的用户也可以使用来宾账户，来宾账户不需要密码。在默认情况下，来宾账户处于禁用状态，建议该账户保持禁用状态。

2）默认内置的本地组账户。

- Administrators：该组内的用户具备系统管理员的权限，拥有对这台计算机的最大控制权。内置的系统管理员账户 Administrator 就隶属于该组，而且无法将它从该组中删除。

- Guests：该组内的用户无法永久改变其桌面的工作环境，当用户登录时，系统会为他们建立一个临时的用户配置文件；而当用户注销时，此配置文件就会被删除。内置的来宾账户就隶属于该组。
- Users：该组内的用户只具备一些基本权限，所有创建的本地用户账户都自动隶属于该组。

【查一查】在 Windows Server 2019 中，还有哪些内置的本地组用户？

3．使用 net user 命令和 net localgroup 命令管理本地用户和组

（1）net user 命令的作用和用法

net user 命令是 Windows 用户账户管理的命令行工具，可以添加、删除、修改或查看用户账户信息。

常用语法：net user [<UserName> {<Password> | *} /add [<Options>]。

net user 命令参数和命令行选项分别如表 1-1-2、表 1-1-3 所示。

表 1-1-2　net user 命令参数

参数	描述
<UserName>	指定要添加、删除、修改或查看的用户账户的名称。用户账户的名称最多可以有 20 个字符
<Password>	添加或修改用户账户的密码。输入星号（*）可以在密码提示符下输入密码，此时不会显示密码
<Options>	指定命令行选项

表 1-1-3　net user 命令行选项

命令行选项	描述
/active:{no	yes}	启用或禁用用户账户，如果该用户账户被禁用，则该用户将无法访问计算机上的资源。默认为 yes，即启用
/comment:"<Text>"	提供关于用户账户的描述性注释。这条注释最多可以有 48 个字符，并使用引号括起来
/expires: {{<MM/DD/YYYY> | <DD/MM/YYYY> <mmm,dd,YYYY>} | never}	如果设置日期，则将导致用户账户有使用期限。过期日期可以是[MM/DD/YYYY]、[DD/MM/YYYY]或[mmm,dd,YYYY]格式，具体格式取决于国家/地区代码。请注意，该用户账户将在过期日期开始时到期。对于月份值，可以使用数字、英文全称或 3 个字母的缩写（即 Jan、Feb、Mar、Apr、May、Jun、Jul、Aug、Sep、Oct、Nov、Dec）表示。never 表示永不过期
/passwordchg:{yes	no}	指定用户是否可以修改自己的密码。默认为 yes
/passwordreq:{yes	no}	指定用户账户是否必须有密码。默认为 yes
/logonpasswordchg:{yes	no}	指定用户是否应在下次登录时更改自己的密码。默认为 no
/times:{TIMES	ALL}	TIMES 表示 day[-day][,day[-day]],time[-time][,time [-time]]，增量限制为 1 小时。日期可以是完整拼写，也可以是缩写。小时可以是 12 或 24 小时表示法。对于 12 小时表示法，请使用 am、pm、a.m.或 p.m.。ALL 表示用户始终可以登录，空白值表示用户始终不能登录。使用逗号将日期和时间隔开，使用分号将多个日期和时间隔开

（2）net localgroup 命令的作用和用法

net localgroup 命令是 Windows 组管理的命令行工具，可以添加、修改或显示本地组信息。

常用语法：net localgroup [<GroupName> {/add [/comment:"<Text>"] }。

net localgroup 命令参数如表 1-1-4 所示。

表 1-1-4　net localgroup 命令参数

参数	描述
< GroupName >	要添加、修改或显示的本地组的名称
/add	添加一个本地组名或用户名到一个本地组中。在使用该命令将用户或全局组添加到本地组之前，必须为其创建账户
/comment: "<Text>"	为新建组或现有组添加注释
<Name> […]	列出要添加到本地组或从本地组中删除的一个或者多个用户名或组名，多个用户名或组名之间使用空格隔开。可以是本地用户、其他域用户或全局组，但不能是其他本地组

任务环境

[数字资源]

视频：Server Core 系统安装

✓　VM Workstation 虚拟化平台

✓　Windows Server 2019 虚拟机

✓　Windows Server 2019 Core 虚拟机

✓　Windows 10 虚拟机

✓　实验环境的网络拓扑（如图 1-1-1 所示）

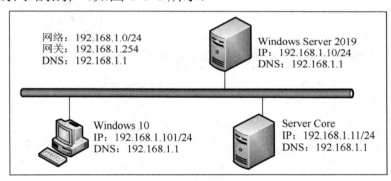

图 1-1-1　网络拓扑

学习活动

[数字资源]

视频：使用 lusrmgr.msc 工具管理本地用户和组

活动 1　使用 lusrmgr.msc 工具管理本地用户和组

管理员登录公司的 Windows Server 2019 服务器，实现下列用户账户的安全管理要求，具体用户账户信息如表 1-1-5 所示。

（1）将系统内置管理员账户重新命名为 AdSkills。

（2）禁用来宾账户。

（3）创建一个网络安全运维操作员账户。

（4）创建一个系统审计员账户。

表 1-1-5　用户账户信息

序号	用户名	全名	描述	密码	选项
1	Administrator	管理员	系统内置管理员账户	P@ss2019	重命名为 AdSkills
2	Guest	来宾	系统内置来宾账户	空	用户账户默认禁用
3	Operator	顾俊	网络安全运维操作员	Gj@2019#	隶属于 Users 组 用户账户永不过期
4	AuditUser	审计员	系统审计员	audit@2019#	用户不能更改密码

STEP 1　在任务栏搜索框中输入 lusrmgr.msc，并以管理员身份运行该程序，如图 1-1-2 所示。

图 1-1-2　以管理员身份运行 lusrmgr.msc

STEP 2　在【本地用户和组(本地)】界面中，展开【用户】节点，在右侧窗口中右击 Administrator，在弹出的快捷菜单中选择【重命名】命令，将 Administrator 修改为 AdSkills，如图 1-1-3 所示。

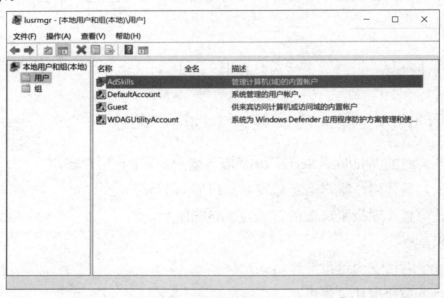

图 1-1-3　Administrator 重命名

小提示： 在实际应用中，一般建议将默认系统管理员重命名。

STEP 3　按【Ctrl+Alt+Del】组合键，选择【更改密码】选项，在弹出的设置界面中，先将用户名 Administrator 修改为 AdSkills，用户密码设置为 P@ss2019，再单击【→】提交按钮，如图 1-1-4 所示。

图 1-1-4　更改管理员密码

STEP 4　在【本地用户和组(本地)】界面中，展开【用户】节点，在右侧窗口中右击 Guest，在弹出的快捷菜单中选择【属性】命令，检查来宾账户是否已被禁用，如果没有被禁用，则请在【Guest 属性】对话框中勾选【账户已禁用】复选框，如图 1-1-5 所示。

图 1-1-5　禁用来宾账户①

_____

① 图 1-1-5 中"帐户"的规范写法应为"账户"，后文同。

✅ **想一想**：在 Windows Server 2019 系统中，来宾账户默认是否被禁用？

STEP 5 在【本地用户和组(本地)】界面中，展开【用户】节点，在右侧窗口空白处右击，在弹出的快捷菜单中选择【新用户】命令，弹出【新用户】对话框，在【用户名】文本框中输入 Operator，在【全名】文本框中输入"顾俊"，在【描述】文本框中输入"网络安全运维操作员"，在【密码】文本框和【确认密码】文本框中分别输入 Gj@2019#，取消勾选【用户下次登录时须更改密码】复选框，并单击【创建】按钮，如图 1-1-6 所示。

🔊 **小提示**：网络安全运维操作员除了进行本地登录，有时还需要进行网络登录。由于在网络登录时无法更改密码，因此建议取消勾选【用户下次登录时须更改密码】复选框。

STEP 6 在用户账户创建完成后，单击【关闭】按钮。在【Operator 属性】对话框中查看【隶属于】选项卡信息，检查用户账户是否隶属于 Users 组，如图 1-1-7 所示。如果不是，则使用添加功能将用户账户加入该组。

图 1-1-6 创建新用户 Operator　　　　　图 1-1-7 查看【隶属于】选项卡信息

🔊 **小提示**：在 Windows 系统中创建的用户，默认隶属于 Users 组。

STEP 7 同理，打开【新用户】对话框，创建系统审计员账户，在【用户名】文本框中输入 AuditUser，在【全名】文本框中输入"审计员"，在【描述】文本框中输入"系统审计员"，在【密码】文本框和【确认密码】文本框中分别输入 audit@2019#，取消勾选【用户下次登录时须更改密码】复选框，勾选【用户不能更改密码】复选框，并单击【创建】按钮，如图 1-1-8 所示。

[数字资源]

视频：创建审计
账户并分配权限

图 1-1-8　创建新用户 AuditUser

☑ **想一想**：在默认情况下，用户 AuditUser 隶属于 Users 组，且没有读取日志等功能权限。请想一想，如何授予该用户审计的权限呢？

STEP 8　关闭【新用户】对话框，返回【本地用户和组(本地)】界面，查看用户 AuditUser 的信息，如图 1-1-9 所示。

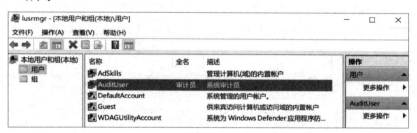

图 1-1-9　查看用户 AuditUser 的信息

活动 2　使用 net 命令管理本地用户和组

[数字资源]

视频：使用 net 命
令管理本地用户
和组

管理员登录公司的 Windows Server 2019 Core 服务器，实现下列用户账户的安全管理要求，用户账户信息如表 1-1-6 所示。

（1）为财务部新入职会计创建用户账户。

（2）为人事部新入职专员创建用户账户。

（3）维护财务部离职员工的用户账户。

表 1-1-6　用户账户信息

序号	用户名	全名	描述	密码	选项
1	Zhangg	张刚	财务部新入职会计	Zhang@123#	用户第一次登录时须更改密码 工作日 8 点到 17 点
2	Chengm	程梅	人事部新入职专员，暂未报到	Cheng@123#	用户第一次登录时须更改密码 用户账户禁用
3	Lidm	李冬梅	财务部离职员工用户账户	Ld@2019#	用户账户停用，用户账户一周后过期

STEP 1 在 Windows Server 2019 Core 服务器的 LogonUI.exe 界面中，选择 Operator 用户登录系统，如图 1-1-10 所示。

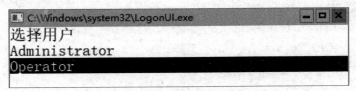

图 1-1-10 选择 Operator 用户登录系统

STEP 2 在命令提示符界面中，使用 net localgroup 命令创建财务部和人事部两个部门组，如图 1-1-11 所示。

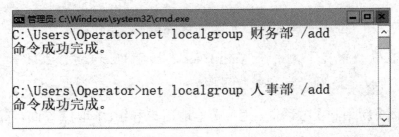

图 1-1-11 创建部门组

STEP 3 使用 net user 命令创建用户张刚、程梅，同时指定用户属性和选项，并停用李冬梅用户账户，如图 1-1-12 所示。

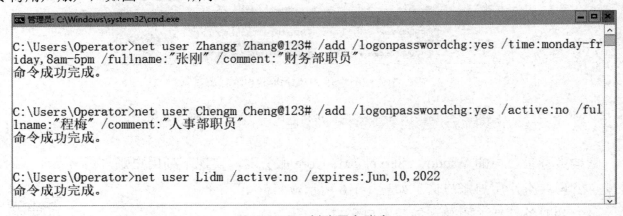

图 1-1-12 创建用户账户

说明：在使用 net user 命令操作时，注意选项之间使用空格隔开。

/add	#增加新用户
/logonpasswordchg:yes	#指定用户在第一次登录时必须更改自己的密码
/times:monday-friday,8am-5pm	#指定用户登录的时间
/active:no	#禁用该用户账户
/expires:Jun,10,2022	#根据实际情况，指定用户账户过期日期

STEP 4 使用 net localgroup 命令将用户张刚、程梅加入指定的部门组，如图 1-1-13 所示。

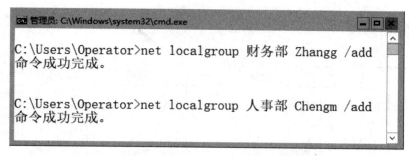

图 1-1-13   用户加入部门组

思考与练习

1. 在 Windows 系统中如何进一步保护本地计算机的安全？请列举几条账户使用的安全策略。

2. 为什么不直接使用系统管理员身份登录操作系统进行操作？

3. 请简述 net user 命令和 net localgroup 命令的常用命令行选项及其用法。

4. 请使用图形界面或者命令行界面创建一个用户账户 Test01，用户全名为 Backup Operator，用户第一次登录时须更改密码，且用户隶属于 Backup Operators 组。

任务 2 Windows Server 域用户账户安全管理

学习目标

1. 能掌握创建和管理域用户账户的方法与流程；
2. 能掌握 PowerShell 管理域用户账户的操作命令；
3. 能熟练地使用图形界面工具配置域安全用户账户；
4. 能熟练地使用 PowerShell 中的用户操作命令配置域用户账户；
5. 通过域用户账户安全管理，培养并保持良好的安全意识和防护习惯。

任务描述

公司已经部署了域环境，对网络资源进行了统一管理。公司网络系统安全管理员根据国家网络安全等级保护的相关安全管理规定和业务部门的使用需求，计划在公司的域控制器上进行用户账户的安全检查，并进一步按照网络安全等级保护要求实现域用户账户的安全管理，以保障公司业务信息化运行安全可靠。

为此，管理员需要使用普通身份登录服务器系统，并以管理员身份运行作为管理凭据来提升权限，检查域用户信息，创建域用户，删除或禁用过期的域用户。同时，要求使用域组的方式实现用户权限分离，并根据实际应用，将创建的域用户账户加入不同的域组。域用户账户信息如表 1-2-1 所示。

表 1-2-1 域用户账户信息

序号	用户名	全名	描述	密码	选项
1	EnterpriseOP	张军	林根域管理员	Zj@123#	隶属于 Enterprise Admins 组 第一次登录必须修改密码
2	DomainOP	王妍	域控制器管理员	Wy@1008#	隶属于 Administrators 组 用户账户永不过期 用户不能更改密码
3	AccountOp	罗成	域中用户账户管理员	Lc@123#	隶属于 Account Operators 组 第一次登录必须修改密码
4	ServerOp	孙军	终端管理员	Sj@123#	第一次登录必须修改密码 隶属于 Domain Admins 组
5	Guest	来宾	内置账户	空	禁用来宾账户
6	Luobin	罗宾	市场部新入职员工	Luob@123#	用户在下次登录时须更改密码 禁用用户账户
7	Chenli	陈丽	销售部临时聘请策划	Chenl@2019#	用户登录时间为 8 点到 17 点 用户不能更改密码 启用用户账户
8	Fanrong	范荣	财务部新入职会计	Fanr@123#	用户在下次登录时须更改密码 启用用户账户

📅 知识准备

Windows 域管理员为每个域用户分别创建了一个用户账户，而每个域用户可以利用该账户登录域，访问网络上的资源。在实现 Windows 域用户账户的安全管理任务中，需要掌握域用户和计算机的 dsa.msc 工具，以及 PowerShell 安全管理域用户账户和组的方法。

1．Windows 域用户和组

（1）Windows 域用户账户

在域网络管理模式下，用户账户的管理采用活动目录（Active Directory）的方式存储用户信息。可以使用 dsa.msc 工具打开 Active Directory 用户和计算机管理工具，进行域用户等信息的管理和发布。

Active Directory 用户和计算机中的"用户"容器显示 3 个内置用户账户：Administrator 管理员账户、Guest 来宾账户和 HelpAssistant 账户。这些内置用户账户是在创建域时自动创建的。每个内置用户账户都有不同的权限组合。Administrator 管理员账户对域具有最广泛的权限，而 Guest 来宾账户具有有限的权限。

🔊 **小提示：** Administrator 管理员账户是在使用 Active Directory 域服务安装向导设置新域时创建的第一个用户账户。

- Administrator 管理员账户。

Administrator 管理员账户具有对域的完全控制权限，它可以根据需要向域用户分配用户权限和访问控制权限。该账户仅用于需要管理凭据的任务。建议在实际应用中使用强密码来保障该账户的安全。

Administrator 管理员账户是管理员组、域管理员组、企业管理员组、架构管理员组等的默认成员，该账户永远不能从管理员组中被删除或移除，但可以重命名或禁用该账户。由于 Administrator 管理员账户是 Windows 系统默认的账户，因此建议重命名或禁用该账户使恶意用户更难以尝试访问该账户。

- Guest 来宾账户。

Guest 来宾账户是默认本地账户，对计算机的访问权限有限，在默认情况下处于禁用状态。由于 Guest 来宾账户可以提供匿名访问，因此存在安全风险，最佳做法是禁用 Guest 来宾账户，在需要使用 Guest 来宾账户时，可以使该账户在非常有限的时间段内具有有限的权限。

- HelpAssistant 账户。

HelpAssistant 账户是用于建立远程协助会话的主要账户。远程协助会话主要用于连接到运行 Windows 操作系统的另一台计算机，它通常通过邀请启动。在用户发起远程协助请求时，系统便会自动创建 HelpAssistant 账户，且为保障系统安全，其被赋予相对有限的计算机访问权限。

🔊 **小提示：** 在账户管理中，如果网络管理员未修改或禁用内置账户权限，则恶意用户可以使用 Administrator 管理员账户或 Guest 来宾账户非法登录到域中。在实际应用中，保护这些账户的安全做法是重命名或禁用这些账户。

（2）Windows 域组账户

如果能够有效利用组（group）来管理用户账户，则必定能够减轻网络管理员的负担。在域账户安全管理过程中，根据实际应用，将域用户添加到默认组中，此时用户将获得分配给组的所有用户权限及分配给组的任何共享资源上的所有权限。常用的 Active Directory 默认安全组如下。

- Administrators 管理员组。

该组的成员可以完全控制域中的所有域控制器。在默认情况下，域管理员和企业管理员组是管理员组的成员，Administrators 管理员账户也是该组的默认成员。由于该组对域具有完全控制权限，因此需要谨慎添加用户。

- Account Operators 账户操作员组。

该组是内置的本地域组。该组的成员可以创建和管理该域中的用户和组并为其设置权限，也可以在本地登录域控制器。但是不能更改属于 Administrators 组或 Domain Admins 组的账户，也不能更改这些组。由于该组在域中具有强大的功能，因此需要谨慎添加用户。

- Server Operators 服务器操作员组。

该组的成员可以备份与还原域控制器内的文件、锁定与解锁域控制器、对域控制器上的硬盘执行格式化操作、更改域控制器的系统时间、对域控制器执行关机操作等。

- Domain Admins 域管理员组。

域成员计算机会自动将该组加入其本地组 Administrators，因此 Domain Admins 组内的每个成员在域内的每台计算机上都具有管理员权限。该组默认的成员为域用户 Administrator。

- Domain Users 域用户组。

该组包含所有域用户。在默认情况下，域中创建的任何用户账户都将自动成为该组的成员。例如，如果希望所有域用户都有权访问打印机，则可以将打印机的权限分配给 Domain Users 组，或者将该组添加到打印服务器上具有打印机权限的本地组中。

- Enterprise Admins 企业管理员组。

该组仅存在于域林的根域，其成员有权限管理域林内的所有域。该组默认成员为域林根域内的用户 Administrator。

2. 使用 PowerShell 管理域用户和组

Windows PowerShell 是一种命令行 Shell 和脚本语言一体化工具，专为系统管理而设计。PowerShell 可以管理域用户和组，支持 Tab 自动补齐等功能。

（1）管理域用户账户

常用的 PowerShell 管理域用户账户的命令主要有：New-ADUser、Get-ADUser、Set-ADUser、Remove-ADUser，用于添加、获取、设置、删除域用户账户信息。

以 New-ADUser 命令为例，其常用语法介绍如下。

```
New-ADUser
  [-Name] <String>
  [-AccountExpirationDate <DateTime>]
  [-AccountPassword <SecureString>]
  [-CannotChangePassword <System.Nullable[bool]>]
  [-ChangePasswordAtLogon <System.Nullable[bool]>]
  [-DisplayName <string>]
  [-Path <string>]
  [-SamAccountName <string>]
  [-UserPrincipalName <string>]
```

New-ADUser 命令参数如表 1-2-2 所示。

表 1-2-2　New-ADUser 命令参数

参数	描述
-Name	指定账户的名称
-AccountExpirationDate	指定账户的过期日期。当参数设置为 0 时，该账户永不过期
-AccountPassword	指定账户的密码，在默认情况下，创建用户账户时不使用密码
-CannotChangePassword	指定账户不能更改密码，布尔值可设置为$true 或$false
-ChangePasswordAtLogon	指定账户在下次登录时须更改密码，布尔值可设置为$true 或$false
-DisplayName	指定账户的显示名称
-Path	指定账户在组织单位（OU）或容器中的路径
-SamAccountName	指定用户的安全账户管理器（SAM）账户名
-UserPrincipalName	指定账户的用户主体名称（UPN）

（2）管理域组

常用的 PowerShell 管理域组的命令主要有：New-ADGroup、Get-ADGroup、Set-ADGroup、Add-ADGroupMember、Get-ADGroupMember、Remove-ADGroupMember，用于添加、获取域组及域组成员的管理。

以 New-ADGroup 命令为例，其常用语法介绍如下。

```
New-ADGroup
    [-Name] <String>
    [-GroupCategory <ADGroupCategory>]
    [-GroupScope] <ADGroupScope>
    [-Description <String>]
    [-DisplayName <String>]
    [-Path <String>]
```

New-ADGroup 命令参数如表 1-2-3 所示。

表 1-2-3　New-ADGroup 命令参数

参数	描述
-Name	指定组的名称
-GroupCategory	指定组的类型，可设置为 Distribution、Security
-GroupScope	指定组的作用域，可设置为 DomainLocal、Global、Universal
-Description	指定组的描述信息
-DisplayName	指定组的显示名称
-Path	指定组在组织单位（OU）或容器中的路径

任务环境

✓ VM Workstation 虚拟化平台

✓ Windows Server 2019 虚拟机

✓ Windows Server 2019 Core 虚拟机

✓ Windows 10 虚拟机

✓ 实验环境的网络拓扑（如图 1-2-1 所示）

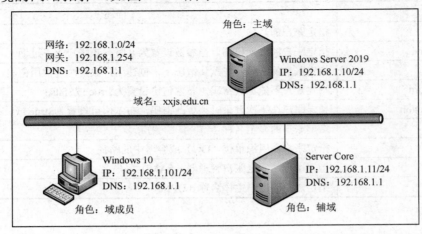

图 1-2-1　网络拓扑

🔧 学习活动

活动 1　使用 dsa.msc 工具管理域用户

[数字资源]
视频：使用 dsa.msc
工具管理域用户

管理员登录公司的 Windows Server 2019 域控服务器，实现下列账户的安全管理要求，域用户账户信息如表 1-2-4 所示。

（1）创建一个林根域管理员账户，专门实现公司所有域的管理。

（2）创建一个域控制器管理员账户，禁用默认域控制器管理员。

（3）创建一个域中用户账户管理员账户，实现域用户账户的管理。

（4）创建一个终端管理员账户，专门实现公司终端管理操作。

（5）确认默认的内置账户 Guest 已经被禁用。

表 1-2-4　域用户账户信息

序号	用户名	全名	描述	密码	选项
1	EnterpriseOP	张军	林根域管理员	Zj@123#	隶属于 Enterprise Admins 组 第一次登录必须修改密码
2	DomainOP	王妍	域控制器管理员	Wy@1008#	隶属于 Administrators 组 账户永不过期 用户不能更改密码
3	AccountOp	罗成	域中用户账户管理员	Lc@123#	隶属于 Account Operators 组 第一次登录必须修改密码
4	ServerOp	孙军	终端管理员	Sj@123#	隶属于 Domain Admins 组 第一次登录必须修改密码
5	Guest	来宾	内置账户	空	禁用账户

STEP 1　在任务栏搜索框中输入 dsa.msc，在弹出的菜单中右击【Active Directory 用户和计算机】选项，并以管理员身份运行该程序，如图 1-2-2 所示。

图 1-2-2　以管理员身份运行 dsa.msc

🔊 **小提示：** 在 Windows 系统中，当操作员用户提升权限时，需要输入具有系统管理权限账户的密码。

STEP 2　在【Active Directory 用户和计算机】界面中，展开【xxjs.edu.cn】节点，在右侧窗口中右击【Users】容器，在弹出的快捷菜单中选择【新建】→【用户】命令，如图 1-2-3 所示。

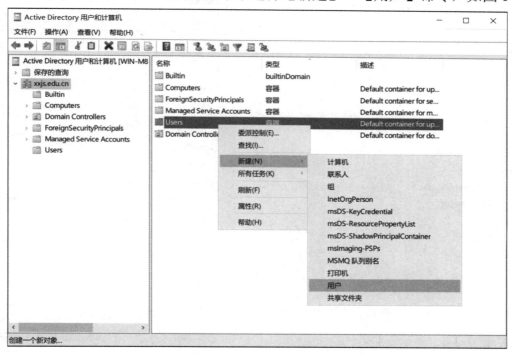

图 1-2-3　选择【新建】→【用户】命令

STEP 3　在【新建对象 - 用户】界面中，创建林根域管理员账户，首先输入用户的基础信息，如图 1-2-4 所示，然后单击【下一页】按钮。

STEP 4　输入密码并确认密码，勾选【用户下次登录时须更改密码】复选框，单击【下一页】按钮，如图 1-2-5 所示。

17

图 1-2-4　输入用户的基础信息

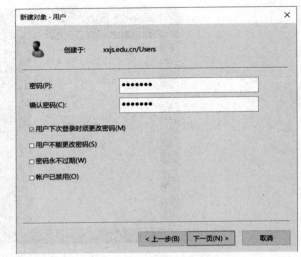

图 1-2-5　设置用户的密码

STEP 5　确认创建用户的信息并单击【完成】按钮，如图 1-2-6 所示。

STEP 6　在【Users】容器中，选择域用户【张军】，双击打开【张军 属性】对话框，选择【常规】选项卡，在【描述】文本框中输入"林根域管理员"，如图 1-2-7 所示。

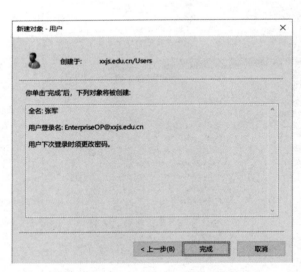

图 1-2-6　确认创建用户的信息

图 1-2-7　【张军 属性】对话框

STEP 7　在【张军 属性】对话框中，选择【隶属于】选项卡，如图 1-2-8 所示。

小提示：在 Windows 域的用户"容器"中创建的用户账户，默认隶属于 Domain Users 组。

STEP 8　单击【隶属于】选项卡中的【添加】按钮，弹出【选择组】对话框，在【输入对象名称来选择】文本框中输入 Enterprise Admins，并单击【检查名称】按钮，如图 1-2-9 所示。

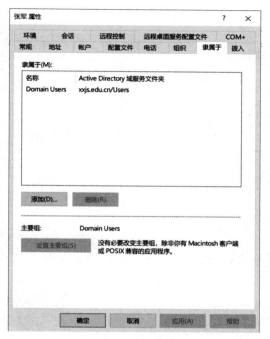

图 1-2-8　【隶属于】选项卡

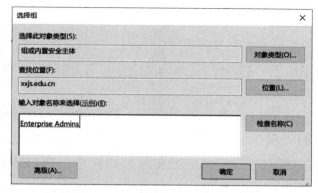

图 1-2-9　【选择组】对话框

STEP 9　单击【确定】按钮，返回【张军 属性】对话框，确认用户已经加入 Enterprise Admins 组，单击【确定】按钮，关闭对话框，如图 1-2-10 所示。

STEP 10　同理，在【Users】容器中，继续创建域控制器管理员、终端管理员、域中用户账户管理员，并设置相应的安全选项，如图 1-2-11 所示。

图 1-2-10　返回【张军 属性】对话框

图 1-2-11　创建用户账户信息

STEP 11　在【Users】容器中，检查默认的内置账户 Guest 的状态，确认该账户被禁用，用户图标右下角有↓箭头标识，如图 1-2-12 所示。

图 1-2-12　检查 Guest 账户状态

活动 2　使用 PowerShell 工具管理域用户和组

[数字资源]

视频：使用 PowerShell
工具管理域用户和组

管理员登录公司的 Windows Server 2019 Core 服务器，此服务器是一台额外域控制器。现在需要在此服务器上实现域用户和组的安全管理，下面请为各部门创建域组和域用户账户，详细信息如表 1-2-5 所示。

（1）为市场部新入职员工创建用户账户，隶属于市场组。

（2）为销售部临时聘请策划创建用户账户，隶属于销售组。

（3）为财务部新入职会计创建用户账户，隶属于财务组。

表 1-2-5　域用户账户信息

序号	用户名	全名	描述	密码	选项
1	Luobin	罗宾	市场部新入职员工	Luob@123#	用户在下次登录时须更改密码 禁用用户账户
2	Chenli	陈丽	销售部临时聘请策划	Chenl@2019#	用户登录时间为 8 点到 17 点 用户不能更改密码 启用用户账户
3	Fanrong	范荣	财务部新入职会计	Fanr@123#	用户在下次登录时须更改密码 启用用户账户

STEP 1　在 Server Core 的 LogonUI.exe 界面中，使用域管理员用户身份登录系统，并切换到 powershell 提示符界面，如图 1-2-13 所示。

图 1-2-13　powershell 提示符界面

STEP 2　在 powershell 提示符界面中，使用 New-ADGroup 命令创建市场部的组 market，并使用 Get-ADGroup 命令查询组信息，如图 1-2-14 所示。

图 1-2-14　创建域用户组

🔊 **小提示：** 在创建域组账户时，如果未指定组的类型，则默认为安全组。

STEP 3 使用 New-ADUser 命令创建市场部新入职员工罗宾的账户 Luobin，并使用 Get-ADUser 命令查看该用户账户信息，如图 1-2-15 所示。

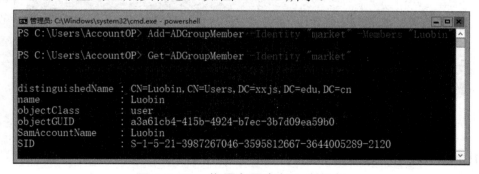

图 1-2-15　创建域用户

🔊 **小提示：** 在创建用户账户时，如果不使用密码，则用户为禁用状态；如果设置了密码，除非请求启用该账户，否则该账户将被禁用。

STEP 4 使用 Add-ADGroupMember 命令将用户罗宾加入市场部，并使用 Get-ADGroupMember 命令查询组成员信息，如图 1-2-16 所示。

```
管理员: C:\Windows\system32\cmd.exe - powershell
PS C:\Users\AccountOP> Add-ADGroupMember -Identity "market" -Members "Luobin"

PS C:\Users\AccountOP> Get-ADGroupMember -Identity "market"


distinguishedName : CN=Luobin,CN=Users,DC=xxjs,DC=edu,DC=cn
name              : Luobin
objectClass       : user
objectGUID        : a3a61cb4-415b-4924-b7ec-3b7d09ea59b0
SamAccountName    : Luobin
SID               : S-1-5-21-3987267046-3595812667-3644005289-2120
```

图 1-2-16　将用户罗宾加入市场部

STEP 5 使用 New-ADUser 命令创建用户陈丽的账户 Chenli，如图 1-2-17 所示，并使用 Get-ADUser 命令查询该用户账户信息。

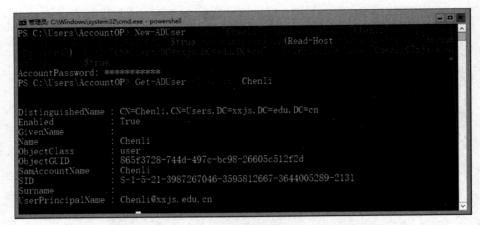

图 1-2-17　使用 New-ADUser 命令创建用户

STEP 6　创建销售部的组 sale，将用户陈丽加入销售部，如图 1-2-18 所示。

图 1-2-18　将用户陈丽加入销售部

STEP 7　同理，根据域用户账户信息创建财务部的组 Finance 和用户范荣的账户 Fanrong，将该用户加入财务部，并启用账户，财务部职员账户创建界面如图 1-2-19 所示。

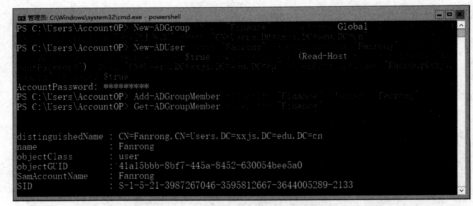

图 1-2-19　财务部职员账户创建界面

 思考与练习

1. 在 Windows 系统中，利用默认安全组进行账户权限分离是个不错的方法，请列举几个常用的域安全组。

2．请简述实现在 Windows 域中获得用户身份验证和授权的安全做法。

3．请简述在 PowerShell 中管理域用户和组命令的常用选项及其用法。

4．使用 PowerShell 创建一个域用户 Test02，用户全名为 Server Operator，设置用户密码为 Test02@1008#，用户不能更改密码，隶属于 Server Operators 组。

任务 3 Linux 系统用户账户安全管理

★ 学习目标

1．能掌握 Linux 系统中用户和组账户的管理命令；

2．能掌握 Linux 系统中创建安全账户的操作方法；

3．能熟练地使用账户和组操作命令配置安全账户和组；

4．通过 Linux 系统用户账户的管理操作，培养并保持良好的安全意识和防护习惯。

🔍 任务描述

公司部署了 Linux 服务器，为公司业务部门提供网络文件服务。现在根据网络安全等级保护的要求，为了保障公司业务部门的文件数据安全，应根据登录 Linux 服务器的用户的不同管理和使用需求，创建相应的用户账户和组，并为其分配权限，实现用户账户的安全规范管理。

为此，管理员以普通身份登录 Linux 服务器，提升权限，根据实际应用需求创建运维和服务账户，将运维和服务账户加入运维组并授予其相应管理权限，系统用户账户信息如表 1-3-1 所示。

表 1-3-1 系统用户账户信息

序号	用户名	注释性描述	密码	选项
1	accountop	Account Manager	acop@xxjs	用户 UID 为 6001，用户主目录/var/accountop，Operator 附加组
2	shenji	Audit User	shj@xxjs	用户 UID 为 6002，用户主目录/var/shenji，shenji 主要组，Operator 附加组
3	js001	Tech Mary	jis001@xxjs	隶属于 Tech 技术组，锁定账户，禁止用户登录，注释信息为 Tech Mary
4	js002	Tech Jack	jis002@xxjs	隶属于 Tech 技术组，注释信息为 Tech Jack，账户三个月后过期
5	shenji001	Audit Ben	sj@xxjs	更改 shenji 用户名为 shenji001，分配以 root 身份执行时使用 cat、less、tail 和 head 命令的权限
6	accop001	Account Manager Yoyo	ac@xxjs	更改 accountop 用户名为 accop001，分配以 root 身份执行时使用 useradd、usermod、userdel、groupadd、groupmod、gpasswd 等命令的权限

📅 知识准备

Linux 系统是多用户、多任务的服务器操作系统，有效管理 Linux 系统中的用户和组是保证系统安全的有效方法。在实现 Linux 系统用户账户的安全管理任务中，不仅要学习 Linux 用户角色的类型和组的作用，还要掌握 useradd、groupadd、usermod、groupmod、gpasswd 等命令管理用户账户和组的方法，以及使用 su、sudo 命令提升权限的方法。

1. Linux 用户和组

（1）Linux 用户

在 Linux 系统中，多用户、多任务特性就意味着在系统中创建多个用户，这些用户可以在同一时间内登录同一个系统，各自执行不同的任务而互不影响。基于这个安全特性，Linux 系统把用户分成 3 种角色进行安全管理。

- 超级用户：这类用户具有对系统的最高管理权限，默认是 root 用户。
- 普通用户：这类用户具有对自己目录下的文件进行访问和修改的权限，以及登录系统的权限。
- 系统用户：为保证系统正常运行而创建的用户，与特定的系统服务或程序关联。权限通常被严格限制在执行特定系统任务所需的范围内，一般不用于交互式登录。例如，www-data 用户用于运行 Web 服务器、处理客户端的 HTTP 请求、提供网站访问服务等。

（2）Linux 组

在 Linux 系统中，每个用户都至少隶属于一个用户组。有时系统需要让多个用户具有相同的权限。例如，查看、修改某个文件的权限，一种方法是分别对多个用户进行文件访问授权，如果有 20 个用户，则需要授权 20 次，显然这种方法不方便；另一种方法是创建一个组，让该组具有查看、修改此文件的权限，将需要访问此文件的用户放入该组，则所有用户就具有了和该组一样的权限，很大程度上简化了管理工作。

> 🔊 **小提示**：Linux 用户和组的对应关系有：一对一、一对多、多对一和多对多。

在使用 useradd 命令创建用户时，系统除了创建该用户，在默认情况下还会创建一个同名的用户组，作为该用户的用户组，同时还会在/home 目录下创建同名的目录作为该用户的主目录。如果一个用户属于多个用户组，则记录在/etc/passwd 文件中的组被称为该用户的主要组，其他的组被称为附属组。

- 主要组：每个用户有且只有一个主要组。
- 附属组：用户可以是零个或多个附属组的成员，而附属组一般用来控制用户对系统中文件及其他资源的访问权限。

2．提升用户权限的方法

（1）使用 su 命令切换用户

在 su 命令后加用户名称，可以切换系统当前用户身份。在切换用户时，从 root 用户向普通用户的切换可以直接进行，反之则需要 root 账户密码。这是因为 root 用户是系统中权限最高的用户，可以切换到任意用户身份且不需要密码。普通用户之间切换需要密码验证。

（2）使用 sudo 命令提升权限

在 sudo 命令机制中，root 用户将普通用户账户名、可以执行的特定命令、按照哪种用户或用户组的身份执行等信息登记在/etc/sudoers 文件中，即可完成对该用户的授权。当 sudoer 用户需要获取特殊权限时，可以在命令前加上 sudo，系统会将该命令的进程以定义的安全权限运行。

通过编辑/etc/sudoers 文件，可以为普通用户授权。该文件的语法遵循以下格式：

```
用户或用户组  主机=（可切换的用户）命令列表
```

例如，通过配置 admin localhost=(root) /usr/sbin/useradd，可以让 admin 用户拥有在本地主机以 root 用户身份创建用户的权限。

3．Linux 用户和组的管理命令

（1）用户的管理命令

在 Linux 系统中，使用 useradd、usermod、userdel 命令实现用户的添加、修改、删除。useradd、usermod 命令常用语法格式如下：

```
useradd 【选项】用户名
usermod 【选项】用户名
```

useradd 命令选项如表 1-3-2 所示。

表 1-3-2　useradd 命令选项

选项	描述
-c	指定账户的描述信息
-d	指定账户的家目录
-u	指定账户的 UID，该值必须唯一
-g	指定账户的用户组
-G	指定账户附加到其他组中
-s	指定账户的 shell 环境变量

usermod 命令选项如表 1-3-3 所示。

表 1-3-3　usermod 命令选项

选项	描述
-L	锁定账户，临时禁止用户登录
-U	解锁账户
-g	修改账户所属用户组
-G	修改账户所属附加组
-e	修改账户的有效期
-l	修改账户登录名

（2）用户组的管理命令

在 Linux 系统中，使用 groupadd、groupmod、groupdel 和 gpasswd 等命令实现添加、修改、删除组及组成员。groupadd 命令常用语法格式如下：

```
groupadd 【选项】 组名
```

groupadd 命令选项如表 1-3-4 所示。

表 1-3-4 groupadd 命令选项

选项	描述
-c	指定组的描述信息
-g	指定组的 GID

任务环境

- ✓ VM Workstation 虚拟化平台
- ✓ CentOS 7 虚拟机
- ✓ Windows 10 虚拟机
- ✓ 实验环境的网络拓扑（如图 1-3-1 所示）

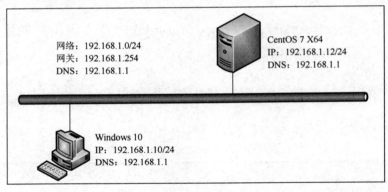

图 1-3-1　网络拓扑

学习活动

活动 1　使用 Linux 命令管理用户和组

[数字资源]

视频：使用 Linux 命令管理用户和组

公司 Linux 服务器已经存在管理员用户 admin，该用户使用 admin 账户登录系统，提升权限，在此服务器上创建 Operator 运维组和 Tech 技术组，并创建如表 1-3-5 所示的 Linux 用户和组信息表。

（1）创建一个账户管理员，隶属于 Operator 运维组，实现 Linux 系统的日常账户管理。

（2）创建一个审计管理员，隶属于 Operator 运维组，实现 Linux 系统的日志审计管理。

（3）为技术部的两名技术员创建用户账户，隶属于 Tech 技术组。

表 1-3-5　Linux 用户和组信息表

序号	用户名	注释性描述	密码	选项
1	accountop	Account Manager	acop@xxjs	用户 UID 为 6001，用户主目录/var/accountop，Operator 附加组
2	shenji	Audit User	shj@xxjs	用户 UID 为 6002，用户主目录/var/shenji，shenji 主要组，Operator 附加组
3	js001	Tech Mary	jis001@xxjs	隶属于 Tech 技术组，锁定账户，禁止用户登录，注释信息为 Tech Mary
4	js002	Tech Jack	jis002@xxjs	隶属于 Tech 技术组，注释信息为 Tech Jack，账户三个月后过期

STEP 1 在 Linux 系统登录界面中，选择管理员账户 admin，输入密码登录系统，如图 1-3-2 所示。

图 1-3-2　用户登录系统界面

STEP 2 单击【应用程序】按钮，在弹出的菜单中选择【系统工具】→【终端】命令，如图 1-3-3 所示。

图 1-3-3　选择【系统工具】→【终端】命令

STEP 3 在终端命令提示符界面中，使用 sudo groupadd 命令创建 Operator 运维组和 Tech 技术组，如图 1-3-4 所示。

图 1-3-4 创建组

🔊 **小提示：** Linux 系统中操作员用户在提升权限执行命令时，需要输入当前用户账户密码进行身份确认。

`STEP 4` 在终端命令提示符界面中，使用 sudo useradd 命令创建 accountop 用户和 shenji 用户，并设置用户选项和密码，如图 1-3-5 所示。

图 1-3-5 创建 Operator 运维组的用户

`STEP 5` 同理，在终端命令提示符界面中，使用 sudo useradd 命令创建 js001 用户和 js002 用户，两个用户隶属于 Tech 技术组，并设置用户选项和密码，如图 1-3-6 所示。

图 1-3-6 创建 Tech 技术组的用户

活动 2 使用 sudoers 分配用户账户安全权限

[数字资源]

视频：使用 sudoers 分配用户账户安全权限

管理员登录公司的 Linux 服务器，该服务器上已经创建了审计用户和账户管理用户，为了安全管理系统的需要，管理员需要为这些用户账户分配合理权限，从而满足用户权限分离的安全管理要求，用户账户信息如表 1-3-6 所示。

（1）更改审计管理员的用户名并分配权限。

（2）更改账户管理员的用户名并分配权限。

表 1-3-6　用户账户信息

序号	用户名	注释性描述	密码	选项
1	shenji001	Audit Ben	sj@xxjs	更改 shenji 用户名为 shenji001，分配以 root 身份执行时使用 cat、less、tail 和 head 命令的权限
2	accop001	Account Manager Yoyo	ac@xxjs	更改 accountop 用户名为 accop001，分配以 root 身份执行时使用 useradd、usermod、userdel、groupadd、groupmod、gpasswd 等命令的权限

STEP 1　管理员登录系统并打开终端，并使用 su 命令切换到 root 用户，如图 1-3-7 所示。

图 1-3-7　切换到 root 用户

小提示：普通用户切换到 root 用户，需要输入 root 用户的密码进行身份确认。

STEP 2　在终端命令提示符界面中，使用 usermod 命令修改 shenji 和 accountop 用户账户信息，如图 1-3-8 所示。

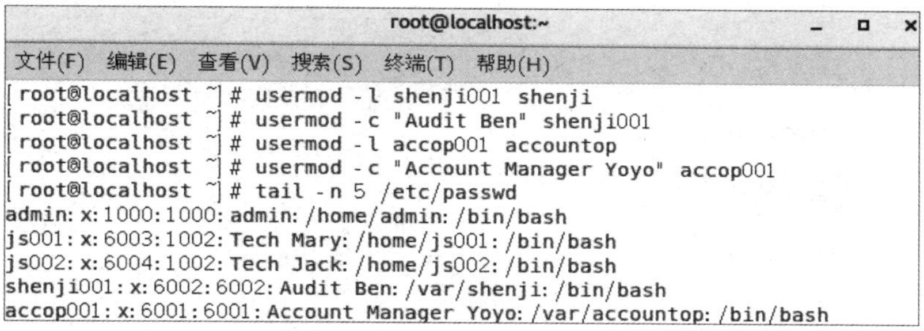

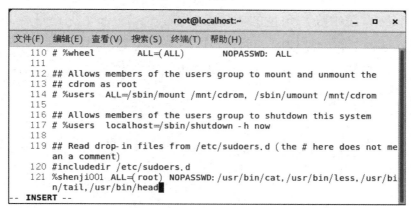

图 1-3-8　修改用户账户信息

STEP 3　使用 visudo 命令编辑文件，分配用户账户 shenji001 仅以 root 身份执行时使用 cat、less、tail 和 head 命令的权限，如图 1-3-9 所示。

图 1-3-9　为用户账户 shenji001 分配权限

小提示： 使用 visudo 可在保存时自动进行语法检查，如果 sudoers 文件存在语法错误，会提示错误信息并阻止保存，从而保证 sudoers 文件的正确性和系统安全性。

STEP 4　继续编辑/etc/sudoers 文件，分配用户账户 accop001 仅以 root 身份执行时使用 useradd、usermod、userdel、groupadd、groupmod、groupdel、gpasswd 命令的权限，如图 1-3-10 所示。

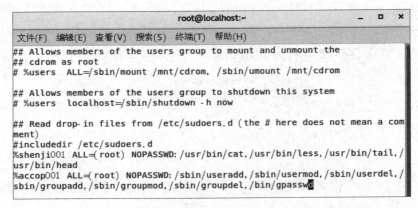

图 1-3-10　为用户账户 accop001 分配权限

STEP 5　输入 exit 命令，从 root 用户身份返回至 admin 用户身份，如图 1-3-11 所示。

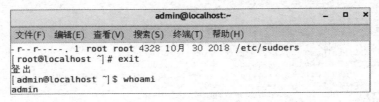

图 1-3-11　返回 admin 用户身份

 **思考与练习**

1．在 Linux 系统中，为了加强系统安全性，用户和密码管理文件是独立的，用户配置存放在哪个文件中？

2．请简述 Linux 系统中账户角色的类型及特点。

3．请简述 sudoers 文件分配权限的方法。

4．首先创建一个用户 accountop1001，并设置初始密码为 accop@xxjs，然后将该用户添加到 sudoers 文件中，使其能够创建、修改用户和组。

任务 4　Windows Server 本地用户账户密码策略配置

学习目标

1．能掌握弱密码的严重危害；

2．能掌握强密码的设置方法；

3．能掌握 Windows 系统账户密码的存放位置；

4．能熟练地使用密码策略和账户锁定策略确保用户账户的安全；

5．通过配置 Windows 本地用户账户密码策略，培养并保持良好的安全意识和防护习惯。

任务描述

公司部署了 Windows Server 2019 服务器，现根据网络安全等级保护的要求，需要在公司内部自查系统弱密码风险并进行密码安全防护的演练，针对系统的弱密码设置相关策略，提高系统用户账户密码的强度，做好系统安全防护的第一道防线。

作为系统管理员，小顾要为 Windows 服务器上的所有用户账户配置密码策略，要求用户必须设置强密码，从而增强系统安全防护级别，保障业务数据的安全。为此，管理员需要完成下列安全运维任务：

（1）检测 Windows 系统中本地用户是否存在弱密码。

（2）设置 Windows 用户账户的密码策略。

知识准备

本地用户账户密码策略是用来提高本地服务器账户密码安全系数的一系列策略，策略中包括密码长度最小值、密码最长使用期限、强制密码历史及账户锁定策略等。在 Windows 服务器安全维护中，为用户账户合理设置强密码可降低智能密码猜测和字典攻击密码的风险。在 Windows 服务器密码策略安全管理任务中，不仅要让公司用户知道弱密码的严重危害，还要从技术层面上加强防护措施，防止他人对系统进行未经授权的访问。

1. 认识弱密码与强密码

弱密码使攻击者可以轻松访问计算机和网络，而强密码则很难被破解。攻击者常常使用破解软件通过智能猜测、字典攻击和尝试每种可能的字符组合来暴力攻击。如果有足够的时间，则暴力攻击可以破解任何密码，但是强密码比弱密码要更难破解。因此，为了安全使用计算机，应该为所有用户账户设置强密码。

强密码的特征如下：

- 长度建议至少为 8 个字符。
- 不包含用户的用户名、真实姓名或公司名称。
- 与以前的密码有很大不同。
- 至少包含 A～Z、a～z、0～9、特殊字符（如!、$、#、%、@等）4 类字符中的 3 类。

- 不包含完整的字典单词。

☑ **想一想：**根据强密码的特征，试着分别写出几个弱密码和强密码。

2. 设置本地用户账户密码策略

管理员通过定义密码策略，可以确保每个用户都遵循合适的密码准则，从而建立广泛有效的安全防御体系。常用的密码策略设置有：密码必须满足复杂性要求、密码长度最小值、强制密码历史、密码最长使用期限、密码最短使用期限。

密码必须满足复杂性要求：用户的密码需要满足强密码特征。

☑ **想一想：**针对 Windows Server 2019 系统的账户策略，请列举几个满足复杂性要求的密码。

密码长度最小值：用来设置用户的密码至少需要几个字符，可以设置为 0～14，如果为 0，则表示用户可以没有密码。

强制密码历史：用来设置是否要保存用户曾经使用过的旧密码，以便决定用户在更改密码时，是否可以重复使用旧密码。可以设置为 0～24，如果为 0（默认值），则表示不保存密码历史，可以重复使用旧密码；如果为 1～24，则表示保存密码历史。例如，设置为 3，表示用户的新密码不能与前 3 次曾经使用过的旧密码相同。

密码最长使用期限：用来设置密码最长的使用期限，可以设置为 0～999 天。用户在登录时，如果密码使用期限已到期，则系统会要求用户更改密码。0 天表示密码没有使用期限的限制，默认值是 42 天。

密码最短使用期限：用来设置密码最短的使用期限，可以设置为 0～998 天。期限未到前，用户不得更改密码。默认值 0 天表示用户可以随时更改密码。

3. 设置本地用户账户锁定策略

账户锁定策略是指当用户输入错误密码的次数达到一个设定值时，就将此账户锁定，被锁定的账户暂时不能登录，只有等待超过指定的时间，该账户才可以自动解除锁定或由管理员手动解除锁定。账户锁定策略可降低攻击者通过重复登录尝试危害计算机的可能性。

账户锁定阈值：当用户输入几次错误密码登录失败后，将该账户锁定。

账户锁定时间：用来设置锁定账户的期限，期限过后自动解除锁定，可以设置为 0～99999 分钟，0 分钟表示永久锁定，即该账户不会自动解除锁定，需要管理员手动解除锁定。账户默认锁定时间为 30 分钟。

重置账户锁定计数器：锁定计数器用来记录用户登录失败的次数，起始值为 0，如果用户登录失败，则锁定计数器的值就会加 1；如果登录成功，则此值归 0。如果锁定计数器的值达到了账户锁定阈值，则该账户就会被锁定。

4．pwdump 工具

pwdump 是用来获取 Windows 系统用户密码文档的工具，它可以在目标服务器上直接运行，以获取 Windows 系统用户密码的 Hash 值。

pwdump 工具有很多版本，pwdump 8 工具支持 AES-128 加密 Hash，可以在 Windows Server 2019 系统上运行。pwdump8 工具能够直接获取本地 Windows 系统用户及密码的 Hash 值，也能够从指定转储注册表的 SYSTEM、SAM 和 SECURITY 文件中读取用户及密码的 Hash 值。pwdump8 工具需要管理员权限运行，其用法如表 1-4-1 所示。

表 1-4-1　pwdump8 工具的用法

用法	描述
pwdump	直接从本地 Windows 系统中获取用户及密码的 Hash 值
pwdump -f <SYSTEM SAM SECURITY>	可以从指定转储注册表的 SYSTEM、SAM 和 SECURITY 文件中读取用户及密码的 Hash 值
pwdump -? 或 pwdump -h	显示 pwdump 工具帮助

5．LC 软件

LC 为 L0phtCrack 的缩写，简称 LC。它是破解用户账户密码的软件，早期被网络安全管理员用来检测系统用户是否使用了不安全的密码，后来被黑客用来破解用户密码。

任务环境

✓ VM Workstation 虚拟化平台

✓ Windows Server 2019 虚拟机

✓ Windows 10 虚拟机

✓ 实验环境的网络拓扑（如图 1-4-1 所示）

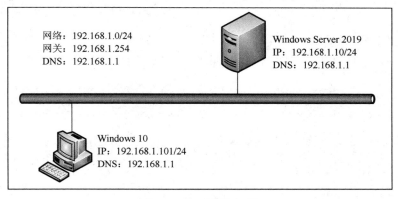

图 1-4-1　网络拓扑

**学习活动**

活动 1　使用 pwdump 和 LC 工具检测用户密码的安全性

[数字资源]

视频：使用 pwdump
和 LC 工具检测用户
密码的安全性

　　管理员在公司内部自查服务器系统弱密码风险，并进行密码安全防护的演练。现针对 Windows Server 2019 服务器使用工具检测用户是否存在弱密码，具体活动要求如下：

　　（1）使用 pwdump 工具获取 Windows 系统用户及密码的 Hash 值，导出到文件中。

　　（2）使用 LC 工具破解用户密码，检测是否存在使用弱密码的用户。

　　STEP 1　以系统管理员账户身份运行命令提示符，进入 pwdump8 工具所在的位置，执行 pwdump8.exe > C:\hash.txt 命令导出系统用户及密码的 Hash 值，如图 1-4-2 所示。查看导出的 hash.txt 文件内容，如图 1-4-3 所示。

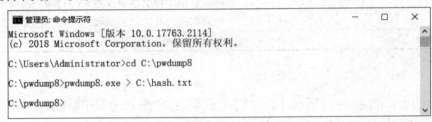

图 1-4-2　使用 pwdump8 工具获取并导出用户及密码的 Hash 值

图 1-4-3　查看导出的 hash.txt 文件内容

　　想一想： 使用 pwdump8 工具获取的用户 John，它密码的 NTLM Hash 值是什么？

　　STEP 2　修改 pwdump8 工具导出的文件 hash.txt，在每个用户行末尾加上 "::::"，以满足 LC 工具导入 pwdump 文件的格式要求，如图 1-4-4 所示。

图 1-4-4　构造满足 LC 工具导入 pwdump 文件的格式要求

📢 **小提示:** LC 工具在导入 pwdump 文件时,需要满足格式要求,即每行均由 7 个字段构成,各字段间用冒号分隔,分别代表用户名、ID、LM Hash 值、NTLM Hash 值及用户属性等信息。

STEP 3　打开已安装的 LC 工具 L0phtCrack 7,使用【Start A New Session】向导后,选择左侧导航栏中的【Import】选项,在【Import Mechanisms】窗格中选择【Import from PWDump file】选项,使用 STEP 1 中导出的 C:\hash.txt 文件,单击【Run Import Immediately】按钮,立即运行导入,即依次执行如图 1-4-5 所示的第 1～4 项,导入成功的界面如图 1-4-6 所示。

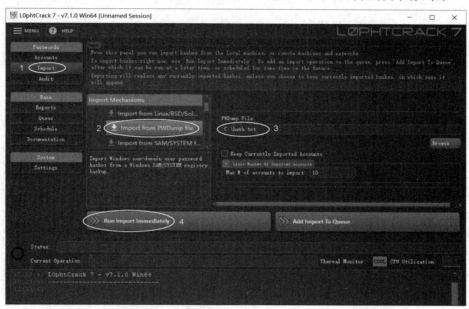

图 1-4-5　使用 C:\hash.txt 文件并立即运行导入

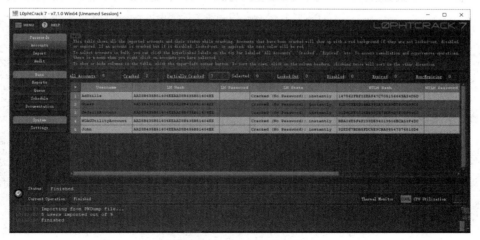

图 1-4-6　导入成功的界面

STEP 4　选择左侧导航栏中的【Audit】选项,如图 1-4-7 所示,依次执行图中的第 1～3 项,首先在【Audit Techniques】窗格中选择【Dictionary】→【Fast】选项,字典默认,然后单击【Run Audit Immediately】按钮,立即进入破解过程,很快就破解出 hash.txt 文件中用户 John 的密码是弱密码 123456,如图 1-4-8 所示。

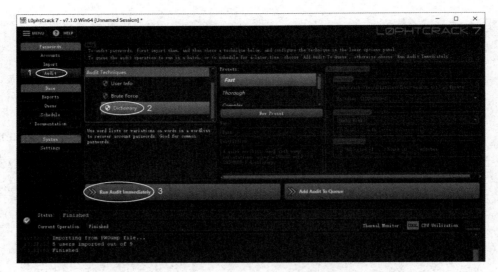

图 1-4-7　设置 Audit 方式并立即进入破解过程

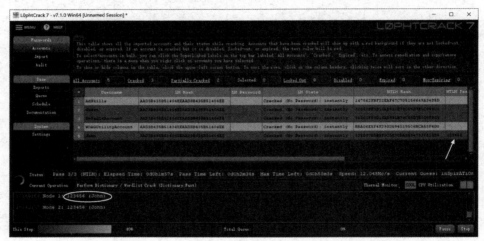

图 1-4-8　破解用户弱密码

说明：用户如果使用的是弱密码，则很容易被破解出来，非常不安全；如果使用的是强密码，则破解难度会大大增加。

[数字资源]

视频：使用 secpol.msc 工具设置本地账户安全策略

活动 2　使用 secpol.msc 工具设置本地账户安全策略

管理员登录公司的 Windows Server 2019 服务器，设置本地账户密码策略和锁定策略，在技术层面上实现密码安全保障。具体执行的账户策略设置要求如表 1-4-2 所示。

表 1-4-2　账户策略设置要求

序号	账户策略	账户策略的设置要求
1	密码必须符合复杂性要求	密码至少包含数字、小写字母、大写字母、特殊字符 4 种类型中的 3 类
2	密码长度最小值	设置密码长度至少是 10 个字符
3	密码最长使用期限	密码有效期是 90 天。过长的密码时间期限会增加密码安全风险
4	强制密码历史	过去使用的 12 个旧密码不可以重复使用
5	账户锁定策略	设置 3 次登录失败后账户被锁定至少 30 分钟

STEP 1　通过在【运行】对话框的文本框中输入 secpol.msc 或者在【服务器管理器】界面中选择【工具】→【本地安全策略】命令，打开【本地安全策略】界面，展开【账户策略】节点，可以看到密码策略和账户锁定策略，如图 1-4-9 所示。

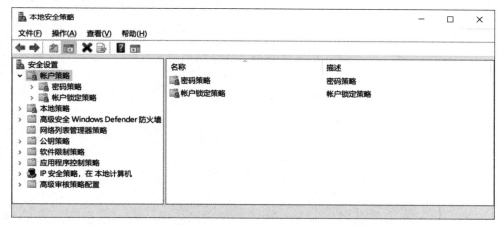

图 1-4-9　【本地安全策略】界面

STEP 2　启用密码必须符合复杂性要求。展开【账户策略】→【密码策略】节点，双击【密码必须符合复杂性要求】选项，在弹出的【密码必须符合复杂性要求 属性】对话框中选中【已启用】单选按钮，如图 1-4-10 所示。

图 1-4-10　启用密码必须符合复杂性要求

STEP 3　设置密码长度至少是 10 个字符。双击【密码长度最小值】选项，在弹出的【密码长度最小值 属性】对话框中设置密码必须至少是 10 个字符，如图 1-4-11 所示。

STEP 4　设置密码有效期为 90 天。双击【密码最长使用期限】选项，在弹出的【密码最长使用期限 属性】对话框中设置密码过期时间为 90 天，如图 1-4-12 所示。

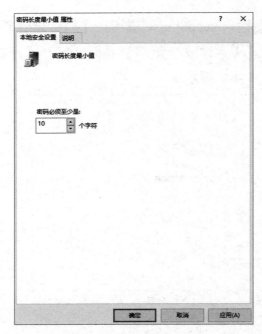
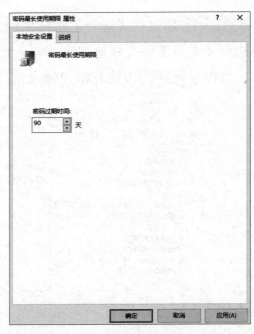

图 1-4-11　设置密码长度最小值　　　　　　　图 1-4-12　设置密码最长使用期限

STEP 5　设置强制密码历史。双击【强制密码历史】选项，在弹出的【强制密码历史 属性】对话框中设置保留密码历史为 12 个记住的密码，如图 1-4-13 所示，即在为用户设置新密码时不能使用之前使用过的 12 个旧密码。

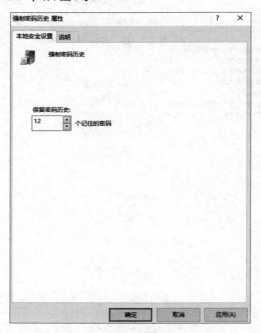

图 1-4-13　设置强制密码历史

STEP 6　展开【账户策略】→【账户锁定策略】节点，双击【账户锁定阈值】选项，设置 3 次无效登录，如图 1-4-14 所示。接着会弹出如图 1-4-15 所示的【建议的数值改动】对话框，建议的账户锁定时间为 30 分钟，单击【确定】按钮，完成设置，如图 1-4-16 所示。

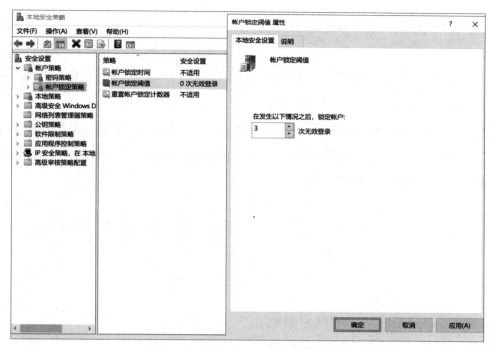

图 1-4-14　设置账户锁定阈值

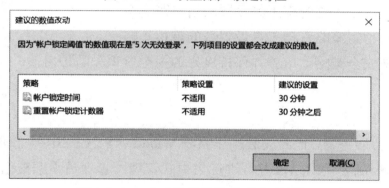

图 1-4-15　【建议的数值改动】对话框

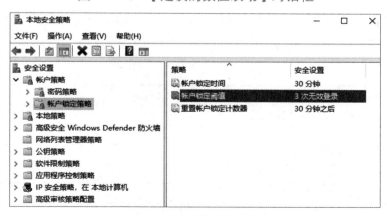

图 1-4-16　完成账户锁定策略设置

 思考与练习

1. 请简述用户使用弱密码的危害。

2．使用强密码是用户保护本地计算机安全的首选，请分析 abc123 是一个强密码吗？为什么？

3．如果用户密码多次输入错误，则账户会被锁定，小明觉得用户密码尝试的次数要少，这样才能更好地保护系统。请谈谈你的看法。

4．请使用 secpol.msc 工具配置账户密码策略：账户密码启用复杂策略；密码长度限制要求为至少 10 个字符；密码有效期为 60 天；过去使用的 12 个旧密码不可以重复使用；设置 3 次登录失败后账户被锁定至少 45 分钟。

任务 5　Windows Server 域安全策略配置

★ 学习目标

1．能掌握 Windows 域用户的账户策略；
2．能掌握 Windows 域安全的审核策略；
3．能熟练地使用组策略管理工具设置域用户账户策略；
4．能熟练地使用组策略管理工具设置域的审核策略；
5．通过配置域安全策略，培养并保持良好的安全意识和防护习惯。

🔍 任务描述

公司内部有一台服务器，已经安装操作系统 Windows Server 2019，该服务器是域控制器，负责组织、管理与控制公司网络资源，进行集中式管理；管理员小顾根据网络安全等级保护的要求，计划在域控制器上进行域用户安全管理，来满足域控制器安全策略需求。为此，管理员需要配置组策略，要求域用户执行域级别的密码策略、账户锁定策略和审核策略。具体配置要求如表 1-5-1 和表 1-5-2 所示。

表 1-5-1　密码策略和账户锁定策略配置要求

序号	要求
1	启用密码必须符合复杂性要求
2	密码长度最小值为 8 个字符
3	密码最长使用期限为 90 天
4	账户锁定时间至少为 30 分钟
5	账户锁定阈值为 5 次无效登录

表 1-5-2　审核策略配置要求

序号	要求
1	审核账户管理（成功、失败）
2	审核登录事件（成功、失败）
3	审核对象访问（成功、失败）

知识准备

域安全策略是管理员在计算机上或多台设备上配置的规则，用于保护设备或网络上的资源，主要针对加入域的设备进行安全设置。在域用户安全策略配置任务中，不仅要知道账户密码策略、账户锁定策略及审核策略的含义，还要能使用组策略工具为域环境配置安全策略。

1．账户密码策略

（1）密码必须满足复杂性要求

此策略设置能确定密码是否必须遵循一系列强密码准则。如果启用此设置，则在更改或创建密码时，将强制执行复杂性要求。

（2）密码长度最小值

此策略设置能确定用户账户输入密码的最少字符数。可以将字符数设置为 1～14，也可以将字符数设置为 0，0 表示不需要密码。

（3）密码最长使用期限

密码更改后，必须再次更改密码的天数（即密码有效的最长期限），否则密码将过期。

（4）强制密码历史

在任何组织中，密码重复使用都是一个重要问题。许多用户希望在较长的时间段内让其账户重复使用相同的密码，然而特定账户使用相同密码的时间越长，攻击者通过暴力攻击确定密码的概率就越大。如果要求用户更改其密码，虽然用户可以重复使用旧密码，但是将大大降低密码的安全性。

2．账户锁定策略

（1）账户锁定时间

此策略设置能确定锁定账户在自动解锁之前保持锁定的分钟数。可用范围是 0 到 99999 分钟。如果将账户锁定时间设置为 0，则账户将一直被锁定到管理员手动解除对它的锁定。

如果定义了账户锁定阈值，则账户锁定时间必须大于或等于重置时间。默认值为无，因为只有在指定了账户锁定阈值时，此策略设置才有意义。

（2）账户锁定阈值

此策略设置能确定导致账户被锁定的登录尝试失败次数。在管理员重置锁定账户或账户锁定时间期满之前，无法使用该锁定账户。可以将登录尝试失败次数设置为介于 0 和 999 之间的值。如果将值设置为 0，则永远不会锁定账户。默认值为 0。

（3）重置账户锁定计数器

此策略设置能确定在某次登录尝试失败之后将锁定计数器重置为 0 之前需要等待的时

间。可用范围是 1 到 99999 分钟。如果定义了账户锁定阈值，则此重置时间必须小于或等于账户锁定时间。默认值为无，因为只有在指定了账户锁定阈值时，此策略设置才有意义。

3．审核策略

（1）审核账户管理

使用审核账户管理设置，用于确定是否对计算机上的每个账户管理事件进行审核。账户管理事件包括：

- 创建、修改或删除用户账户或组。
- 重命名、禁用或启用用户账户。
- 设置或修改密码。

如果定义了此策略设置，则可指定审核成功、审核失败或根本不审核此事件类型。成功审核会在任何账户管理事件成功时生成一个审核项，失败审核会在任何账户管理事件失败时生成一个审核项。在响应安全事件时，可以对创建、修改或删除用户账户的人员进行跟踪，这一点非常重要，建议在公司中的所有计算机上启用审核策略。

（2）审核登录事件

使用审核登录事件设置，审核是否发生用户登录与注销的行为，无论用户是直接在本地登录还是通过网络登录，或是通过域用户账户登录。如果定义了此策略设置，则可指定审核成功、审核失败或根本不审核此事件类型。

成功审核会在账户登录尝试成功时生成一个审核项，该审核项的信息对于记账及事件发生后的取证十分有用，可用于确定哪个用户成功登录哪台计算机。失败审核会在账户登录尝试失败时生成一个审核项，该审核项对于入侵检测十分有用。

（3）审核对象访问

使用审核对象访问设置，用于确定是否对用户访问指定了自身系统访问控制列表（SACL）的对象（如文件、文件夹、注册表项和打印机等）这一事件进行审核。如果定义了此策略设置，则可指定审核成功、审核失败或根本不审核此事件类型。

成功审核会在用户成功访问指定了 SACL 的对象时生成一个审核项。失败审核会在用户尝试访问指定了 SACL 的对象失败时生成一个审核项。

4．使用组策略工具设置安全策略的方法

使用组策略工具可以对整个域中的用户和计算机设置一套统一的标准，达到集中管理的目的。安全策略用于对登录计算机的账户定义一些安全设置，如果要执行域级别的本地安全策略，首先需要在域中建立组策略对象（GPO）并链接到此域，然后根据需求编辑 GPO 的具体安全策略，最后通过执行 gpupdate /force 命令使组策略配置生效。

任务环境

✓ VM Workstation 虚拟化平台

✓ Windows Server 2019 虚拟机

✓ Windows 10 虚拟机

✓ 实验环境的网络拓扑（如图 1-5-1 所示）

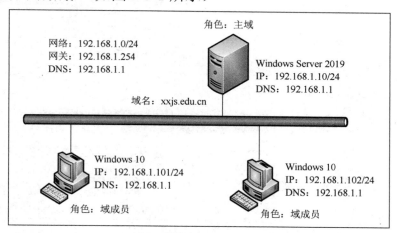

图 1-5-1　网络拓扑

学习活动

活动 1　使用组策略管理工具设置域账户密码策略

[数字资源]

视频：使用组策略管理工具设置域账户密码策略

管理员登录公司的 Windows Server 2019 域控服务器，实现域用户账户的密码安全管理，具体活动要求如下：

（1）启用密码必须符合复杂性要求：密码至少由 3 个类别（数字、小写字母、大写字母、其他）的字符组成。

（2）设置密码长度最小值策略：最小值为 8 个字符。

（3）设置密码最长使用期限策略：每 90 天必须更换密码。

（4）设置强制密码历史策略：过去 10 个密码不可以重复使用。

（5）设置账户锁定策略：3 次登录失败后账户被锁定至少 30 分钟。

STEP 1　在【服务器管理】界面中，选择【工具】→【组策略管理】命令，如图 1-5-2 所示。

STEP 2　在打开的【组策略管理】界面中，右击【Default Domain Policy】选项，如图 1-5-3 所示，在弹出的快捷菜单中选择【编辑】命令，打开【组策略管理编辑器】界面。

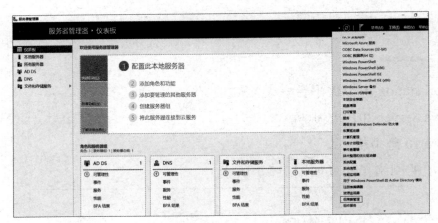

图 1-5-2　选择【工具】→【组策略管理】命令

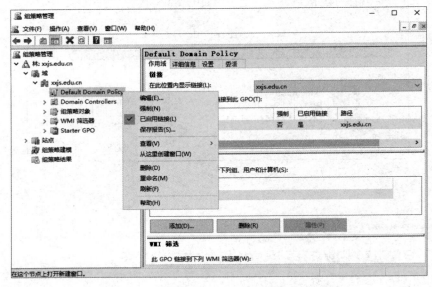

图 1-5-3　编辑默认域策略

STEP 3　在【组策略管理编辑器】界面中，展开【计算机配置】→【策略】→【Windows 设置】→【安全设置】→【账户策略】节点，选择【密码策略】选项，启用密码必须符合复杂性要求，如图 1-5-4 和图 1-5-5 所示。

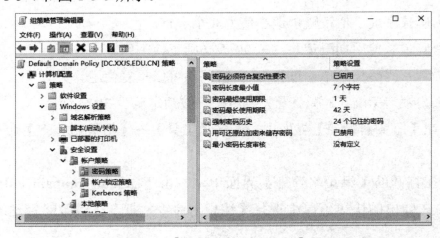

图 1-5-4　【组策略管理编辑器】界面

STEP 4 在密码策略中，设置密码长度最小值为 8 个字符，如图 1-5-6 所示。

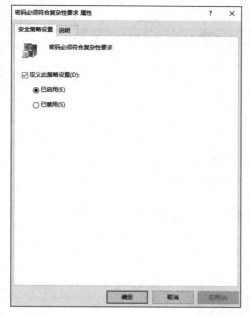

图 1-5-5　启用密码必须符合复杂性要求　　　　　图 1-5-6　设置密码长度最小值策略

STEP 5 在密码策略中，设置密码最长使用期限为 90 天，如图 1-5-7 所示。

STEP 6 在密码策略中，设置强制密码历史，保留密码历史为 10 个记住的密码，如图 1-5-8 所示。

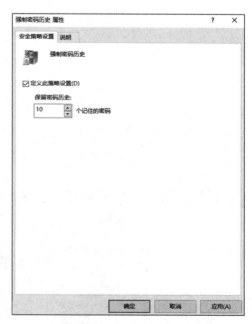

图 1-5-7　设置密码最长使用期限策略　　　　　图 1-5-8　设置强制密码历史策略

STEP 7 设置账户锁定策略。3 次登录失败后账户被锁定至少 30 分钟。展开【计算机配置】→【策略】→【Windows 设置】→【安全设置】→【账户策略】节点，选择【账户锁定策略】选项，如图 1-5-9 所示。

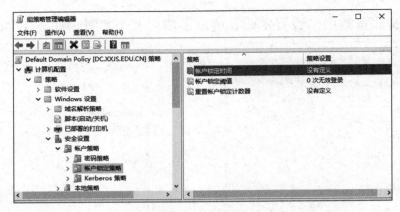

图 1-5-9 选择【账户锁定策略】选项

STEP 8 在账户锁定策略中，设置账户锁定时间为 30 分钟，账户锁定阈值为 3 次无效登录，如图 1-5-10 所示。

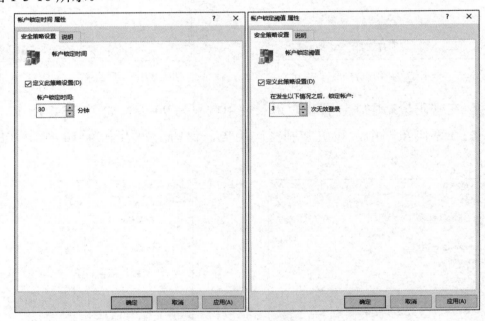

图 1-5-10 设置账户锁定时间及阈值

STEP 9 账户锁定策略设置完成后，如图 1-5-11 所示。

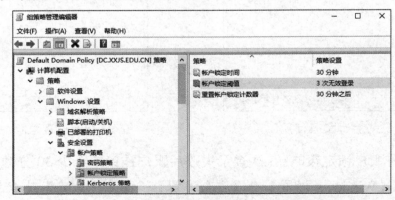

图 1-5-11 完成设置后的账户锁定策略

活动 2　使用组策略管理工具设置审核策略

管理员登录公司的 Windows Server 2019 域控服务器，实现审核策略，当用户执行了指定的某些操作，审核日志就记录一个审核项，审核操作中的成功尝试和失败尝试。具体审核内容如下：

[数字资源]

视频：使用组策略管理工具设置审核策略

（1）审核登录事件（成功、失败）。

（2）审核对象访问（成功、失败）。

（3）审核账户管理（成功、失败）。

STEP 1　在【组策略管理编辑器】界面中，展开【计算机配置】→【策略】→【Windows 设置】→【安全设置】→【本地策略】节点，选择【审核策略】选项，如图 1-5-12 所示。

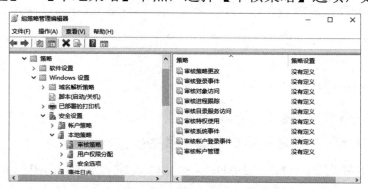

图 1-5-12　选择【审核策略】选项

STEP 2　定义审核登录事件策略。双击【审核登录事件】选项，在弹出的属性对话框中，定义策略设置，勾选【成功】复选框和【失败】复选框，如图 1-5-13 所示。

STEP 3　定义审核对象访问策略。双击【审核对象访问】选项，在弹出的属性对话框中，定义策略设置，勾选【成功】复选框和【失败】复选框，如图 1-5-14 所示。

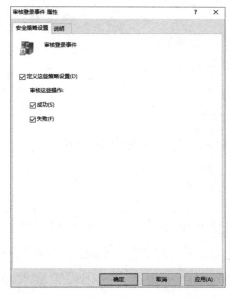

图 1-5-13　审核登录事件策略设置

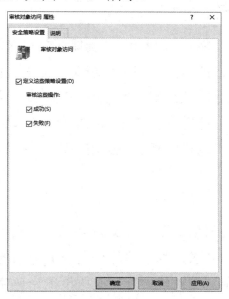

图 1-5-14　审核对象访问策略设置

STEP 4 定义审核账户管理策略。双击【审核账户管理】选项，在弹出的属性对话框中，定义策略设置，勾选【成功】复选框和【失败】复选框。审核策略设置完成后，如图 1-5-15 所示。

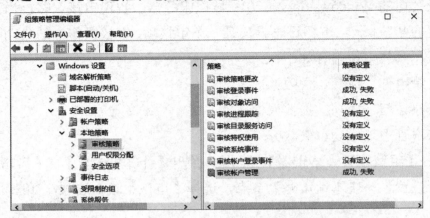

图 1-5-15　完成设置后的审核策略

思考与练习

1．请简述审核策略对应的事件日志存放位置。

2．请举例说明审核账户管理策略记录的是哪些操作？

3．创建一个组策略对象，名称为 passwd-policy，设置密码过期时间为 30 天，不能使用最近使用的 5 个旧密码，3 次登录失败后锁定账户 60 分钟。设置完成后，将该组策略对象关联到域上并启用。

任务 6　Linux 用户账户密码策略配置

学习目标

1．能掌握 Linux 系统保存账户密码的文件与文件位置；

2．能掌握 Linux 系统保存密码文件内容的格式与含义；

3．能熟练地使用 passwd 命令设置用户强密码；

4．能熟练地使用 chage 命令配置用户账户密码策略；

5．通过配置 Linux 用户账户密码策略，培养并保持良好的安全意识和防护习惯。

任务描述

公司部署了 Linux 服务器，为公司业务部门提供网络文件服务。现在根据网络安全等级保护的要求，为了保障公司业务部门的文件数据安全，要求在登录或网络访问 Linux 服务器时，用户的密码要使用高强度的密码字符串组合。同时，制定用户密码设置要求即密码安全策略。

为此，管理员需要以普通用户身份 userpm 登录 Linux 服务器，使用 su 命令提升至 root 用户权限，完成下列安全运维任务：

（1）检测系统中用户是否存在弱密码，如果存在，则重新设置密码。

（2）配置 Linux 用户账户密码安全策略。

知识准备

在实现 Linux 系统用户账户的安全管理任务中，用户账户的密码验证是系统至关重要的安全防线。为了加强系统的安全性，Linux 系统提供了专门的密码管理文件和密码安全策略的设定原则。

1. Linux 用户密码文件/etc/shadow

几乎所有的 Linux 系统都对用户密码进行加密，密文保存在/etc/shadow 文件中。该文件对一般用户不可读，而对 root 用户是可读的。在/etc/shadow 文件中，一行对应一个用户账户的密码信息，每行均由 9 个字段构成，各个字段使用冒号分隔，如图 1-6-1 所示。

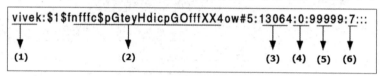

图 1-6-1　shadow 文件字段信息

各字段含义如下。

（1）用户名：用户账户名。

（2）密码：用户加密的密码。

（3）用户密码最后一次修改时间：上次更改密码的时间距 1970 年 1 月 1 日的天数。

（4）最小时间间隔：密码更改后，不可以更改密码的天数。如果是 0，则表示任何时候都可以更改密码。

（5）最大时间间隔：密码更改后，必须再次更改密码的天数（即密码有效的最长期限），否则密码将过期，99999 表示密码永不过期。

（6）警告时间：密码过期前多少天提醒用户更改密码，默认值是 7 天。

2. 检测 Linux 系统中用户弱密码的方法

复制被检查主机的/etc/shadow 文件，在 Linux 系统中运行 John the Ripper 工具检测弱密码，使用 john.exe shadow --single 检查用户名和密码相同的弱密码，或者使用 pass.txt 字典检测弱密码 john.exe shadow --wordlist=pass.txt。

> 🔊 **小提示**：pass.txt 在随书的资源中提供。

3. John the Ripper 工具的使用

John the Ripper 是一款流行的密码破解工具，常用于渗透测试，也用于在已知密文的情况下尝试破解出明文的密码，支持目前大多数的加密算法，如 DES、MD4、MD5 等。该工具支持字典破解方式和暴力破解方式，以及多种不同类型的系统架构，主要目的是破解不够牢固的 UNIX/Linux 系统密码。

[数字资源]
视频：John the Ripper 的编译安装

（1）支持 4 种密码破解模式

- 字典模式：用户只需要提供字典和密码列表用于破解。
- 单一破解模式：这是推荐的首选模式，使用登录名、全名和家庭通讯录作为候选密码。
- 增量模式：尝试所有可能的密码组合，这是最具威力的一种模式。
- 外部模式：用户可以使用外部破解模式。使用之前，需要创建一个名为 list.external : mode 的配置文件，其中 mode 由用户分配。

（2）john 命令的使用

john 命令的语法格式为 john[选项][密码文件]，常用的选项如表 1-6-1 所示。

表 1-6-1　john 命令常用的选项

选项	描述
--single	单一破解模式
--wordlist=FILE --stdin	字典模式
--rules	打开字典模式的词汇表切分规则
--incremental[=MODE]	使用增量模式
--external=MODE	打开外部模式或单词过滤
--status[=NAME]	显示会话状态
--make-charset=FILE	生成一个字符集文件，用于增量模式
--show	显示已破解密码
--salts=[-]COUNT	至少对 COUNT 密码加载加盐，减号表示反向操作

4. Linux 用户账户密码安全策略

为了使用户能安全规范地使用密码，公司要配置密码安全策略，从技术上使用户能安全规范地使用密码，提高系统的安全性，密码安全策略的设定原则如下：

- 密码不能以明文方式记录在系统中。
- 管理员为用户设置初始密码，用户在第一次登录时必须修改初始密码。
- 密码长度至少 8 个字符。
- 密码至少由 3 个类别（数字、小写字母、大写字母、其他特殊字符）的字符组成。
- 过去 10 个密码不可以重复使用。
- 每 90 天必须更换密码。
- 5 次登录失败后账户被锁定至少 30 分钟，或者由管理员解除锁定。

🔊 **小提示：** 强密码的特征详见模块 1 任务 4 中的描述。

📢 **小提示:** 在实施密码安全策略时，首先应在管理制度中明确要求；此外，应从技术层面上进行保障。

📚 任务环境

- ✓ VM Workstation 虚拟化平台
- ✓ CentOS 7 虚拟机
- ✓ Windows 10 虚拟机
- ✓ 实验环境的网络拓扑（如图 1-6-2 所示）

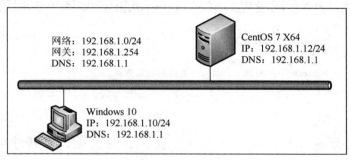

图 1-6-2　网络拓扑

🛒 学习活动

[数字资源]

视频：检测 Linux 用户账户密码安全

活动 1　检测 Linux 用户账户密码安全

公司 Linux 服务器已经存在管理员用户 admin，该用户使用 admin 账户登录系统，提升权限，进行账户弱密码的检测，如果存在弱密码，则重置该账户的密码为强密码。具体活动要求如下：

（1）使用 John the Ripper 工具检测当前 Linux 用户账户是否存在弱密码。

（2）如果存在弱密码，则使用 passwd 命令重新设置该账户的密码为强密码。

`STEP 1` 以 admin 用户身份登录 Linux 服务器，并将用户身份切换至 root，如图 1-6-3 所示。

```
[admin@localhost ~]$ su - root
Password:
Last login: Thu Jul 14 23:20:19 CST 2022 on pts/2
[root@localhost ~]#
```

图 1-6-3　切换 root 身份

`STEP 2` 切换目录到 John the Ripper 工具的安装目录，使用 unshadow 命令，将本机/etc/passwd 和/etc/shadow 两个文件中包含的用户账户名和对应的密码 Hash 值导出到 host_passwd 文件中，如图 1-6-4 所示。

```
[root@localhost ~]# cd john-1.9.0/run/
[root@localhost run]# ./unshadow /etc/passwd /etc/shadow > host_passwd
```

图 1-6-4　产生本机账户密码的 Hash 值文件

STEP 3 使用 john 命令检测 host_passwd 文件中是否存在弱密码的 Hash 值，如图 1-6-5 所示。

```
[root@localhost run]# ./john --wordlist=pass.txt host_passwd
Loaded 3 password hashes with 3 different salts (crypt, generic crypt(3) [?/64])
Press 'q' or Ctrl-C to abort, almost any other key for status
123456          (jay)
1g 0:00:01:39 100% 0.01009g/s 206.6p/s 415.2c/s 415.2C/s ~images..~www
Use the "--show" option to display all of the cracked passwords reliably
Session completed
```

图 1-6-5 检测是否存在弱密码的 Hash 值

从以上结果中发现，jay 用户的密码是弱密码 123456。

STEP 4 将 jay 用户的密码设置为强密码 pho@2liJ，如图 1-6-6 所示。

```
[root@localhost ~]# passwd jay
更改用户 jay 的密码 。
新的 密码：
重新输入新的 密码：
passwd：所有的身份验证令牌已经成功更新。
[root@localhost ~]#
```

图 1-6-6 设置强密码

小提示： 在设置密码时，屏幕不会显示出来，注意输入正确密码并记住。

活动 2　设置 Linux 用户账户密码安全策略

[数字资源]

视频：设置 Linux 用户账户密码安全策略

管理员登录公司 Linux 服务器，设置账户密码安全策略，加固 Linux 系统。具体活动要求如下：

（1）管理员为用户 jack 设置初始密码，用户在第一次登录时必须修改初始密码。

（2）设置密码复杂性策略：密码长度至少为 8 个字符，密码至少由 3 个类别（数字、小写字母、大写字母、其他特殊字符）的字符组成。

（3）设置密码周期策略：每 90 天必须更换密码，到期前 5 天开始提醒。

（4）设置密码历史策略：过去 10 个密码不可以重复使用。

（5）设置账户锁定策略：5 次登录失败后账户被锁定至少 30 分钟。

（6）使用密码锁定暂时不使用的账户 test。

STEP 1 创建用户 jack，设置初始密码为 jack@xxjs，并设置用户在第一次登录时必须修改初始密码，如图 1-6-7 所示。

```
[root@localhost ~]# useradd jack
[root@localhost ~]# echo "jack@xxjs" | passwd jack --stdin
更改用户 jack 的密码 。
passwd：所有的身份验证令牌已经成功更新。
[root@localhost ~]# chage -d 0 jack
[root@localhost ~]#
```

图 1-6-7 设置初始密码

STEP 2　设置密码复杂性策略：密码长度至少为 8 个字符，密码至少由 3 个类别的字符组成。在当前的 Shell 中，输入 vim /etc/pam.d/system-auth 命令，设置密码复杂性策略，在如图 1-6-8 所示的框线处进行修改。

```
account      sufficient     pam_succeed_if.so uid < 1000 quiet
account      required       pam_permit.so

password     requisite      pam_pwquality.so minlen=8 lcredit=-1 ucredit=-1 dcredit=-1 ocredit=-1 try
first_pass local_users_only retry=3 authtok_type=
password     sufficient     pam_unix.so sha512 shadow nullok try_first_pass use_authtok
password     required       pam_deny.so
```

图 1-6-8　设置密码复杂性策略

STEP 3　设置密码周期策略：每 90 天必须更换密码，到期前 5 天开始提醒。在当前的 Shell 中，输入 vim /etc/login.defs 命令，设置密码周期策略，在如图 1-6-9 所示的框线处进行修改。

```
# Password aging controls:
#
#       PASS_MAX_DAYS   Maximum number of days a password may be used.
#       PASS_MIN_DAYS   Minimum number of days allowed between password changes.
#       PASS_MIN_LEN    Minimum acceptable password length.
#       PASS_WARN_AGE   Number of days warning given before a password expires.
#
PASS_MAX_DAYS   90
PASS_MIN_DAYS   0
PASS_MIN_LEN    8
PASS_WARN_AGE   5
```

图 1-6-9　设置密码周期策略

STEP 4　设置密码历史策略：过去 10 个密码不可以重复使用。使用 vim /etc/pam.d/system-auth 命令编辑文件，在如图 1-6-10 所示的框线处添加 remember=10，并保存退出。

```
#%PAM-1.0
# This file is auto-generated.
# User changes will be destroyed the next time authconfig is run.
auth         required       pam_env.so
auth         required       pam_faildelay.so delay=2000000
auth         sufficient     pam_fprintd.so
auth         sufficient     pam_unix.so nullok try_first_pass
auth         requisite      pam_succeed_if.so uid >= 1000 quiet_success
auth         required       pam_deny.so

account      required       pam_unix.so
account      sufficient     pam_localuser.so
account      sufficient     pam_succeed_if.so uid < 1000 quiet
account      required       pam_permit.so

password     requisite      pam_pwquality.so minlen=8 lcredit=-1 ucredit=-1 dcredit=-1 ocredit=-1 try_first
pass local_users_only retry=3 authtok_type=
password     sufficient     pam_unix.so sha512 shadow nullok try_first_pass use_authtok remember=10
password     required       pam_deny.so

session      optional       pam_keyinit.so revoke
session      required       pam_limits.so
-session     optional       pam_systemd.so
session      [success=1 default=ignore] pam_succeed_if.so service in crond quiet use_uid
session      required       pam_unix.so
```

图 1-6-10　设置密码历史策略

STEP 5　设置账户锁定策略：5 次登录失败后账户被锁定至少 30 分钟。在当前系统中，需要编辑/etc/pam.d/system-auth 和/etc/pam.d/password-auth 两个文件，分别在两个文件的 auth 部分添加两行内容，在 account 部分添加一行内容，在如图 1-6-11 所示的框线处进行修改。

```
#%PAM-1.0
# This file is auto-generated.
# User changes will be destroyed the next time authconfig is run.
auth        required      pam_env.so
auth        required      pam_faillock.so preauth silent audit deny=5 even_deny_root unlock_time=1800
auth        required      pam_faildelay.so delay=2000000
auth        sufficient    pam_unix.so nullok try_first_pass
auth        [default=die] pam_faillock.so authfail audit deny=5 even_deny_root unlock_time=1800

auth        requisite     pam_succeed_if.so uid >= 1000 quiet_success
auth        required      pam_deny.so

account     required      pam_faillock.so
account     required      pam_unix.so
account     sufficient    pam_localuser.so
account     sufficient    pam_succeed_if.so uid < 1000 quiet
account     required      pam_permit.so

password    requisite     pam_pwquality.so try_first_pass local_users_only retry=3 authtok_type=
password    sufficient    pam_unix.so sha512 shadow nullok try_first_pass use_authtok

password    required      pam_deny.so

session     optional      pam_keyinit.so revoke
session     required      pam_limits.so
"/etc/pam.d/password-auth" 29L, 1274C 已写入                              8,63         顶端
```

图 1-6-11　设置账户锁定策略

STEP 6　使用密码锁定暂时不使用的账户 test，通过 passwd -l test 命令锁定该账户。

思考与练习

1．在 Linux 系统中，为了加强系统的安全性，用户和密码管理文件是独立的，用户密码存储在哪个文件中？请简述这个文件的每行格式。

2．请简述在加固系统时账户密码策略有哪些？这些策略分别是在哪些文件中设置的？对应的 PAM 的模块名称是什么？

3．请说出在锁定账户时，为什么要在/etc/pam.d/system-auth 文件和/etc/pam.d/password-auth 文件中同时设置？

4．请加固 Linux 系统，设置 test1 用户密码过期时间为 30 天，提前 7 天进行提醒；设置 test2 用户初始密码为 Xxjs@114，在第一次登录时要求其更改密码。

任务 7　DHCP 服务的安全配置

学习目标

1．能掌握 DHCP 服务的工作过程；

2．能掌握 DHCP 服务的安全配置方法；

3．能熟练地安装和配置 DHCP 服务；

4．能熟练地完成 DHCP 服务安全配置；

5．能熟练地实现 DHCP 服务冗余配置；

6．通过 DHCP 服务的安全配置，培养并保持良好的安全意识和防护习惯。

公司已经部署了 Windows 域环境，该公司现有的办公区域有 150 台主机，管理员根据要求对办公主机进行网络管理，决定在公司 Windows 域环境中配置 DHCP 服务，实现公司办公主机动态获取 IP 地址等网络信息。为了正常使用并提高 DHCP 服务器的安全性，管理员需要完成以下任务：

（1）安装和配置 DHCP 服务。

（2）对 DHCP 服务进行服务器授权、启用日志记录、地址租用期限设置、数据备份和还原等相关安全配置。

（3）考虑到 DHCP 服务器有发生故障的可能，管理员需要配置 DHCP 故障转移功能，从而确保 DHCP 服务器的高可用性。

知识准备

DHCP 服务是动态主机配置协议，允许服务器向客户端动态分发 IP 地址和配置信息。如果采用传统的静态 IP 地址分配方法，则存在大量重复工作，因此，可以通过 DHCP 服务器自动获取 IP 地址及相关网络信息。

1. DHCP 服务的工作过程

DHCP 数据发送过程如图 1-7-1 所示。

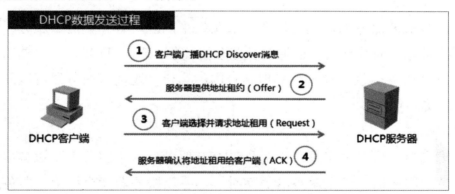

图 1-7-1   DHCP 数据发送过程

2. DHCP 服务相关的安全配置

（1）DHCP 服务器授权

在 Windows Server 2019 中，必须授权基于 Active Directory 域中的 DHCP 服务器，以防止恶意 DHCP 服务器联机，任何确定自己是未经授权的 DHCP 服务器都不会管理客户端。

（2）DHCP 日志记录

启用 DHCP 服务的日志记录功能，将会记录有关 IP 地址租用分配和 DHCP 服务器执行的 DNS 动态更新的详细信息，这些日志默认位于%systemroot%\System32\Dhcp 文件夹中。DHCP 服务器生成的日志文件是出现故障后排除错误的一个重要基础数据。

（3）IP 地址租用期限

DHCP 客户端租用 IP 地址后，必须在租约到期之前更新租约，以便继续使用此 IP 地址，否则当租约到期时，DHCP 服务器会将 IP 地址收回。DHCP 客户端租用 IP 地址期限默认为 8 天，可以根据不同的业务应用场景需求来设置 DHCP 客户端的 IP 地址租用期限。

（4）DHCP 数据备份和还原

DHCP 服务器的数据库文件内存储着 DHCP 的配置数据，如 IP 作用域、出租地址、保留地址域选项设置等，系统默认将数据库文件存储在%systemroot%\System32\dhcp\backup\new 文件夹中。DHCP 服务默认每隔 60 分钟自动进行 DHCP 数据库文件备份。

数据库的还原有以下两种方式。

- 自动还原：如果 DHCP 服务检查到数据库已损坏，则系统会自动修复数据库，利用%systemroot%\System32\dhcp\backup\new 文件夹中的备份文件来还原数据库。
- 手动还原：可以右击 DHCP 服务器，在弹出的快捷菜单中选择【还原】命令来手动还原 DHCP 数据库。

3．DHCP 服务故障转移

Windows Server 2019 支持 DHCP 服务故障转移，保障 DHCP 服务器的高可用性。DHCP 服务器采用负载平衡或热备用模式来运行。

（1）负载平衡模式

如果有两台 DHCP 服务器，则它们会分散负担来同时对客户端提供服务，并会相互将作用域信息复制给对方，而管理员可以配置负载分配比例，响应 DHCP 客户端请求。此模式适用于这两台 DHCP 服务器位于同一个物理站点内的场合。这两台服务器可以同时对站点内的一个或多个子网提供服务。

（2）热备用模式

在热备用模式中，同一时间内只有一台 DHCP 服务器（主服务器）对客户端提供服务，另外一台是热备用服务器。当主服务器故障时，热备用服务器就会接手主服务器的工作，继续为客户端提供服务。

任务环境

[数字资源]
视频：DHCP 服务加入域

- ✓ VM Workstation 虚拟化平台
- ✓ Windows Server 2019 虚拟机
- ✓ Windows 10 虚拟机
- ✓ 实验环境的网络拓扑（如图 1-7-2 所示）

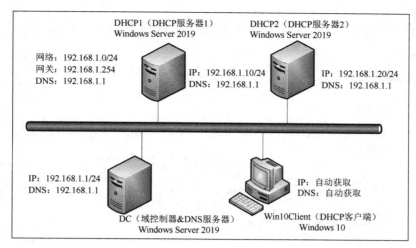

图 1-7-2　网络拓扑

学习活动

活动 1　安装和配置 DHCP 服务

[数字资源]

视频：安装和配置 DHCP 服务

管理员登录公司的 DHCP1 服务器，安装和配置 DHCP 服务，具体活动要求如下：

（1）添加 DHCP 服务角色。

（2）授权 DHCP 服务器。

（3）配置 DHCP 服务。

STEP 1　在 DHCP1 服务器上利用域用户 XXJS\administrator 登录，打开【服务器管理器】界面，选择仪表板处的【添加角色和功能】选项，弹出【添加角色和功能向导】界面，连续单击【下一步】按钮，出现【选择服务器角色】界面，在【角色】栏中勾选【DHCP 服务器】复选框，如图 1-7-3 所示。

图 1-7-3　勾选【DHCP 服务器】复选框

连续单击【下一步】按钮，出现【确认安装所选内容】界面，单击【安装】按钮，完成安装，如图 1-7-4 所示。

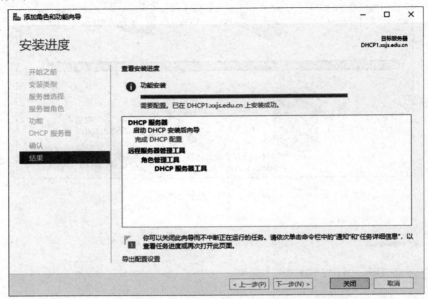

图 1-7-4　DHCP 服务器安装成功

STEP 2　选择图 1-7-4 中的【完成 DHCP 配置】选项，出现【DHCP 安装后配置向导】界面，单击【下一步】按钮，出现【授权】界面，选择用来对 DHCP1 服务器授权的用户凭据 XXJS\administrator，如图 1-7-5 所示，单击【提交】按钮。在出现【摘要】界面时，单击【关闭】按钮。

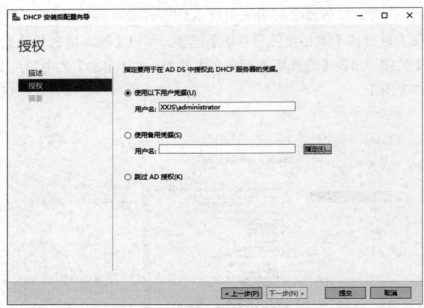

图 1-7-5　服务器授权

🔊 **小提示：**授权用户账户必须是隶属于域 Enterprise Admins 组的成员，只有该组成员才有权执行授权工作。

STEP 3　在【服务器管理器】界面中，选择【工具】→【DHCP】命令，打开 DHCP 管理控制台，展开界面左侧的节点，右击【IPv4】选项，在弹出的快捷菜单中选择【新建作用域】命令，如图 1-7-6 所示。

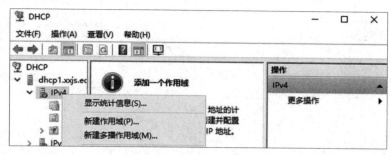

图 1-7-6　新建作用域

STEP 4　在出现的【新建作用域向导】对话框中，单击【下一页】按钮，在【作用域名称】对话框的【名称】文本框中输入作用域名称，如图 1-7-7 所示，单击【下一页】按钮。

STEP 5　在出现的【IP 地址范围】对话框中，设置此作用域中将出租给客户端的起始 IP 地址、结束 IP 地址、子网掩码等，如图 1-7-8 所示，单击【下一页】按钮。

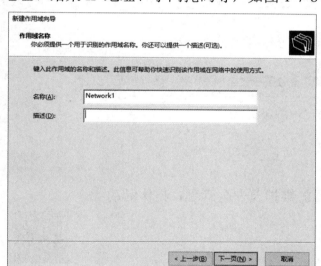

图 1-7-7　输入作用域名称

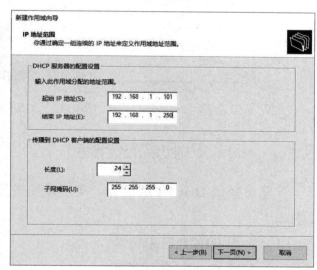

图 1-7-8　设置 IP 地址范围

STEP 6　在出现的【添加排除和延迟】对话框中，根据需要设置要排除的 IP 地址，在此不作设置；单击【下一页】按钮，出现【租用期限】对话框，使用默认的租用期限 8 天。

STEP 7　继续单击【下一页】按钮，出现【配置 DHCP 选项】对话框，选中【是，我想现在配置这些选项】单选按钮。接下来，依次设置路由器（默认网关）为 192.168.1.254、DNS 服务器为 192.168.1.1，如图 1-7-9 所示，WINS 服务器在此不作设置。

STEP 8　单击【下一页】按钮，在【激活作用域】对话框中，选中【是，我想现在激活此作用域】单选按钮，依次单击【下一页】按钮和【完成】按钮完成配置，完成 DHCP 配置后的界面如图 1-7-10 所示。

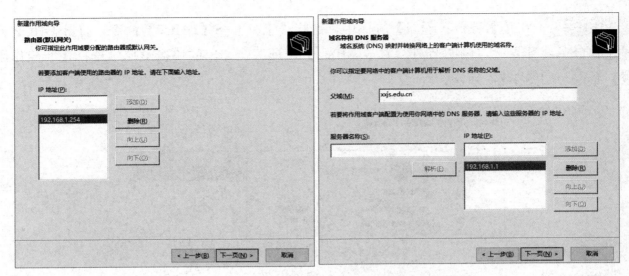

图 1-7-9 设置路由器（默认网关）和 DNS 服务器

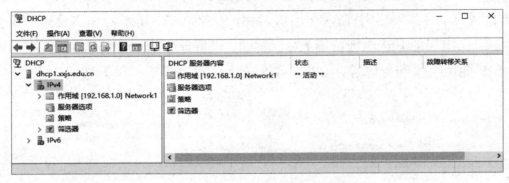

图 1-7-10 完成 DHCP 配置后的界面

活动 2　DHCP 服务安全配置

管理员登录 DHCP1 服务器，实现该服务器的维护及安全管理，具体活动要求如下：

（1）启用 DHCP 日志记录。

（2）配置 IP 地址租用期限。

（3）实现 DHCP 数据备份和还原。

STEP 1 在 DHCP 管理控制台中，右击【IPv4】选项，在弹出的快捷菜单中选择【属性】命令，弹出【IPv4 属性】对话框，默认已经勾选【启用 DHCP 审核记录】复选框，如图 1-7-11 所示。

日志文件默认存储在%systemroot%\System32\dhcp 文件夹内，其文件格式为 DhcpSrvLog-day.log，其中 day 为星期一到星期日的英文缩写，日志文件位置及内容如图 1-7-12 所示。

🔊 **小提示：** DHCP 审核日志中记录着与 DHCP 服务有关的事件，如服务的启动、停止时间，服务器是否已被授权，IP 地址的出租、更新、释放、拒绝等信息。

[数字资源]

视频：DHCP 服务安全配置

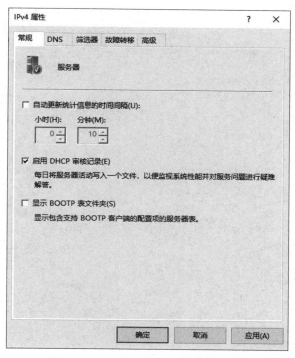

图 1-7-11 【IPv4 属性】对话框

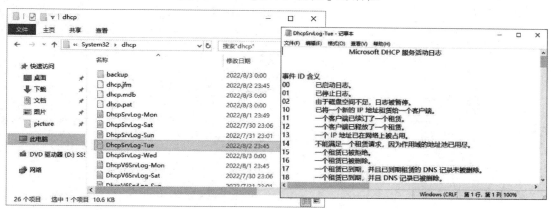

图 1-7-12 日志文件位置及内容

STEP 2 如果需要更改日志文件的存储位置，则可以在【IPv4 属性】对话框中选择【高级】选项卡，通过修改【审核日志文件路径】文本框中的内容实现，如图 1-7-13 所示。

STEP 3 修改 DHCP 客户端的租用期限。在 DHCP 管理控制台中，展开【IPv4】节点，右击【作用域】选项，在弹出的快捷菜单中选择【属性】命令，根据需要修改 DHCP 客户端的租用期限为 1 天，如图 1-7-14 所示。

STEP 4 手动备份 DHCP 数据库。右击 DHCP 服务器名称 dhcp1.xxjs.edu.cn，在弹出的快捷菜单中选择【备份】命令，将 DHCP 数据库文件备份到默认的文件夹内，如图 1-7-15 所示。

STEP 5 手动还原 DHCP 数据库。右击 DHCP 服务器名称 dhcp1.xxjs.edu.cn，在弹出的快捷菜单中选择【还原】命令，选择存储 DHCP 数据库备份的文件夹，并单击【确定】按钮。

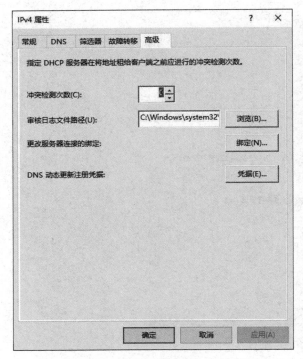

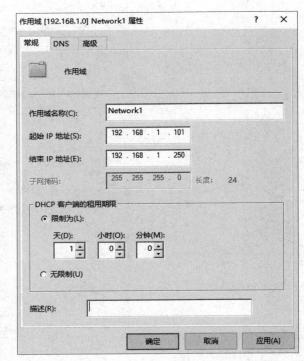

图 1-7-13　修改审核日志文件路径　　　　图 1-7-14　修改 DHCP 客户端的租用期限

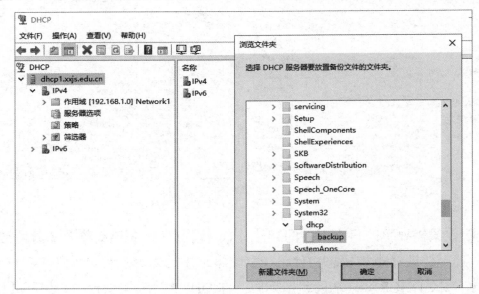

图 1-7-15　手动备份 DHCP 数据库

活动 3　DHCP 服务冗余配置

[数字资源]

视频：DHCP 服
务冗余配置

　　管理员登录 DHCP1 和 DHCP2 服务器，配置 DHCP 故障转移（DHCP Failover），实现高可用性，具体活动要求如下：

（1）配置 DHCP 故障转移。

（2）验证 DHCP 故障转移。

STEP 1　环境准备。在前面的活动中已经配置完成域控制器 DC、DHCP1、Win10Client，考虑到方便验证，暂时将 DHCP1 服务器作用域的 IP 地址租约期限设置为 2 分钟。将 DHCP2 服务器加入域，利用域管理员账户 XXJS\administrator 进行登录，在 DHCP2 服务器中添加 DHCP 角色。

STEP 2　利用域管理员账户登录 DHCP1 服务器，打开 DHCP 管理控制台，右击作用域，在弹出的快捷菜单中选择【配置故障转移】命令，弹出【配置故障转移】对话框，单击【下一页】按钮，在【指定要用于故障转移的伙伴服务器】对话框的【伙伴服务器】文本框中，输入 DHCP1 的伙伴服务器（即 DHCP2 服务器）的 IP 地址 192.168.1.20，如图 1-7-16 所示。

STEP 3　单击【下一页】按钮，在【新建故障转移关系】对话框中，将【模式】设置为【负载平衡】，负载平衡百分比默认，如图 1-7-17 所示，设置共享机密，密码为 Xxjs@1008。

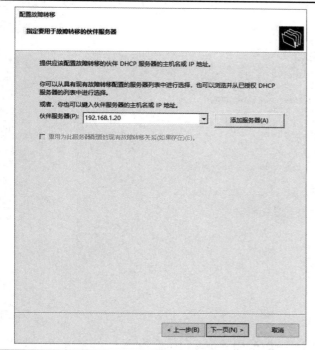

图 1-7-16　【指定要用于故障转移的
伙伴服务器】对话框

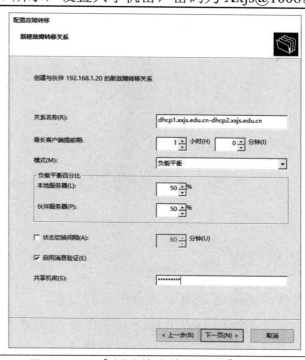

图 1-7-17　【新建故障转移关系】对话框

依次单击【下一页】按钮和【完成】按钮，出现如图 1-7-18 所示的【配置故障转移】对话框，显示配置成功，单击【关闭】按钮。

STEP 4　验证故障转移情况。在 Win10Client 上执行 ipconfig /all 命令，查看是向哪一台 DHCP 服务器租用的 IP 地址，如图 1-7-19 所示，客户端的 IP 地址为 192.168.1.201，是从 192.168.1.10 即 DHCP1 服务器租用的。

将 DHCP1 服务器网络断开，由于之前将租约期限设置为 2 分钟，因此等待 2 分钟后，在客户端中再次执行 ipconfig /all 命令，如图 1-7-20 所示，可以看到 IP 地址是从 192.168.1.20 即 DHCP2 服务器租用的。

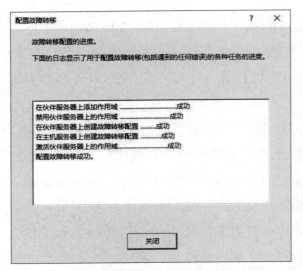

图 1-7-18 【配置故障转移】对话框

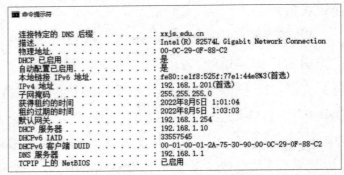

图 1-7-19 查看客户端租用的 IP 地址

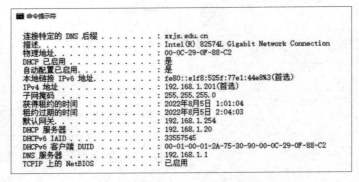

图 1-7-20 验证故障转移

思考与练习

1．请简述 DHCP 服务的工作过程。

2．请列出 DHCP 服务相关的安全配置有哪些？

3．请简述 DHCP 故障转移模式中"负载平衡"模式和"热备用服务器"模式的区别。

4．请搭建 DHCP 高可用环境，配置 DHCP 故障转移，模式设置为"热备用服务器"模式，并测试验证。

任务 8　DNS 服务的安全配置

学习目标

1．能掌握 DNS 服务的工作过程；

2．能掌握 DNS 服务安全防护的配置方法；

3．能熟练地使用 DNS 管理工具配置 DNS 区域传送；

4. 能熟练地为 DNS 服务器配置 DNSSEC 安全防护；

5. 通过 DNS 服务的安全配置，培养并保持良好的安全意识和防护习惯。

任务描述

公司已经部署了域环境，各职能部门都建立了各自的部门网站。为了方便通过域名访问，决定建立公司内部 DNS 服务器。为了确保 DNS 服务业务连续可用，提高 DNS 的安全防护，管理员需要完成下列任务：

（1）配置主 DNS 服务器和辅助 DNS 服务器，仅允许区域传送到指定的 DNS 服务器中。

（2）在授权 DNS 服务器与非授权 DNS 服务器之间配置 DNSSEC 安全防护。

知识准备

域名系统（Domain Name System，DNS）服务器用于域名与 IP 地址的相互解析，它是互联网中重要的基础服务。如果 DNS 服务器受到恶意攻击，则会造成 DNS 缓存中毒、DNS 欺骗等安全威胁。在实施 DNS 服务安全配置任务时，除了理解 DNS 服务的工作原理，还要学习 DNS 安全防护的方法。

1. DNS 概述

（1）DNS 域名空间

DNS 命名是分级的，采用域名空间命名方式。通常，Internet 主机域名的一般结构为主机名.三级域名.二级域名.顶级域名。DNS 域名空间的层次结构如图 1-8-1 所示。

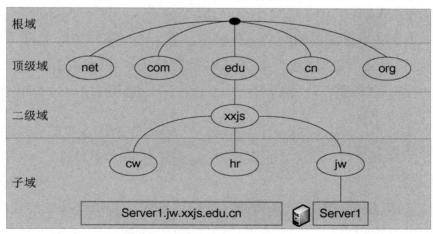

图 1-8-1　DNS 域名空间的层次结构

（2）DNS 查询类型

DNS 查询类型主要有递归查询和迭代查询。递归查询是一种提交给 DNS 服务器的查询，希望 DNS 服务器能够提供关于该查询的完整应答。迭代查询是一种提交给一个 DNS 服务器进行的查询，该服务器会先作出最佳应答，查询发起者再根据此应答信息进一步查询更符合目标名称的域名，依此类推，直至查询到完全合格的域名。

（3）DNS 解析

DNS 解析方式有正向解析和反向解析两种。正向解析是根据域名查找对应的 IP 地址，反向解析是根据 IP 地址查找对应的域名。

（4）DNS 服务器角色

DNS 服务器角色除了配置主 DNS 服务器，还可以根据需要配置辅助 DNS 服务器和缓存 DNS 服务器，以便更快地为客户端提供 DNS 服务，并提高可靠性。

主 DNS 服务器负责解析至少一个域；辅助 DNS 服务器负责解析至少一个域，是主 DNS 服务器的辅助；缓存 DNS 服务器不负责解析域，只负责缓存域名解析结果。

（5）DNS 区域

DNS 区域根据功能不同，主要分为主要区域、辅助区域和存根区域。DNS 区域可以容纳一个或多个域的资源记录。

主要区域用来创建和管理资源记录，DNS 客户端可以在主要区域中查询、注册或更新资源记录。

辅助区域是主要区域的只读副本，DNS 客户端只能在辅助区域中查询资源记录，无法更改辅助区域中的资源记录。

存根区域只包含标识该区域的授权 DNS 服务器所需的资源记录。

2．DNS 面临的安全威胁

DNS 面临的安全威胁有：（1）拒绝服务攻击 DDoS；（2）DNS 欺骗；（3）DNS 缓存中毒；（4）设置不当的 DNS 将泄露过多的网络拓扑结构，整个网络架构中的主机名、主机 IP 列表、路由器名、路由器 IP 列表，甚至机器所在的位置等都可以被轻易窃取；（5）利用被控制的 DNS 服务器入侵整个网络，破坏整个网络的安全完整性；（6）利用被控制的 DNS 服务器，绕过防火墙等其他安全设备的控制。

3．DNS 安全防护方法

（1）区域传送设置

区域传送设置可以使主 DNS 服务器只将区域内的记录传送到指定的辅助 DNS 服务器中，其他未被指定的辅助 DNS 服务器所提出的区域传送请求会被拒绝。当主 DNS 服务器区域内的记录发生更改时，也可以自动通知辅助 DNS 服务器。

（2）DNSSEC 技术

域名系统安全扩展（Domain Name System Security Extensions，DNSSEC）是添加到 DNS 记录中的加密签名，可以保护正在进行 DNS 查询的客户端不接受虚假 DNS 响应。当托管数字签名区域的 DNS 服务器收到查询时，DNS 服务器会返回数字签名及请求的记录。解析程序或另一台服务器可以从信任密钥获取公钥/私钥对的公钥，并验证响应是否可信并且未被篡改。为此，必须针对已签名区域或已签名区域的父级使用信任密钥来配置解析程序或服务器。

部署 DNSSEC 的主要步骤为对 DNS 区域签名、分发信任锚 trust anchor 密钥。

任务环境

✓ VM Workstation 虚拟化平台
✓ Windows Server 2019 虚拟机
✓ Windows 10 虚拟机
✓ 实验环境的网络拓扑（如图 1-8-2 所示）

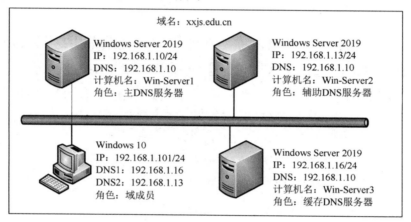

图 1-8-2　网络拓扑

学习活动

活动 1　DNS 区域传送安全配置

[数字资源]

视频：DNS 区域
传送安全配置

公司的主 DNS 服务器已经搭建完成，管理员根据安全需要，配置主 DNS 服务器区域内的记录仅传送到指定的辅助 DNS 服务器中。具体活动要求如下：

（1）在主 DNS 服务器的主要区域中，建立资源记录，允许区域传送，仅允许传送到指定的辅助 DNS 服务器 192.168.1.13 中。

（2）在辅助 DNS 服务器中，创建辅助区域，指定从主 DNS 服务器 192.168.1.10 中复制区域数据，并查看区域数据是否复制成功。

STEP 1　在主 DNS 服务器 Win-Server1 上操作，打开【DNS 管理器】界面，在正向查找区域 xxjs.edu.cn 中创建 3 条主机记录：ftp.xxjs.edu.cn、web.xxjs.edu.cn、Win-Server2.xxjs.edu.cn，如图 1-8-3 所示。

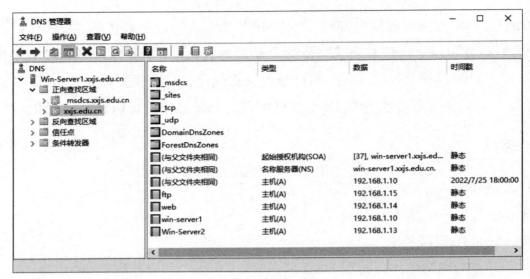

图 1-8-3　创建主机记录

STEP 2　右击 xxjs.edu.cn 区域名称，在弹出的快捷菜单中选择【属性】命令，打开【xxjs.edu.cn 属性】对话框，选择【区域传送】选项卡，如图 1-8-4 所示，勾选【允许区域传送】复选框，选中【只允许到下列服务器】单选按钮，单击【编辑】按钮。

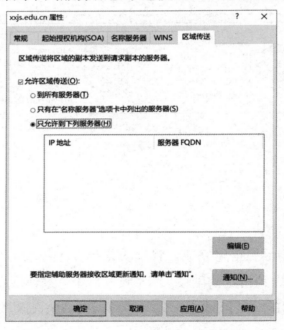

图 1-8-4　【区域传送】选项卡

STEP 3　在【允许区域传送】对话框的【辅助服务器的 IP 地址】列表框中添加辅助 DNS 服务器的 IP 地址 192.168.1.13，如图 1-8-5 所示。单击【确定】按钮，返回【xxjs.edu.cn 属性】对话框，单击【应用】按钮完成配置，如图 1-8-6 所示。

🔊 **小提示**：目前 DNS 服务器没有反向查找区域可供查询，故会显示无法解析的警告信息，它并不会影响区域传送。

图 1-8-5 添加辅助 DNS 服务器的 IP 地址

图 1-8-6 完成区域传送配置

STEP 4 在辅助 DNS 服务器 Win-Server2 上操作，打开【DNS 管理器】界面，右击【正向查找区域】选项，在弹出的快捷菜单中选择【创建区域】命令，弹出【新建区域向导】对话框，单击【下一页】按钮，在【区域类型】对话框中设置区域类型为【辅助区域】，如图 1-8-7 所示，单击【下一页】按钮。

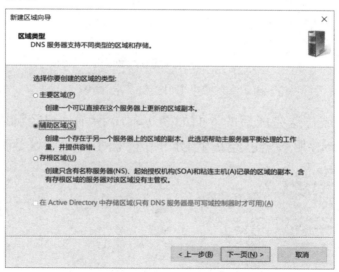

图 1-8-7 创建 DNS 辅助区域

STEP 5 在【区域名称】对话框的【区域名称】文本框中，输入区域名称 xxjs.edu.cn，如图 1-8-8 所示，单击【下一页】按钮。

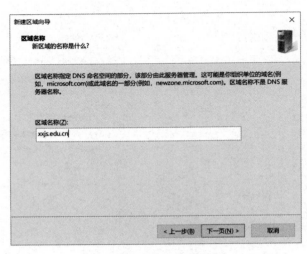

图 1-8-8　输入区域名称

STEP 6　在【主 DNS 服务器】对话框的【主服务器】列表框中，添加主 DNS 服务器的 IP 地址 192.168.1.10，如图 1-8-9 所示，单击【下一页】按钮直至完成设置。

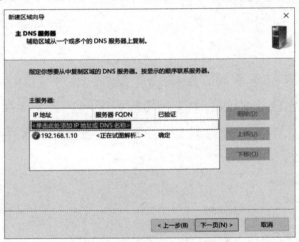

图 1-8-9　添加主 DNS 服务器的 IP 地址

STEP 7　DNS 区域传送完成后的界面如图 1-8-10 所示，已经可以查看 xxjs.edu.cn 区域内的记录，表明辅助 DNS 服务器已经从主 DNS 服务器中完成区域数据的复制。

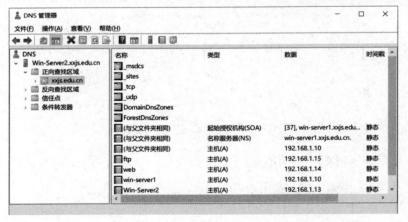

图 1-8-10　DNS 区域传送完成后的界面

活动 2　DNS 安全防护配置

[数字资源]

视频：DNS 安全
防护配置

　　为了防止公司的主 DNS 服务器响应数据包内的 IP 地址遭到篡改，缓存 DNS 服务器遭受 DNS 缓存中毒，管理员需要配置 DNS 的安全防护，具体活动要求如下：

　　（1）在缓存 DNS 服务器上配置 DNS 转发器，指向主 DNS 服务器 192.168.1.10。

　　（2）在主 DNS 服务器上完成 xxjs.edu.cn 区域签名。

　　（3）在主 DNS 服务器上向缓存 DNS 服务器分发信任锚（Trust Anchor），并在缓存 DNS 服务器上导入信任锚。

　　（4）在 DNS 客户端上验证。

　　STEP 1　配置 DNS 转发器。在缓存 DNS 服务器 Win-Server3 上添加 DNS 服务器角色，打开【DNS 管理器】界面，右击 Win-Server3.xxjs.edu.cn，在弹出的快捷菜单中选择【属性】命令，弹出【Win-Server3.xxjs.edu.cn 属性】对话框，在【转发器】选项卡中，添加主 DNS 服务器的 IP 地址 192.168.1.10，如图 1-8-11 所示。

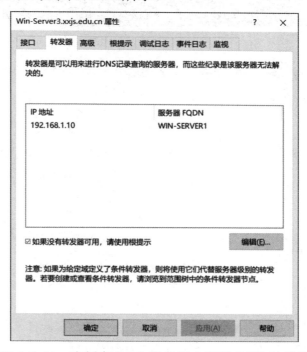

图 1-8-11　在缓存 DNS 服务器上配置 DNS 转发器

　　STEP 2　在 DNS 区域尚未被签名之前，在 DNS 客户端的 PowerShell 上测试名称解析功能是否正常，如图 1-8-12 所示，nslookup 命令已经可以正常解析 web.xxjs.edu.cn 的 IP 地址。

　　也可以在 DNS 客户端上利用以下命令进行测试：resolve-dnsname web.xxjs.edu.cn -server win-server1 -dnssecok，如图 1-8-13 所示。

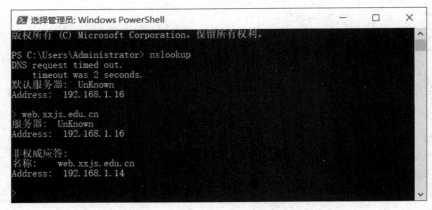

图 1-8-12　使用 nslookup 命令测试名称解析功能

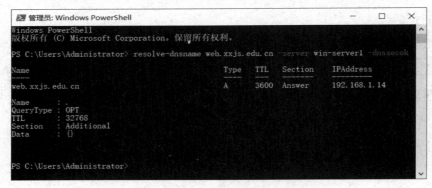

图 1-8-13　DNS 客户端测试

🔊 **小提示**：dnssecok 表示客户端认识 DNSSEC，客户端利用此参数来通知 DNS 服务器可以将与 DNSSEC 有关的记录传送过来，但是此时 xxjs.edu.cn 区域尚未被签名，故没有这类记录可供传送。

STEP 3　配置区域签名。在主 DNS 服务器 Win-Server1 上操作，右击 xxjs.edu.cn 正向查找区域，在弹出的快捷菜单中选择【DNSSEC】→【对区域进行签名】命令，如图 1-8-14 所示。

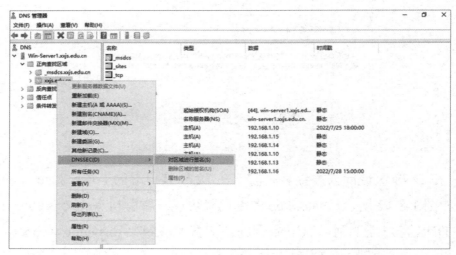

图 1-8-14　选择【DNSSEC】→【对区域进行签名】命令

在弹出的【区域签名向导】对话框中，选中【使用默认设置对区域签名】单选按钮，如图 1-8-15 所示，单击【下一页】按钮直到完成设置。

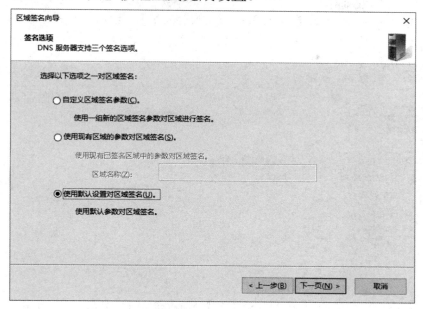

图 1-8-15　选中【使用默认设置对区域签名】单选按钮

STEP 4　在【DNS 管理器】界面中，按【F5】键刷新区域 xxjs.edu.cn 后，便可以看到界面中新添加了许多与 DNSSEC 有关的记录，包含 RRSIG、DNSKEY 与 NSEC3，如图 1-8-16 所示。

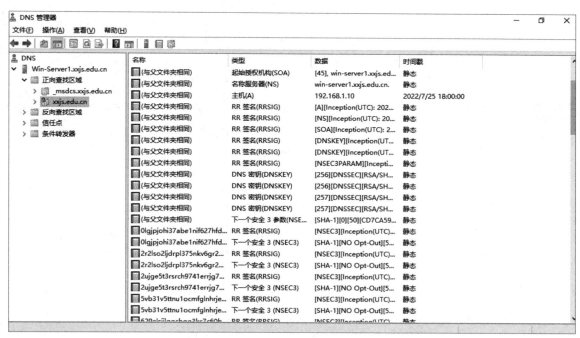

图 1-8-16　与 DNSSEC 有关的记录

STEP 5　分发与导入信任锚。

首先，在主 DNS 服务器 Win-Server1 上，对存放有 trust anchor 的文件夹 C:\Windows\

System32\dns 设置共享，共享名为 dns。

接着，在缓存 DNS 服务器 Win-Server3 上，打开【DNS 管理器】界面，右击【信任点】选项，在弹出的快捷菜单中选择【导入】→【DNSKEY】命令，如图 1-8-17 所示。

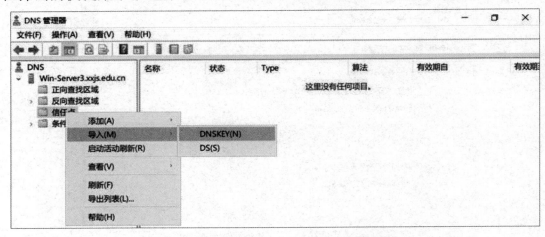

图 1-8-17　选择【导入】→【DNSKEY】命令

弹出如图 1-8-18 所示的【导入 DNSKEY】对话框，在【要导入的文件】文本框中输入 \\win-server1\dns\keyset-xxjs.edu.cn，单击【确定】按钮完成导入。

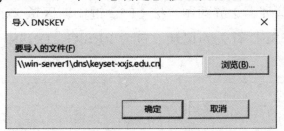

图 1-8-18　【导入 DNSKEY】对话框

STEP 6　完成导入信任锚后的界面如图 1-8-19 所示，它共有两个 DNS 密钥（DNSKEY）信任点，一次只使用一个，另一个备用。

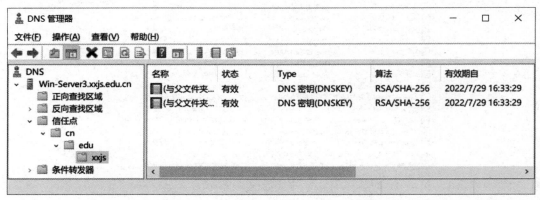

图 1-8-19　完成导入信任锚后的界面

STEP 7　在 DNS 客户端上验证。在 PowerShell 界面中，分别利用 ping 与 resolve-dnsname 命令测试，如图 1-8-20 所示，由于 xxjs.edu.cn 区域已经被签名，因此 resolve-dnsname 命令会

回传与 DNSKEY 有关的记录。

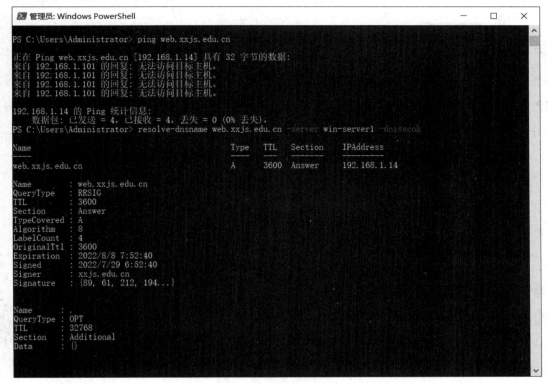

图 1-8-20　在 DNS 客户端上验证

思考与练习

1．请简述 DNSSEC 安全防护的主要步骤。

2．请列举清除 DNS 缓存的方法。

3．在 DNS 客户端上验证 DNSSEC 的命令用法。

4．使用目前的 DNS 服务器环境，建立正向解析记录：mail.xxjs.edu.cn 192.168.1.17，并验证 DNS 区域传送。

任务 9　Web 服务的安全配置

学习目标

1．能掌握 Web 服务的工作过程；

2．能掌握 Web 服务的安装和配置过程；

3．能熟练地使用 IIS 管理工具加固 Web 服务器；

4．能熟练地使用 HTTPS 保护 Web 服务器；

5．通过 Web 服务的安全配置，培养并保持良好的安全意识和防护习惯。

任务描述

公司部署了 Windows Server 2019 系统服务器，为公司建设了内部的 OA 系统，并为各部门提供信息发布服务。现在根据网络安全等级保护的要求，管理员需要通过启用集成的身份验证、IP 限制、目录权限、记录日志及证书等技术手段，针对公司网络内部的 Web 服务器进行安全加固。为此，管理员需要完成以下运维工作：

（1）使用 IIS（Internet Information Services）管理工具加固 Web 服务器。

（2）使用 HTTPS 保护 Web 服务器。

知识准备

Web 服务器是互联网中发布信息的重要服务器，经常会受到恶意攻击，通过身份验证、IP 限制、目录权限、记录日志及证书等技术手段做好 Web 服务安全加固工作，可以降低网站的整体安全风险。在 Web 服务安全配置任务中，要学习 Web 服务工作过程，以及使用 IIS 管理工具的安全选项、证书进行 Web 服务安全配置的方法。

[数字资源]
视频：基于 IIS 搭建 Web 服务器

1. Web 服务的工作过程

传统 Web 服务主要通过 HTTP 进行通信，HTTP 采用的是请求、响应模式，即客户端发起 HTTP 请求，Web 服务器接收并解析处理 HTTP 请求，并将 HTTP 响应发送给客户端。Web 服务工作原理如图 1-9-1 所示。

图 1-9-1　Web 服务工作原理

2. 使用 IIS 管理工具加固 Web 服务器的方法

在 Web 服务安全维护中，除了日常要及时更新系统，还可以使用 IIS 管理工具设置 Web 服务安全选项，加强 Web 服务器的安全性，常用的安全选项如下。

（1）身份验证

IIS 网站默认允许所有用户连接，如果该网站只针对特定用户开放，则需要用户输入账户和密码。用来验证用户账户和密码的方法有：匿名用户验证、基本身份验证、摘要式身份验证及 Windows 身份验证等。如果网站同时开启了上述几种身份验证，则浏览器会依照以下顺序来选择身份验证的方法：匿名用户验证、Windows 身份验证、摘要式身份验证、基本身份验证。

各种身份验证方法的比较如表 1-9-1 所示。

表 1-9-1　各种身份验证方法的比较

身份验证方法	安全级别	如何传送密码	是否通过防火墙或代理服务器
匿名用户验证	无		是
基本身份验证	低	明文（未加密）	是
摘要式身份验证	中	哈希处理	是
Windows 身份验证	高	Kerberos：票据 NTLM：哈希处理	Kerberos：可通过代理服务器，但一般会被防火墙阻挡 NTLM：无法通过代理服务器，但可以通过防火墙

（2）IP 地址或域名限制

利用 IP 地址或域名限制规则，使未经授权的用户无法看到或更改 Web 服务器上的发布内容，是保护内容的一种有效方法。限制规则可以设置为"允许"或"拒绝"访问两类。

（3）目录权限

网页文件应该存储在 NTFS 或 ReFS 磁盘分区内，这样便于使用 NTFS 或 ReFS 权限来增加网页的安全性。

（4）记录日志

开启网站的日志记录，便于跟踪和分析网站访问来源，在受到网络安全威胁时，提供数据分析支持。

3. 使用 HTTPS 安全连接 Web 服务器

SSL（Secure Socket Layer，安全套接字层）用于保障在互联网上数据传输的安全，利用数据加密技术，可以确保数据在互联网上的传输过程中不会被窃听。HTTPS 是在 HTTP 的基础上，基于 SSL 通过传输加密技术和身份认证保证了传输过程的安全。

如果要让网站拥有 SSL 安全连接功能，则需要为网站向证书颁发机构（Certificate Authority，CA）申请 SSL 证书（即 Web 服务器证书）。SSL 证书内包含了公钥、证书有效期限、发放此证书的 CA、CA 的数字签名等信息。

在网站拥有 SSL 证书之后，浏览器与网站之间就可以通过 SSL 安全连接进行通信，也就是将 URL 路径中的 http 改为 https。例如，网站为 www.hxedu.com.cn，则浏览器利用 https://www.hxedu.com.cn 来连接网站。

[数字资源]
视频：搭建企业证书颁发机构（CA）

任务环境

✓ VM Workstation 虚拟化平台
✓ Windows Server 2019 虚拟机，已经配置 ADDS 和 CA 角色服务
✓ Windows 10 虚拟机
✓ 实验环境的网络拓扑（如图 1-9-2 所示）

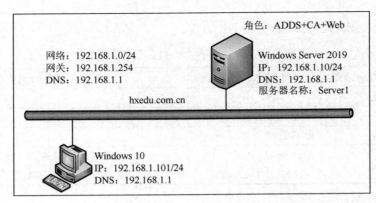

图 1-9-2　网络拓扑

学习活动

活动 1　使用 IIS 管理工具加固 Web 服务器

[数字资源]

视频：使用 IIS 管理工具加固 Web 服务器

为了降低公司 Web 服务器的安全风险，保障 OA 系统的安全，管理员登录并使用 IIS 安全选项加固 Web 服务器。具体活动要求如下：

（1）启用集成的身份验证。

（2）启用 IP 地址或域名限制规则。

（3）设置网站文件存储的目录权限。

（4）开启日志记录。

STEP 1　启用集成的身份验证。在 IIS 管理器界面中，展开【网站】→【OA】节点，在【OA 主页】界面中以【类别】分组显示，并选择【安全性】→【身份验证】选项，如图 1-9-3 所示。

图 1-9-3　选择【身份验证】选项

STEP 2　双击【身份验证】选项，打开【身份验证】界面，启用 Windows 身份验证、基本身份验证和摘要式身份验证，禁用匿名身份验证，如图 1-9-4 所示。

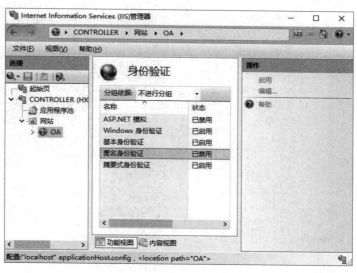

图 1-9-4 身份验证设置

STEP 3 启用 IP 地址限制规则。在【OA 主页】界面中，双击【IP 地址和域限制】选项，打开【IP 地址和域限制】界面，在【操作】窗格中选择【添加拒绝条目】选项，打开【添加拒绝限制规则】对话框，如图 1-9-5 所示。

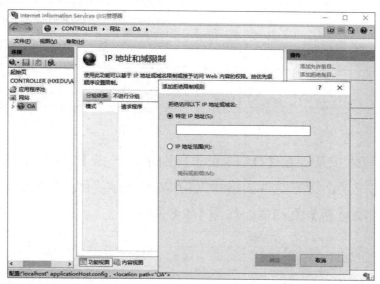

图 1-9-5 打开【添加拒绝限制规则】对话框

STEP 4 在【添加拒绝限制规则】对话框中，设定特定 IP 地址或 IP 地址范围，拒绝用户的连接，如图 1-9-6 所示。背景图表示拒绝 IP 地址为 192.168.2.10 的计算机连接，前景图表示拒绝 192.168.2.0 网络的所有计算机连接。

小提示： 没有被指定是否可以连接的客户端，系统默认允许连接。

STEP 5 设置网站文件存储的目录权限。选择【操作】窗格中的【编辑权限】选项，打开网站存储目录【OA 的权限】对话框，选择【安全】选项卡编辑权限，拒绝来自 IIS_IUSRS 组的用户安全权限，允许来自 Domain Users 组的用户安全权限，如图 1-9-7 所示。

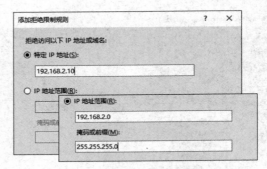

图 1-9-6 添加限制规则

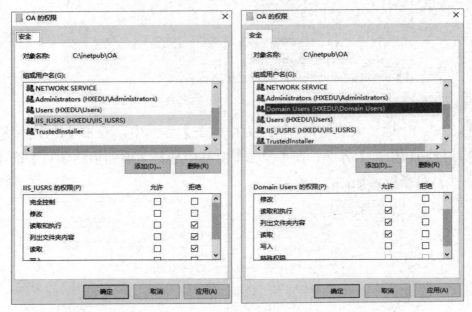

图 1-9-7 目录权限设置

STEP 6 开启日志记录。在【OA 主页】界面中，选择【运行状况和诊断】→【日志】选项，启用网站日志记录，日志文件的格式采用 W3C，存放目录为默认，勾选【使用本地时间进行文件命名和滚动更新】复选框，如图 1-9-8 所示。

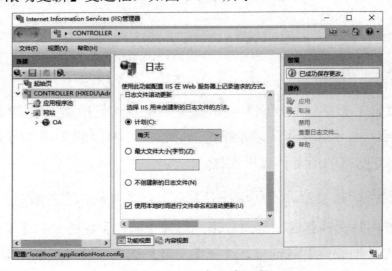

图 1-9-8 开启日志记录

活动 2　使用证书配置 SSL 网站

管理员登录 Web 服务器，使用域证书保证 Web 服务器的安全。具体活动
要求如下：

（1）创建 Web 服务器域证书。

（2）为网站绑定 HTTPS。

（3）客户端访问验证。

STEP 1　创建 Web 服务器域证书。在【服务器证书】界面中，选择【操作】窗格中的
【创建域证书】选项，如图 1-9-9 所示。

图 1-9-9　创建 Web 服务器域证书

STEP 2　在弹出的【创建证书】对话框中，根据证书信息申请规范，填写服务器证书的
必要信息，如图 1-9-10 所示。

图 1-9-10　填写证书信息

STEP 3　单击【下一步】按钮，指定联机证书颁发机构并填写好记名称，单击【完成】

按钮，如图 1-9-11 所示。

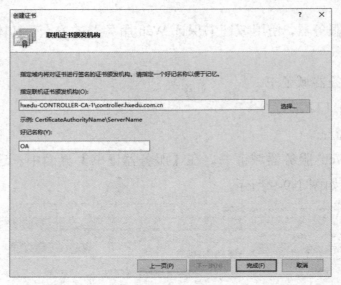

图 1-9-11　指定联机证书颁发机构并填写好记名称

STEP 4　在【服务器证书】界面中，选择创建的域证书并选择【操作】窗格中的【查看】
选项，显示证书信息，如图 1-9-12 所示。

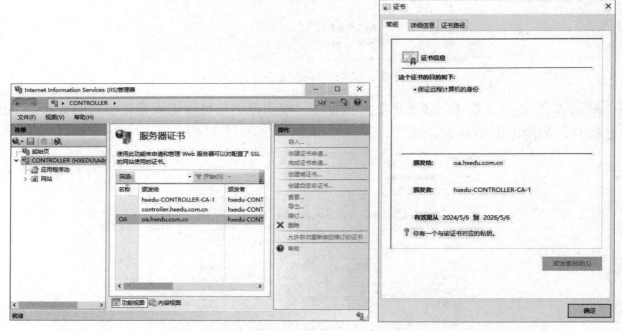

图 1-9-12　查看服务器证书信息

STEP 5　为网站绑定 HTTPS。在 IIS 管理器界面中，选择【网站】选项，选择【操作】
窗格【编辑网站】选区中的【绑定】选项，在弹出的【网站绑定】对话框中单击【添加】按
钮，如图 1-9-13 所示。

图 1-9-13　单击【添加】按钮

STEP 6 在弹出的【添加网站绑定】对话框中，选择类型为 https、IP 地址为该服务器地址，使用默认的 443 端口，填写主机名 oa.hxedu.com.cn，SSL 证书选择上述步骤中创建的该服务器的域证书 OA，如图 1-9-14 所示。

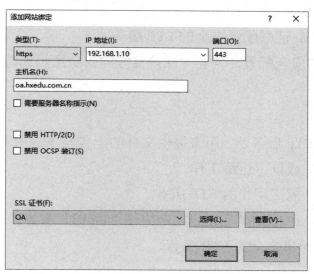

图 1-9-14　为网站绑定 HTTPS

STEP 7 在客户端浏览器的地址栏中输入 https://oa.hxedu.com.cn/访问网站，显示网站标识，表明网站身份并加密本次用户与该服务器的连接，如图 1-9-15 所示。

图 1-9-15　使用 HTTPS 访问网站

思考与练习

1. 请简述 Web 服务工作原理。
2. 请列举 IIS 管理工具中加固 Web 服务器的常用安全选项。
3. 请简述配置 SSL 网站的过程。
4. 为 Web 测试服务器创建自签名证书，并在默认站点上开启 SSL 网站功能，使得客户端只能通过 HTTPS 访问默认站点。

任务 10　FTP 服务的安全配置

学习目标

1. 能掌握 FTP 服务的安全配置方法；
2. 能熟练地使用 IIS 管理工具加固 FTP 服务；
3. 能熟练地使用 SSL 证书配置安全的 FTP 服务；
4. 通过 FTP 服务的安全配置，培养并保持良好的安全意识和防护习惯。

任务描述

公司需要架设一台 FTP 服务器，用来提供文件的上传与下载服务。为了加强 FTP 服务器的安全性，管理员需要完成以下运维工作：

（1）安装和配置基于隔离用户的 FTP 服务。

（2）通过身份验证、IP 限制、启用日志等方法加固 FTP 服务。

（3）使用 SSL 证书配置安全的 FTP 服务。

知识准备

FTP（File Transfer Protocol）是用来在两台计算机之间传输文件的通信协议，在这两台计算机中，一台是 FTP 服务器，一台是 FTP 客户端。FTP 客户端可以从 FTP 服务器下载文件，也可以将文件上传到 FTP 服务器。

FTP 服务经常会受到恶意攻击，使用 FTP 用户隔离、身份验证、IP 限制、证书等方法做好 FTP 服务的安全加固工作，可以降低 FTP 服务的整体安全风险。

1. FTP 用户隔离方法

FTP 用户隔离通过将用户限制在自己的主目录中，无法切换到其他用户的主目录，因此用户无法查看或修改其他用户主目录内的文件。FTP 用户隔离支持以下 3 种隔离模式。

（1）用户名目录（禁用全局虚拟目录）

它所采用的方法是在 FTP 站点内建立与用户账户名称相同的物理或虚拟目录，用户连接到 FTP 站点后，便会被导向到与用户账户名称相同的目录中。用户无法访问 FTP 站点内的全局虚拟目录。

（2）用户名物理目录（启用全局虚拟目录）

它所采用的方法是在 FTP 站点内建立与用户账户名称相同的物理目录，用户连接到 FTP 站点后，便会被导向到与用户账户名称相同的目录中。用户可以访问 FTP 站点内的全局虚拟目录。

（3）在 Active Directory 中配置的 FTP 主目录

用户必须利用域用户的账户来连接 FTP 站点，需要在域用户的账户内指定其专用主目录。

2．FTP 服务基本安全配置方法

（1）FTP 身份验证

FTP 身份验证方式有匿名身份验证和基本身份验证，考虑到 FTP 服务的安全性，通常禁用匿名身份验证，仅启用基本身份验证。

（2）FTP IP 地址和域名限制

利用 IP 地址或域名限制规则，可以让 FTP 站点允许或拒绝某台特定的计算机、某组计算机来连接 FTP 站点。

（3）FTP 日志记录

开启 FTP 日志记录，便于跟踪和分析 FTP 站点访问来源，在受到网络安全威胁时，提供数据分析支持。

3．基于 SSL 的 FTP 服务配置方法

当使用不加密的方式访问 FTP 服务时，FTP 是以明文的方式传输数据的，用户名和密码及访问的文件内容可能会被不法分子监听、截获。FTP 服务支持 FTP over SSL，它让 FTP 客户端可以利用 SSL 安全连接与 FTP 服务器通信，利用数据加密技术，可以确保数据在网络上的传输过程中不会被监听。

FTPS 服务配置需要为 FTP 服务器申请 SSL 安全连接证书并安装使用，但是在客户端测试时，由于 Windows 系统内置的 ftp.exe、Internet Explorer、文件资源管理器等目前不支持 FTPS，因此客户端需要采用 FileZilla、CuteFTP 或 SmartFTP 等工具。

任务环境

✓ VM Workstation 虚拟化平台

✓ Windows Server 2019 虚拟机

✓ Windows 10 虚拟机

✔ 实验环境的网络拓扑（如图 1-10-1 所示）

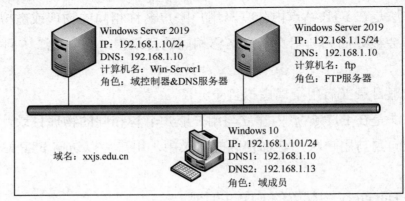

图 1-10-1　网络拓扑

[数字资源]
视频：配置基于
用户隔离的 FTP
服务

学习活动

活动 1　配置基于用户隔离的 FTP 服务

管理员登录公司的 Windows Server 2019 服务器，安装并配置基于用户隔离的 FTP 服务，具体活动要求如下：

（1）添加 FTP 角色服务。

（2）建立 FTP 站点。

（3）配置 FTP 站点的用户隔离。

STEP 1　在 FTP 服务器上添加 FTP 角色服务。打开【服务器管理器】界面，选择仪表板处的【添加角色和功能】选项，连续单击【下一步】按钮，出现【选择角色服务】界面，在【角色服务】栏中勾选【FTP 服务器】复选框，如图 1-10-2 所示。

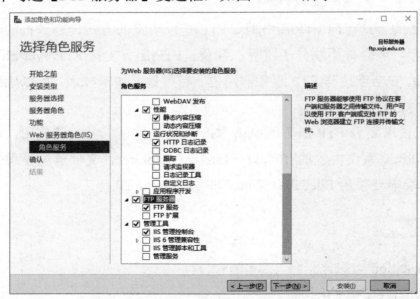

图 1-10-2　勾选【FTP 服务器】复选框

STEP 2 在 IIS 管理器界面中，选择【网站】选项，在右侧【操作】窗格中选择【添加 FTP 站点】选项，在出现的【站点信息】对话框中，将 FTP 站点名称设置为 xxjs，物理路径选择 C:\inetpub\ftproot，如图 1-10-3 所示，单击【下一步】按钮。

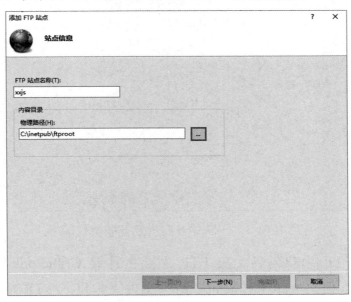

图 1-10-3　添加 FTP 站点

STEP 3 在【绑定和 SSL 设置】对话框中，选中【SSL】选区中的【无 SSL】单选按钮，其他设置默认，如图 1-10-4 所示，单击【下一步】按钮。

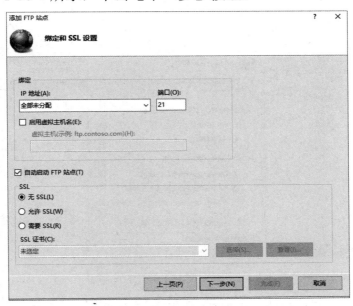

图 1-10-4　FTP 站点绑定和 SSL 设置

STEP 4 在【身份验证和授权信息】对话框的【身份验证】选区中，勾选【匿名】复选框和【基本】复选框，授权所有用户允许访问，在【授权】选区中勾选【读取】复选框，如图 1-10-5 所示，单击【完成】按钮。

87

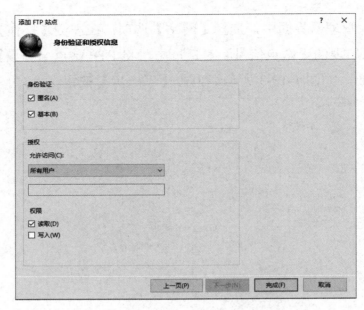

图 1-10-5　FTP 站点身份验证和授权信息

STEP 5　配置 FTP 用户隔离。在 FTP 站点主目录 C:\inetpub\ftproot 内创建文件夹 xxjs，并在该文件夹下创建 test01 和 test02 两个文件夹。进入 FTP 站点，双击【FTP 用户隔离】选项，在打开的【FTP 用户隔离】界面中，选中【隔离用户。将用户局限于以下目录】选区中的【用户名目录(禁用全局虚拟目录)】单选按钮，选择【操作】窗格中的【应用】选项，如图 1-10-6 所示。

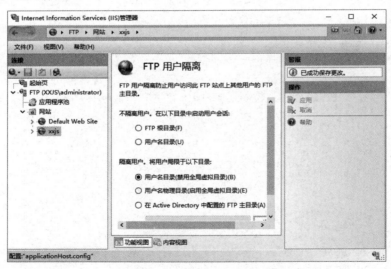

图 1-10-6　配置 FTP 用户隔离

STEP 6　测试 FTP 用户隔离。在 FTP 站点主目录 C:\inetpub\ftproot\xxjs\test01\内创建文件 file01。打开【文件资源管理器】界面，在地址栏中输入 ftp://192.168.1.15，弹出【登录身份】对话框，在【用户名】文本框和【密码】文本框中分别输入域用户名 xxjs\test01 和密码，单击【登录】按钮进入用户隔离目录，显示文件 file01，如图 1-10-7 所示。

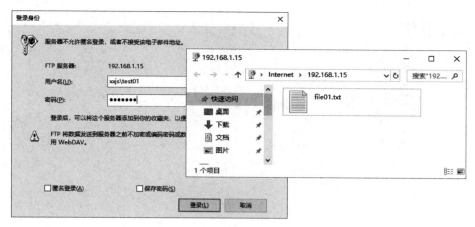

图 1-10-7　测试 FTP 用户隔离

📢 **小提示**：需要先在域控制器上增加两个测试域用户 test01 和 test02。

活动 2　FTP 服务基本安全配置

为了防止公司的 FTP 站点遭到攻击，管理员需要启用基本身份验证、关闭匿名身份验证、IP 限制及 FTP 日志记录，具体活动要求如下：

（1）启用基本身份验证并关闭匿名身份验证。

（2）通过 IP 限制来源，仅允许客户端 192.168.1.101 访问。

（3）启用 FTP 日志记录。

STEP 1　在 IIS 管理器界面中，选择 FTP 站点 xxjs，双击【FTP 身份验证】选项，在弹出的界面中，启用【基本身份验证】，禁用【匿名身份验证】，如图 1-10-8 所示。

图 1-10-8　FTP 站点启用基本身份验证

STEP 2　在 FTP 站点 xxjs 中双击【FTP IP 地址和域限制】选项，在弹出的界面中，选择右侧【操作】窗格中的【添加允许条目】选项，弹出【添加允许限制规则】对话框，选中【特定 IP 地址】单选按钮，在下面的文本框内输入客户端的 IP 地址 192.168.1.101，如图 1-10-9 所示,单击【确定】按钮。

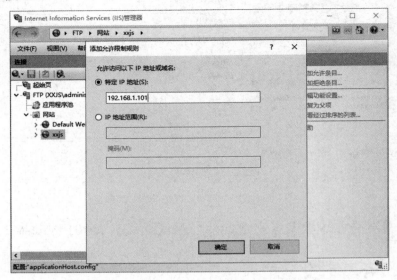

图 1-10-9　FTP 站点 IP 地址和域名限制

STEP 3　在 FTP 站点 xxjs 中双击【FTP 日志】选项,根据需要设置日志文件的存放目录和更新计划,如图 1-10-10 所示,选择右侧【操作】窗格中的【应用】选项。

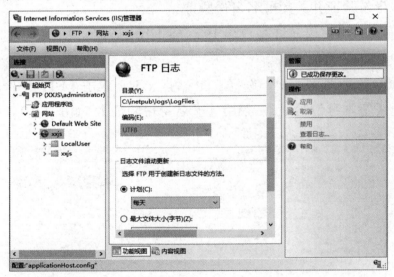

图 1-10-10　设置 FTP 日志

活动 3　FTPS 服务安全配置

为了进一步提高 FTP 服务的安全性,FTP 服务器需配置 FTP over SSL,具体活动要求如下:

（1）创建与安装 FTP 站点使用的 SSL 证书。

（2）FTP 站点配置 FTP SSL。

（3）在客户端中使用 FileZilla 工具验证 FTPS。

[数字资源]

视频:FTPS 服务
安全配置

STEP 1 在 IIS 管理器界面中，首先选择左侧的服务器名称 FTP，双击中间的【服务器证书】选项，然后在右侧【操作】窗格中选择【创建域证书】选项，在弹出的对话框中，指定证书的必需信息，如图 1-10-11 所示。

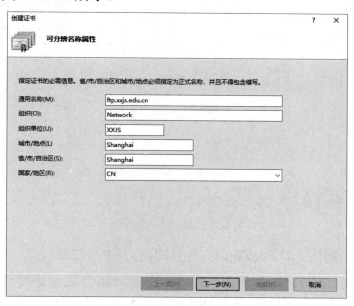

图 1-10-11 FTP 站点创建证书

STEP 2 在【联机证书颁发机构】对话框中，指定联机证书颁发机构并填写好记名称 ftp，单击【完成】按钮，等待一会儿，就会生成证书 ftp，如图 1-10-12 所示。

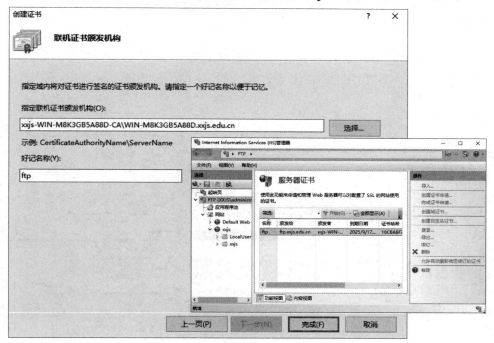

图 1-10-12 生成服务器证书 ftp

STEP 3 在 FTP 站点 xxjs 中双击【FTP SSL 设置】选项，在弹出的界面中，SSL 证书选择 ftp，在【SSL 策略】选区中选中【需要 SSL 连接】单选按钮，如图 1-10-13 所示，选择右侧窗格中的【应用】选项。

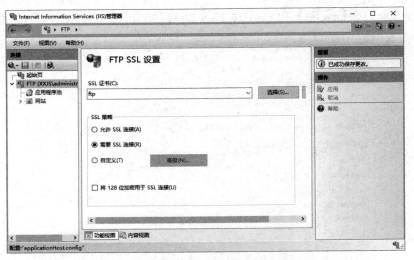

图 1-10-13　FTP 站点验证 FTP SSL 设置

STEP 4　在客户端中使用 FileZilla 工具测试。打开 FileZilla 工具，填入主机 192.168.1.15、用户名 xxjs\test01 和密码进行快速连接，此时状态窗口将会显示连接建立过程，第一次连接需要信任服务器证书并单击【确定】按钮继续，直到连接建立完成。如图 1-10-14 所示。

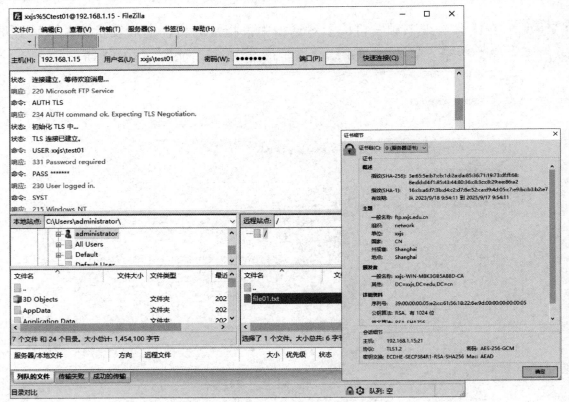

图 1-10-14　客户端验证 FTPS

从图 1-10-14 可以看出，本次连接是加密的，单击 FileZilla 界面右下角的🔒图标可以查看 FTP 站点服务器证书信息。

思考与练习

1. 请简述 FTP 服务的用户隔离方法。

2. 请简述 Windows Server 下 FTPS 配置的方法。

3. 请简述 FTP 客户端第三方工具有哪些。

4. 请使用 Windows 域证书，搭建 FTP over SSL 站点并测试。

任务 11　SSH 服务的安全配置

学习目标

1. 能掌握 SSH 服务的验证方法；

2. 能掌握配置 SSH 服务的操作步骤；

3. 能熟练地配置基于口令的 SSH 安全验证；

4. 能熟练地配置基于密钥的 SSH 安全验证；

5. 通过对 SSH 服务进行安全配置，培养并保持良好的安全意识和防护习惯。

任务描述

公司部署了 Linux 服务器，为公司业务部门提供网络文件服务。现在根据网络安全等级保护对于数据传输保密性与身份验证的安全性要求，管理员需要完成以下运维工作：

（1）配置基于口令的 SSH 安全验证。

（2）配置基于密钥的 SSH 安全验证。

知识准备

SSH（Secure Shell）是一种建立在 TCP 之上的网络协议，允许通信双方通过一种安全的通道交换数据，保证数据的安全。在 SSH 服务安全配置任务中，要学习 SSH 的安全验证方法和基于密钥的 SSH 安全验证过程。

1. SSH 的安全验证方法

从客户端来看，SSH 提供两种级别的安全验证。

（1）基于口令的安全验证

只要知道服务器的用户名和密码，客户端就可以登录到远程服务器。所有传输的数据都会被加密，但是不能保证客户端正在连接的服务器就是它想连接的服务器。可能会有别的服务器正在冒充真正的服务器，也就是说，这种方式还是有可能会受到中间人的攻击。

（2）基于密钥的安全验证

客户端必须创建一对密钥，并把公钥放在需要访问的 SSH 服务器上。当客户端与该服务器连接时，客户端会向服务器发出请求，要求使用密钥进行安全验证。服务器收到请求后，就要到登录用户的个人目录下寻找对应的公钥，并把它和客户端发送过来的公钥进行比较。如果两个密钥一致，则服务器使用公钥加密"质询"（Challenge）并把它发送给客户端。客户端收到"质询"之后就可以先用私钥解密再把它发送给服务器，从而完成了安全验证。

这种基于密钥的安全验证，由于其他计算机没有私人密钥，因此也就不可能实施中间人攻击了。

2．基于密钥的 SSH 安全验证过程

基于密钥的安全验证采用非对称加密算法，需要使用一对关联的 SSH 密钥，过程分为准备阶段和访问阶段，如图 1-11-1 所示。

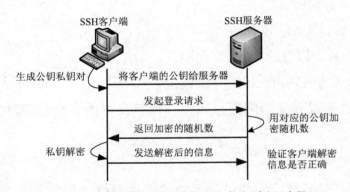

图 1-11-1　基于密钥的 SSH 安全验证过程

准备阶段：

• 生成密钥对：公钥和私钥。

• 将生成的公钥复制到需要访问的 SSH 服务器上。

访问阶段：

• SSH 客户端携带用户名、IP 地址，发起登录请求。

• SSH 服务器获取请求后到 authorized_keys 中查找，如果有相应的用户名和 IP 地址，则生成一个字符串。

• SSH 服务器使用从 SSH 客户端复制过来的公钥对随机产生的字符串加密，发送给 SSH 客户端。

• SSH 客户端使用私钥进行解密。

• SSH 客户端将解密后的字符串发送给 SSH 服务器。

• SSH 服务器将接收到的解密后的字符串与先前生成的字符串作对比，如果相同，则允许免密登录。

任务环境

✓ VM Workstation 虚拟化平台

✓ CentOS 7 虚拟机 2 台

✓ 实验环境的网络拓扑（如图 1-11-2 所示）

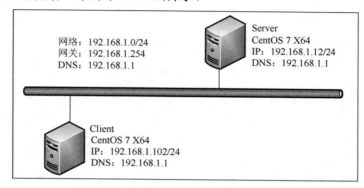

网络：192.168.1.0/24
网关：192.168.1.254
DNS：192.168.1.1

Server
CentOS 7 X64
IP：192.168.1.12/24
DNS：192.168.1.1

Client
CentOS 7 X64
IP：192.168.1.102/24
DNS：192.168.1.1

图 1-11-2   网络拓扑

学习活动

活动 1   配置基于口令的 SSH 安全验证

[数字资源]

视频：配置基于
口令的 SSH 安全
验证

公司 Linux 服务器已经存在管理员用户 admin，该用户使用 admin 账户登录系统，提升权限，配置基于口令的 SSH 安全验证，具体活动要求如下：

（1）在服务器中查看 SSH 服务是否启用。

（2）在服务器中修改 SSH 配置文件，启用密码认证，拒绝 root 用户远程登录，只允许普通用户登录，不允许空密码。

（3）在客户端中使用 ssh 命令登录服务器验证。

STEP 1　以 admin 用户身份登录 Linux 服务器，并将用户身份切换至 root，查看 SSH 服务状态，如图 1-11-3 所示，显示服务状态为 active (running)状态。

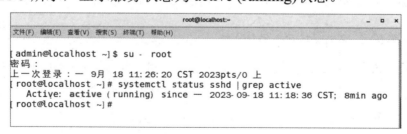

```
                                  root@localhost:~                        _  □  ×
文件(F)  编辑(E)  查看(V)  搜索(S)  终端(T)  帮助(H)

[admin@localhost ~]$ su - root
密码：
上一次登录：一 9月 18 11:26:20 CST 2023pts/0 上
[root@localhost ~]# systemctl status sshd |grep active
   Active: active (running) since 一 2023-09-18 11:18:36 CST; 8min ago
[root@localhost ~]#
```

图 1-11-3   查看 SSH 服务状态

STEP 2　配置服务器 SSH 主文件。使用 vim /etc/ssh/sshd_config 命令修改，启用密码认证，拒绝 root 用户远程登录，只允许普通用户登录，不允许空密码，如图 1-11-4 所示。

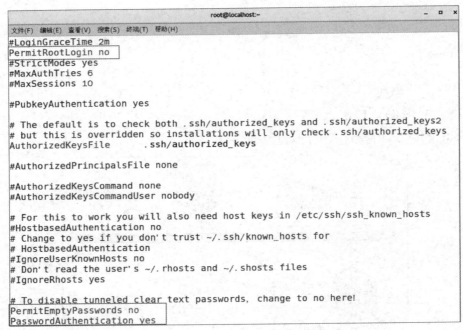

图 1-11-4　基于口令的配置

STEP 3 在服务器中重启 SSH 服务让配置生效，如图 1-11-5 所示。

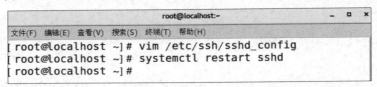

图 1-11-5　重启 SSH 服务

STEP 4 在客户端中使用 ssh admin@192.168.1.12 命令远程连接到服务器，如图 1-11-6 所示，此时，需要输入密码方可登录。

```
[ root@localhost ~]# ssh admin@192. 168. 1. 12
admin@192. 168. 1. 12' s password:
Last login: Wed Sep 20 10: 06: 19 2023 from 192. 168. 1. 12
```

图 1-11-6　用户口令登录验证

活动 2　配置基于密钥的 SSH 安全验证

公司 Linux 服务器已经存在管理员用户 admin，该用户使用 admin 账户登录系统，提升权限，配置基于密钥的 SSH 安全验证，具体活动要求如下：

（1）在服务器中修改 SSH 配置文件，拒绝 root 用户远程登录，仅允许特定用户远程登录，启用公钥认证，并指定 authorized_keys 文件。

（2）在客户端中创建指定用户的公钥/私钥密钥对，将公钥文件复制到 SSH 服务器中。

（3）在客户端中使用 ssh 命令测试验证。

STEP 1 以 admin 用户身份登录 Linux 服务器，并将用户身份切换至 root，使用 vim /etc/

ssh/sshd_config 命令修改配置文件，拒绝 root 用户远程登录，仅允许特定用户远程登录，启用公钥认证，并指定 authorized_keys 文件，如图 1-11-7 所示。

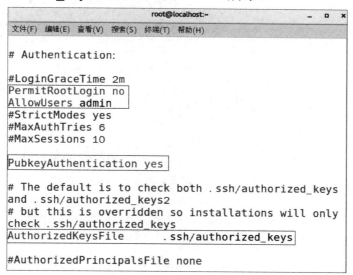

图 1-11-7　编辑主配置文件

STEP 2　重启 SSH 服务让配置生效，如图 1-11-8 所示。

图 1-11-8　重启 SSH 服务

STEP 3　在客户端中创建用户 gujun 并设置密码，将用户身份切换至 gujun，为其创建密钥对，如图 1-11-9 所示。

图 1-11-9　创建用户并生成密钥对

STEP 4 在客户端中使用 ssh-copy-id 命令将当前用户的公钥文件复制到服务器中，如图 1-11-10 所示。

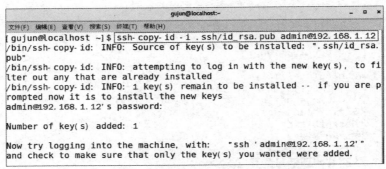

图 1-11-10　将公钥文件复制到服务器中

STEP 5 在客户端中使用 ssh admin@192.168.1.12 命令远程连接到服务器，如图 1-11-11 所示，此时，用户无须输入密码即可直接登录。

```
[gujun@localhost ~]$ ssh admin@192.168.1.12
Last login: Tue Sep 19 15:35:40 2023 from 192.168.1.102
```

图 1-11-11　用户免密登录验证

思考与练习

1．请说出基于口令的 SSH 安全验证的过程。

2．请简述基于密钥的 SSH 安全验证的过程。

3．请架设一台 SSH 服务器，限制用户登录方式，不允许 root 用户登录，仅允许 zhangjie 用户远程登录，并在客户端中验证。

任务 12　Samba 服务的安全配置

★ 学习目标

1．能掌握 Samba 服务的工作过程；

2．能掌握配置 Samba 服务的操作步骤；

3．能根据应用需求安装 Samba 服务；

4．能根据应用需求配置 Samba 服务；

5．通过 Samba 服务的安全配置，培养并保持良好的安全意识和防护习惯。

任务描述

公司部署了 Linux 服务器，为公司业务部门提供网络文件服务。现在根据网络安全等级保护的要求，为了保障业务部门的文件数据安全，需要在服务器上安装部署 Samba 服务，并对 Samba 服务的共享目录进行权限设置，做好安全防护。

为此，管理员以普通身份 admin 登录 Linux 服务器，使用 su 命令提升至 root 权限，完成下列安全运维任务：

（1）安装与配置 Samba 服务。

（2）为相关用户开设 Samba 用户账户，并按公司安全要求设置共享目录访问权限。

知识准备

Samba 是在 Linux 系统和 UNIX 系统上实现 SMB 协议的一个免费软件，由服务器及客户端程序构成。SMB（Server Messages Block，信息服务块）是一种在局域网上共享文件和打印机的通信协议，它为局域网内的不同计算机之间提供文件及打印机等资源的共享服务。

1. Samba 的软件组成

Samba 服务器至少需要 3 个套件，分别是 samba、samba-common、samba-client。

- samba：主要提供了 Samba 服务器所需要的各项服务程序（smbd 和 nmbd）、相关的文件，以及其他与 Samba 相关的 logrotate 配置文件和开机默认选项文件等。
- samba-common：主要提供了服务器与客户端都会使用到的数据，包括 Samba 的主要配置文件 smb.conf、语法检验命令 testparm 等。
- samba-client：主要提供了当 Linux 系统作为 Samba Client 端时所需要的工具命令，如 mount.cifs、smbclient 等。

2. Samba 的配置文件说明

Samba 的主要配置文件是/etc/samba/smb.conf，该配置文件中包含多个组成部分。

（1）全局配置参数

```
[global]
workgroup = WORKGROUP                      #指定工作组名称
netbios name = MYSERVER                    #设置 Samba 服务器的 NetBIOS 名称
hosts allow = 127. 192.168.12. 192.168.13. #设置允许连接 Samba 服务器的客户端，默认注释
hosts deny =192.168.12.0/255.255.255.0     #设置不允许连接 Samba 服务器的客户端，默认注释
security = share                           #设置用户访问 Samba 服务器的验证方式
```

用户访问 Samba 服务器的 4 种验证方式介绍如下。

- share：不需要提供用户名和密码，安全性能较低。在 Samba4 的版本中，这个参数已经废弃。
- user：需要提供用户名和密码，身份验证由 Samba 服务器负责。
- server：需要提供用户名和密码，身份验证由远程服务器负责。
- domain：需要提供用户名和密码，身份验证由 Windows 域控制器负责。

```
passdb backend = tdbsam                    #设置存储账户的后端数据库，建议使用 tdbsam 和 ldapsam
```

```
username map = /etc/samba/smbusers          #控制用户映射
```

（2）共享参数

```
[share]                                     #自定义共享资源的名称
comment = This is share software            #设置共享描述
path = /home/testfile                       #设置共享目录路径
browseable = yes/no                         #设置共享资源是否可浏览
writable = yes/no                           #设置共享是否具有可写权限
read only = yes/no                          #设置共享是否具有只读权限
valid users = username                      #设置允许访问共享的用户
invalid users = username                    #设置不允许访问共享的用户
write list = username                       #设置允许写入共享的用户
public = yes/no                             #设置共享是否允许 Guest 账户访问
guest ok = yes/no                           #功能同 public 一样
```

3. pdbedit 命令

pdbedit 是 Samba 用户的管理命令，常见用法如下。

- pdbedit -a username：创建 Samba 账户。
- pdbedit -x username：删除 Samba 账户。
- pdbedit -r username：修改 Samba 账户。
- pdbedit -L：列出 Samba 用户列表，读取 passdb.tdb 数据库文件。
- pdbedit -Lv：列出 Samba 用户列表的详细信息。
- pdbedit -c "[D]" -u username：暂停该 Samba 用户的账号。
- pdbedit -c "[]" -u username：恢复该 Samba 用户的账号。

任务环境

- ✓ VM Workstation 虚拟化平台
- ✓ CentOS 7 虚拟机
- ✓ Windows 10 虚拟机
- ✓ 实验环境的网络拓扑（如图 1-12-1 所示）

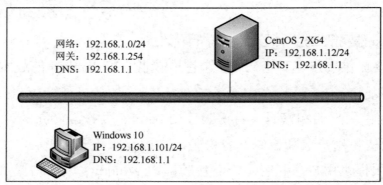

图 1-12-1　网络拓扑

**学习活动**

活动 1 安装与配置 Samba 服务

[数字资源]

视频：安装与配置 Samba 服务

公司 Linux 服务器已经存在管理员用户 admin，该用户使用 admin 账户登录系统，提升权限，在此服务器上安装与配置 Samba 服务，具体活动要求如下：

（1）使用 yum 方式安装 Samba。

（2）使用/var/share/publicinfo 目录共享公共信息，所有人都可以读取。

（3）限制访问来源，只允许内部网络 192.168.1.0/24 的主机访问共享资源。

`STEP 1` 以 admin 用户身份登录 Linux 服务器，并将用户身份切换至 root，如图 1-12-2 所示。

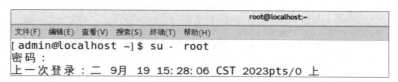

图 1-12-2 切换 root 身份

`STEP 2` 使用 yum install samba -y 命令安装 Samba，并检查 Samba 相关软件包是否安装成功，如图 1-12-3 和图 1-12-4 所示。

图 1-12-3 安装 Samba

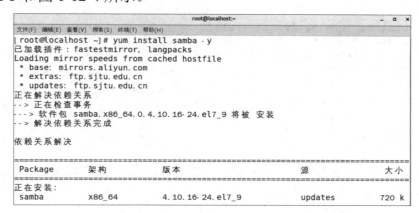

图 1-12-4 检查 Samba 相关软件包

`STEP 3` 在终端中使用 mkdir -p /var/share/publicinfo 命令建立相应的目录，并使用 vim

101

/etc/samba/smb.conf 命令修改 Samba 配置文件，添加共享设置，如图 1-12-5 所示。

```
[print$]
        comment = Printer Drivers
        path = /var/lib/samba/drivers
        write list = @printadmin root
        force group = @printadmin
        create mask = 0664
        directory mask = 0775
[publicinfo]
        comment = Public Information
        path = /var/share/publicinfo
        public = yes
```

图 1-12-5　设置 Samba 共享

STEP 4　修改 Samba 配置文件的全局设置，添加来源限制，如图 1-12-6 所示。

```
[global]
        workgroup = SAMBA
        security = user

        passdb backend = tdbsam
        hosts allow = 192.168.1
        printing = cups
        printcap name = cups
        load printers = yes
        cups options = raw
```

图 1-12-6　限制访问服务的来源

STEP 5　设置完成后，使用 systemctl restart smb 命令启动 Samba 服务即可，如图 1-12-7 所示。

```
[root@localhost ~]# systemctl restart smb
[root@localhost ~]# systemctl status smb | grep active
   Active: active (running) since 四 2023-09-21 15:49:45 CST; 10s ago
[root@localhost ~]#
```

图 1-12-7　启动 Samba 服务

活动 2　建立共享目录并设置共享权限

公司有销售部、经理部、人事部 3 个部门，现需要为 3 个部门的员工建立共享目录，并设置共享权限，具体活动要求如下：

（1）为每个部门设置一个 Samba 用户，方便用户访问各自部门的文件。其中，销售部的用户是 s1，密码为 sL@Sh@2E；经理部的用户是 m1，密码为 mL@Sh@2E；人事部的用户是 h1，密码为 hL@Sh@2E。

（2）销售部、经理部、人事部 3 个部门存放文件的目录分别为/var/share/sales、/var/share/managers 和/var/share/hrs。

（3）销售部、经理部、人事部 3 个部门的目录共享名分别为 sales、managers 和 hrs。

（4）使用 Samba 的权限管理参数，设置每个部门用户只能访问所属部门的共享目录，并具有写入权限。

[数字资源]

视频：建立共享目录并设置共享权限

102

（5）设置 Samba 服务开机自启动，并重启 Samba 服务。

（6）在 Samba 服务器的防火墙上开放 Samba 服务，以便客户端能访问该服务器。

（7）在 Windows 10 客户端上访问验证。

STEP 1　使用 useradd 命令为销售部、经理部、人事部创建本地用户并设置密码，如图 1-12-8 所示。

```
[root@localhost ~]# useradd s1
[root@localhost ~]# useradd m1
[root@localhost ~]# useradd h1
[root@localhost ~]# passwd s1
更改用户 s1 的密码 。
新的 密码 ：
重新输入新的 密码 ：
[root@localhost ~]# echo sL@Sh@2E | passwd --stdin s1
更改用户 s1 的密码 。
passwd：所有的身份验证令牌已经成功更新。
[root@localhost ~]# echo mL@Sh@2E | passwd --stdin m1
更改用户 m1 的密码 。
passwd：所有的身份验证令牌已经成功更新。
[root@localhost ~]# echo hL@Sh@2E | passwd --stdin h1
更改用户 h1 的密码 。
passwd：所有的身份验证令牌已经成功更新。
```

图 1-12-8　创建本地用户

STEP 2　使用 pdbedit 命令为每个部门创建 Samba 用户，密码与本地用户保持一致，如图 1-12-9 所示。

```
[root@localhost ~]# pdbedit -a s1
new password:
retype new password:
Unix username:        s1
NT username:
Account Flags:        [ U       ]
User SID:             S-1-5-21-1545499673-211377421-3888977722-1000
Primary Group SID:    S-1-5-21-1545499673-211377421-3888977722-513
Full Name:
Home Directory:       \\localhost\s1
HomeDir Drive:
Logon Script:
Profile Path:         \\localhost\s1\profile
Domain:               LOCALHOST
Account desc:
Workstations:
Munged dial:
Logon time:           0
Logoff time:          三, 06 2月 2036 23:06:39 CST
Kickoff time:         三, 06 2月 2036 23:06:39 CST
Password last set:    二, 29 11月 2022 22:38:26 CST
Password can change:  二, 29 11月 2022 22:38:26 CST
Password must change: never
Last bad password  :  0
Bad password count :  0
Logon hours        :  FFFFFFFFFFFFFFFFFFFFFFFFFFFFFFFFFFFFFFFFFFFF
[root@localhost ~]# 
```

图 1-12-9　使用 pdbedit 命令创建 Samba 用户

同理，依次创建 m1、h1 两个 Samba 用户。

STEP 3　分别为 3 个部门建立相应的目录，并分配文件系统权限，如图 1-12-10 所示。

STEP 4　使用 vim /etc/samba/smb.conf 命令修改 Samba 配置文件，为每个部门建立共享目录并设置权限，如图 1-12-11 所示。

```
[root@localhost ~]# mkdir -p /var/share/{sales,managers,hrs}
[root@localhost ~]# ls -l /var/share
总用量 0
drwxr-xr-x. 2 root root 6 9月   21 15:52 hrs
drwxr-xr-x. 2 root root 6 9月   21 15:52 managers
drwxr-xr-x. 2 root root 6 9月   21 15:54 publicinfo
drwxr-xr-x. 2 root root 6 9月   21 15:52 sales
[root@localhost ~]# chmod o+w /var/share/{sales,managers,hrs}
[root@localhost ~]# ls -l /var/share
总用量 0
drwxr-xrwx. 2 root root 6 9月   21 15:52 hrs
drwxr-xrwx. 2 root root 6 9月   21 15:52 managers
drwxr-xr-x. 2 root root 6 9月   21 15:54 publicinfo
drwxr-xrwx. 2 root root 6 9月   21 15:52 sales
[root@localhost ~]#
```

图 1-12-10　建立本地目录并分配文件系统权限

```
[sales]
        comment = Sales Folders
        path = /var/share/sales
        valid users = s1
        write list = s1
[managers]
        comment = Managers Folders
        path = /var/share/managers
        valid users = m1
        write list = m1
[hrs]
        comment = Hrs Folders
        path = /var/share/hrs
        valid users = h1
        write list = h1
```

图 1-12-11　建立共享目录并设置权限

STEP 5　设置 Samba 服务开机自启动，并重启 Samba 服务，如图 1-12-12 所示。

```
[root@localhost ~]# systemctl enable smb
Created symlink from /etc/systemd/system/multi-user.target.wants/smb.service to
/usr/lib/systemd/system/smb.service.
[root@localhost ~]# systemctl restart smb
[root@localhost ~]# systemctl status smb | grep active
   Active: active (running) since 四 2023-09-21 16:03:41 CST; 11s ago
[root@localhost ~]#
```

图 1-12-12　设置开机自启动并重启 Samba 服务

STEP 6　在 Samba 服务器上配置防火墙，开放 Samba 服务，如图 1-12-13 所示。

```
[root@localhost ~]# firewall-cmd --add-service=samba --per
success
[root@localhost ~]# firewall-cmd --reload
success
[root@localhost ~]# firewall-cmd --list-all
public
  target: default
  icmp-block-inversion: no
  interfaces:
  sources:
  services: ssh dhcpv6-client samba
  ports:
  protocols:
  masquerade: no
  forward-ports:
  source-ports:
  icmp-blocks:
  rich rules:
```

图 1-12-13　在防火墙上开放 Samba 服务

STEP 7　在 Windows 10 客户端上测试。在【运行】对话框的文本框中输入\\192.168.1.12，访问 Samba 服务器，使用经理部的用户 m1 验证，能够访问经理部的共享目录 managers，并且具有写入权限；但是无法访问其他部门的共享目录，如图 1-12-14、图 1-12-15、图 1-12-16 所示。

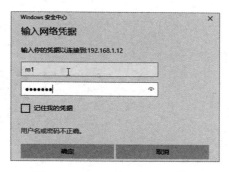

图 1-12-14　输入访问凭据

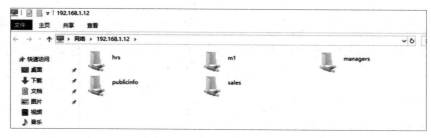

图 1-12-15　访问共享目录

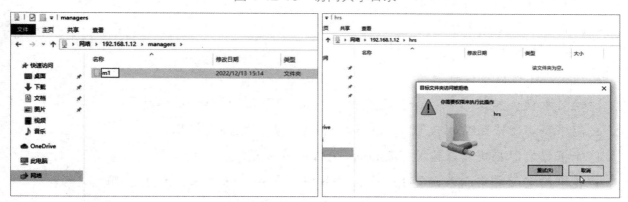

图 1-12-16　验证访问权限

思考与练习

1．在 Samba 服务中，可以使用哪些参数进行用户访问权限控制？

2．创建 Samba 用户一定要有同名的系统用户吗？如果需要，则这个系统用户需要交互式登录本机吗？

3．说出用户访问 Samba 服务器的验证方式。

4．在 Samba 服务器上建立一个共享目录 filefolder，所有用户只能读取，只有 admins 组成员可以管理该共享目录，允许上传、修改、删除文件。

模块 2

文件系统权限管理

文件系统权限管理是保障信息安全的重要手段。Windows 和 Linux 服务器的文件系统权限管理是用户对文件系统进行访问控制的重要安全措施，主要包括 Windows 和 Linux 安全权限设置。

本模块需要掌握的主要知识与技能有：

- Windows NTFS 文件系统权限设置
- Windows 文件共享权限设置
- Linux 文件权限设置
- Linux 文件特殊权限设置
- Linux ACL 权限设置

通过对本模块知识的学习，以及技能的训练，可以掌握以下操作技能：

- 能根据实际应用需求设置 Windows NTFS 文件、文件夹权限
- 能根据实际应用需求设置 Windows 文件共享权限
- 能根据实际应用需求设置 Linux 文件权限、文件特殊权限、ACL 权限

任务 1 Windows NTFS 文件系统权限设置

学习目标

1. 能掌握 NTFS 文件权限的类型；
2. 能掌握 NTFS 文件权限的基本设置方法；
3. 能掌握 NTFS 文件权限的基本原则；
4. 能根据要求熟练地设置 NTFS 文件及文件夹权限；
5. 通过 Windows NTFS 权限的合理设置，培养并保持良好的安全意识和防护习惯。

📖 任务描述

公司部署了一台 Windows Server 2019 服务器作为文件服务器，为了实现各部门用户对文件资源的访问控制，管理员需要利用 NTFS 文件系统的安全功能，针对服务器上的文件和文件夹，为用户或组设置 NTFS 权限，以保护文件数据的安全，从而保障业务数据的安全。为此，管理员需要完成下列安全运维任务：

（1）根据公司安全要求，使用 NTFS 权限实现用户对资源的访问控制。

（2）使用不同的用户登录系统，验证 NTFS 访问权限。

📅 知识准备

NTFS（New Technology File System）是 Windows Server 2019 服务器的主文件系统。NTFS 提供了很多安全功能，通过授予用户或组 NTFS 权限可以有效地控制用户或组对文件和目录的访问。

1．NTFS 文件权限的种类

读取：可以读取文件内容、查看文件属性与权限等。

写入：可以修改文件内容、在文件中追加数据与改变文件属性等，需要注意的是，用户至少要具有读取权限才可以修改文件内容。

读取和执行：除了具有读取的所有权限，还具有执行应用程序的权限。

修改：除了具有以上的所有权限，还可以删除文件。

完全控制：除了具有以上的所有权限，还具有取得所有权的特殊权限。

2．NTFS 文件夹权限的种类

读取：可以查看文件夹内的文件与子文件夹名称、查看文件夹属性与权限等。

写入：可以在文件夹内创建文件与子文件夹、改变文件夹属性等。

列出文件夹内容：除了具有读取的所有权限，还具有遍历文件夹的权限，即可以进出此文件夹。

读取和执行：与列出文件夹内容权限相同，不过列出文件夹内容权限只会被文件夹继承，而读取和执行权限会同时被文件夹与文件继承。

修改：除了具有以上的所有权限，还可以删除文件夹。

完全控制：除了具有以上的所有权限，还具有取得所有权的特殊权限。

> 🔊 **小提示**：可以利用"对象审核"策略，针对用户访问某个重要资源对象（文件或文件夹）进行成功和失败审核，记录有哪些用户访问或更改过文件或文件夹内容。

3．NTFS 权限的使用原则

（1）权限的累加性，即权限的最大法则

用户对资源的有效权限是分配给该用户账户和用户所属组的所有权限的总和。例如，用户对文件具有读取权限，该用户所属的组又对该文件具有写入权限，那么该用户对该文件同时具有读取和写入权限。当具有拒绝权限时，最大法则无效。

（2）权限的继承性

当针对文件夹设置权限后，这个权限默认会被此文件夹下的子文件夹与文件继承。

当设置文件夹权限时，除了可以让子文件夹与文件都继承权限，也可以只让子文件夹或文件继承权限，或者都不让它们继承权限。

（3）拒绝权限的优先级最高

拒绝权限优先于允许权限，也就是说，如果一位用户是两个组的成员，一个组允许一个权限而另一个组拒绝同一个权限，则该用户没有这个权限。

（4）文件权限会覆盖文件夹的权限

如果针对某个文件夹设置了 NTFS 权限，同时也对该文件夹内的文件设置了 NTFS 权限，则文件的权限设置优先。

例如，当用户或组对某个文件夹及该文件夹下的文件具有不同的访问权限时，用户对文件的最终权限是用户被授予访问该文件的权限。假设用户能够访问一个文件，那么即使该文件位于用户不具有访问权限的文件夹中，用户也可以进行访问。

任务环境

✓ VM Workstation 虚拟化平台

✓ Windows Server 2019 虚拟机

✓ Windows 10 虚拟机

✓ 实验环境的网络拓扑（如图 2-1-1 所示）

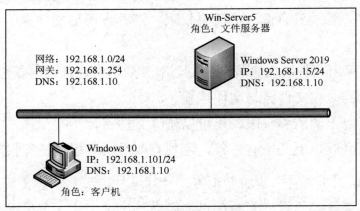

图 2-1-1　网络拓扑

**学习活动**

活动 1　配置 NTFS 访问权限

[数字资源]

视频：配置 NTFS
访问权限

公司部署了一台 Windows Server 2019 服务器作为文件服务器，各部门的资源都存放在该服务器上，公共资源和财务部的资源分别存放在 C:\Public 和 C:\Finance 文件夹中。为了实现资源访问的安全性，对文件夹和文件配置 NTFS 访问权限，具体活动要求如下：

（1）创建用户和部门组，具体信息如表 2-1-1 所示。

表 2-1-1　用户和部门组信息

部门名称	组名	用户账户
IT 部	IT 部	IT 管理员 Wangchen
财务部	财务部	财务部经理 Yangdu 财务部员工 Fanrong
市场部	市场部	市场部员工 Luobin 市场部员工 Chenli

（2）设置 NTFS 文件和文件夹权限，具体要求如表 2-1-2 所示。

表 2-1-2　NTFS 权限要求

资源对象	组	NTFS 权限要求
C:\Public └──share.txt	IT 部	对 C:\Public 文件夹具有完全控制权限
	财务部 市场部	对 C:\Public 文件夹具有读取、读取和执行、列出文件夹内容权限
C:\Finance └──f01.txt └──f02.txt	财务部	对 C:\Finance 文件夹及该文件夹下的文件具有读取权限
	财务部经理 Yangdu	对 C:\Finance 文件夹及该文件夹下的文件具有修改和写入权限

STEP 1　以系统管理员用户身份登录文件服务器，创建 3 个部门组，如图 2-1-2 所示；创建用户账户，将用户加入指定部门组，如图 2-1-3 所示。

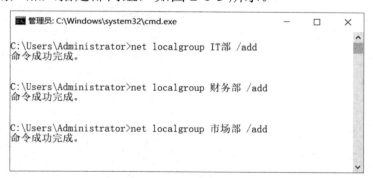

图 2-1-2　创建部门组

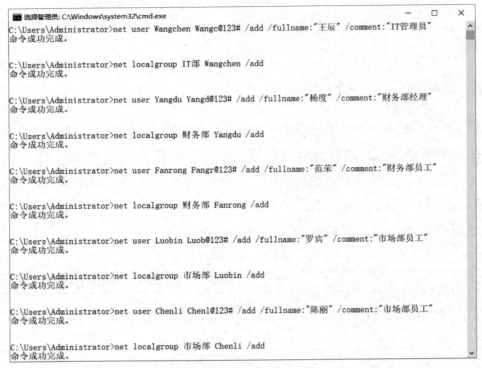

图 2-1-3　将用户加入指定部门组

STEP 2　设置 IT 部对 C:\Public 文件夹具有完全控制权限。右击 Public 文件夹，在弹出的快捷菜单中选择【属性】命令，在弹出的对话框中选择【安全】选项卡，单击【编辑】按钮，弹出【Public 的权限】对话框，如图 2-1-4 所示。

单击【添加】按钮，弹出【选择用户或组】对话框，在【输入对象名称来选择(示例)】文本框中输入组名"IT 部"，单击【检查名称】按钮，如图 2-1-5 所示。

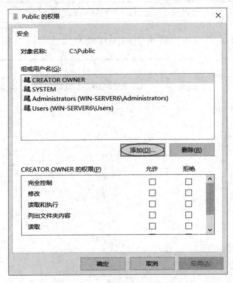

图 2-1-4　【Public 的权限】对话框

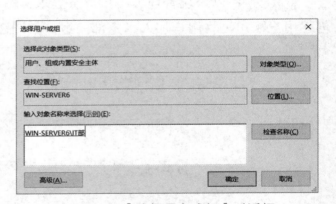

图 2-1-5　【选择用户或组】对话框

单击【确定】按钮，返回【Public 的权限】对话框，为 IT 部设置"完全控制"权限，如图 2-1-6 所示，依次单击【确定】按钮完成设置。

STEP 3　设置财务部和市场部用户对 C:\Public 文件夹的权限。右击 Public 文件夹，在弹出的快捷菜单中选择【属性】命令，在弹出的对话框中选择【安全】选项卡，单击【编辑】按钮，弹出【Public 的权限】对话框，单击【添加】按钮，弹出【选择用户或组】对话框，在【输入对象名称来选择(示例)】文本框中分别输入组名"财务部"和"市场部"，单击【检查名称】按钮，如图 2-1-7 所示。

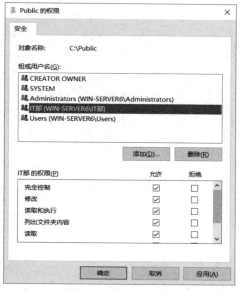

图 2-1-6　IT 部权限设置

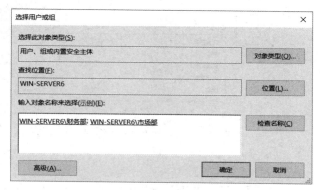

图 2-1-7　选择财务部和市场部

单击【确定】按钮，返回【Public 的权限】对话框，为财务部和市场部设置权限，如图 2-1-8 所示，依次单击【确定】按钮完成设置。

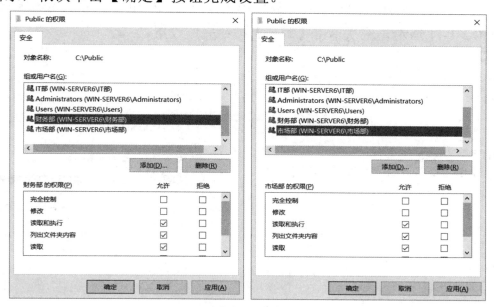

图 2-1-8　财务部和市场部权限设置

STEP 4　设置财务部对 C:\Finance 文件夹及该文件夹下的文件具有读取权限。右击 Finance 文件夹，在弹出的快捷菜单中选择【属性】命令，在弹出的对话框中选择【安全】选项卡，单击【编辑】按钮，在弹出的【Finance 的权限】对话框中单击【添加】按钮，弹出【选择用户或组】对话框，在【输入对象名称来选择(示例)】文本框中输入组名"财务部"，单击【检查名称】按钮，如图 2-1-9 所示。

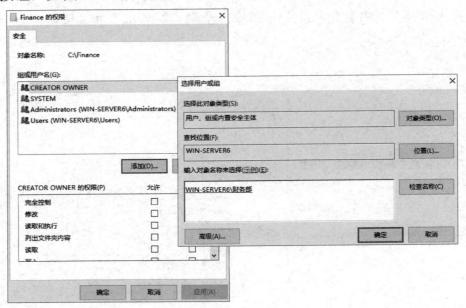

图 2-1-9　选择财务部

单击【确定】按钮，返回【Finance 的权限】对话框，为财务部设置权限，如图 2-1-10 所示。

STEP 5　设置财务部经理杨度对 C:\Finance 文件夹及该文件夹下的文件具有修改和写入的权限。在图 2-1-10 所示的对话框中，继续单击【添加】按钮，添加 Yangdu 账户并为其设置权限，如图 2-1-11 所示，依次单击【确定】按钮完成设置。

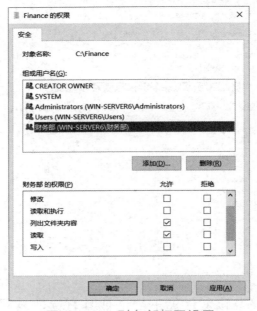

图 2-1-10　财务部权限设置

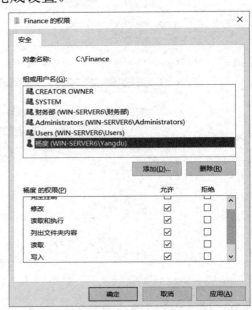

图 2-1-11　Yangdu 账户权限设置

活动 2　验证 NTFS 访问权限

[数字资源]

视频：验证 NTFS
访问权限

使用不同的用户登录 Windows Server 2019 文件服务器，针对本任务活动
1 中的 NTFS 访问权限进行验证，具体活动要求如下：

（1）使用 IT 部 Wangchen 账户登录，验证该用户对 C:\Public 文件夹具有
完全控制权限。

（2）使用市场部 Luobin 账户登录，验证该用户对 C:\Public 文件夹具有读取、读取和执
行、列出文件夹内容权限。

（3）使用财务部经理 Yangdu 账户登录，验证该用户对 C:\Finance 文件夹及该文件夹下的
文件具有读取、修改和写入权限。

STEP 1　使用 IT 部 Wangchen 账户登录，验证该用户对 C:\Public 文件夹具有完全控制
权限。首先，能够打开 C:\Public 文件夹，表明该用户具有读取及列出文件夹内容权限；其次，
能够创建文件夹 Wangchen，表明该用户具有写入权限，如图 2-1-12 所示。

图 2-1-12　验证具有写入权限

除了上述权限，该用户还具有修改权限与取得所有权的特殊权限。例如，可以编辑、修
改 C:\Public 文件夹的安全权限，如图 2-1-13 所示。

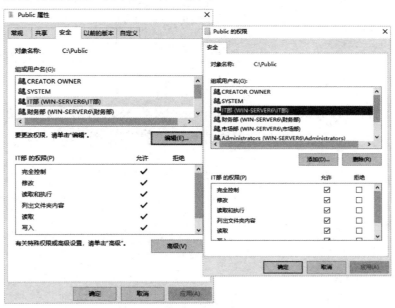

图 2-1-13　验证修改权限的权限

STEP 2　使用市场部 Luobin 账户登录，验证权限。双击打开 C:\Public 文件夹，可以查看里面的文件和子文件夹，表明该用户具有读取、读取和执行、列出文件夹内容权限；如果删除 C:\Public 文件夹中的子文件夹或文件，要求输入系统管理员密码，则表明该用户没有修改权限，如图 2-1-14 所示。

STEP 3　使用财务部经理 Yangdu 账户登录，验证权限。能够打开 C:\Finance 文件夹，可以访问其中的 f01 和 f02 文本文档，表明该用户具有读取权限，如图 2-1-15 所示。

图 2-1-14　验证修改权限（1）　　　　　图 2-1-15　验证读取权限

在该文件夹下创建新的文本文档 f03 和文件夹 test，表明该用户具有写入权限，如图 2-1-16 所示。

图 2-1-16　验证写入权限

除了上述权限，验证 Yangdu 账户对 C:\Finance 文件夹具有修改权限。能够删除 C:\Finance 文件夹中的 test 文件夹，表明该用户具有修改权限，结果如图 2-1-17 所示。

图 2-1-17　验证修改权限（2）

思考与练习

1. 列举 Windows NTFS 文件系统权限的种类。

2. 如果用户对文件具有读取权限，该用户所属的组又对该文件具有写入权限，那么该用户对该文件的权限是什么？

3. 用户 Jack 属于业务部，Jack 对 readme.txt 文件具有读取权限，业务部对 readme.txt 文件具有拒绝读取权限，那么 Jack 对该文件的最终权限是什么？

4. IT 管理员对财务部员工 Fanrong 设置 NTFS 访问权限，要求该用户具有读取 C:\Finance 文件夹及该文件夹下文件的权限，以及具有创建文件但不能删除文件的权限，并使用 Fanrong 账户登录验证。

任务 2 使用 Windows 图形方式设置与管理文件共享

学习目标

1. 能掌握共享权限与 NTFS 权限的关系；
2. 能掌握 Windows 文件共享权限的类型；
3. 能掌握使用 Windows 图形方式设置文件共享权限的操作方法；
4. 能掌握使用 Windows 图形方式管理文件共享的方法；
5. 能使用 Windows 图形方式设置与管理文件共享权限；
6. 通过安全设置与管理文件共享，培养并保持良好的安全意识和防护习惯。

任务描述

公司部署了 Windows Server 2019 文件服务器，为各部门提供文件共享服务。为了保障公司文件服务器的安全，降低文件服务器的安全风险，公司根据网络安全等级保护对访问控制的要求"应由授权主体配置访问控制策略，访问控制策略规定主体对客体的访问规则"，安排管理员小顾通过自检自查文件共享权限，删除、停用不必要的文件共享，严格使用文件共享权限和安全权限相结合的技术手段保障文件服务器的安全应用访问。为此，管理员小顾需要完成下列安全运维工作：

（1）使用 Windows 图形方式设置共享并访问验证。

（2）使用 Windows 图形方式管理共享。

知识准备

共享文件夹是将文件共享给网络用户的主要方式，通过共享权限能够限制网络用户对共享文件夹的访问。在安全的文件共享设置和管理任务中，不仅要理解共享权限类型及共享权限与安全权限的关系，还要掌握图形方式设置和管理文件共享的操作方法。在实际应用中，经常通过删除或停用不必要的文件共享，紧密结合共享权限和安全权限的设置来提升文件共享服务的安全性。

1. 共享权限的种类与其所具备的访问能力

网络用户必须拥有适当的共享权限才可以访问共享文件夹，共享权限的种类和具备的能力如表 2-2-1 所示。

表 2-2-1　共享权限的种类和具备的能力

具备的能力	共享权限的种类		
	读取	修改	完全控制
查看文件名与子文件夹名，查看文件内的数据，执行程序	√	√	√
创建与删除文件、子文件夹，修改文件内的数据		√	√
更改权限（只适用于 NTFS、ReFS 磁盘内的文件或文件夹）			√

2. 共享权限与 NTFS 权限的关系

在 Windows 系统中，配合使用共享文件夹的共享权限和 NTFS 权限，将大大增加共享文件夹的安全性。如果共享文件夹位于 NTFS（或 ReFS）磁盘内，网络用户通过网络发现和访问此共享文件夹，则用户的最终权限取决于共享权限和 NTFS 权限的最严格设置。例如，用户小唐对共享文件夹 C:\Tang 的有效共享权限为读取，对此文件夹的有效 NTFS 权限为完全控制，如表 2-2-2 所示，则用户小唐对共享文件夹 C:\Tang 的最终有效权限为两者之中最严格的读取权限。

表 2-2-2　共享权限和 NTFS 权限配合使用

权限类型	用户小唐的累加有效权限
C:\Tang 的共享权限	读取
C:\Tang 的 NTFS 权限	完全控制

🔊 **小提示：** 如果允许用户小唐进行本地登录，则该用户本地登录后的有效权限取决于 NTFS 权限，建议禁止网络用户进行本地登录。

3. 使用图形方式设置与管理文件共享的方法

在设置共享文件夹时，经常采用图形方式进行配置，用户可以通过运行 fsmgmt.msc 共享文件夹管理工具创建和管理共享、监控共享对话和中断对话、查看打开的文件等。

任务环境

✓ VM Workstation 虚拟化平台
✓ Windows Server 2019 虚拟机

✓　Windows 10 虚拟机

✓　实验环境的网络拓扑（如图 2-2-1 所示）

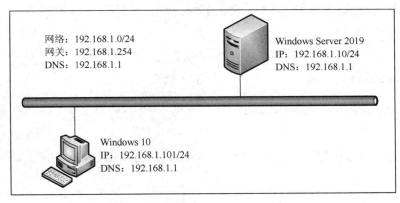

图 2-2-1　网络拓扑

 学习活动

活动 1　创建共享并访问验证

管理员小顾登录文件服务器，以管理员身份运行 fsmgmt.msc 管理工具，创建共享并设置安全访问权限，具体活动要求如下：

（1）设置 C:\share 文件夹的共享名、描述等信息。

（2）只允许销售部具有读取的共享权限，设置销售部具有读取的本地安全权限，以及限制允许访问的用户数为 10 个。

（3）客户端访问共享，验证权限设置。

STEP 1　在任务栏搜索框中输入 fsmgmt.msc，并以管理员身份运行该程序，如图 2-2-2 所示。

图 2-2-2　以管理员身份运行 fsmgmt.msc

STEP 2 　在共享文件夹界面中，选择【操作】→【创建共享】选项，打开【创建共享文件夹向导】对话框，如图 2-2-3 所示，单击【下一页】按钮。

STEP 3 　在【文件夹路径】对话框中，输入或者浏览本地提供的文件夹路径 C:\share，如图 2-2-4 所示，单击【下一页】按钮。

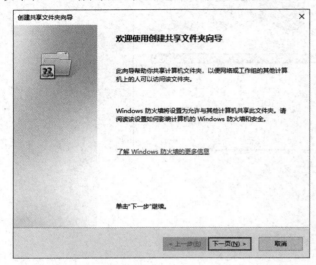

图 2-2-3 　【创建共享文件夹向导】对话框　　　　图 2-2-4 　设置文件夹路径

小提示： 如果本地文件夹的物理路径不存在，则会弹出对话框询问是否建立该文件夹。

STEP 4 　在【名称、描述和设置】对话框中，设置共享名和描述信息，如图 2-2-5 所示，单击【下一页】按钮。

小提示： 在共享名后面加上 "$" 符号，可以实现隐藏共享文件夹的目的。

STEP 5 　在【共享文件夹的权限】对话框中，可以快速设置或选择自定义方法以设置共享文件夹的权限类型，如图 2-2-6 所示，单击【自定义】按钮。

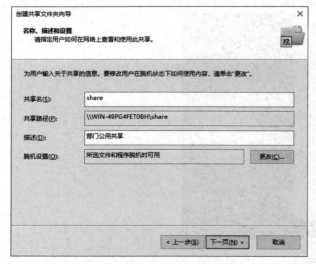
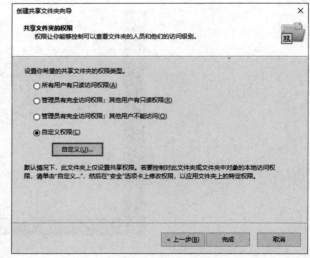

图 2-2-5 　【名称、描述和设置】对话框　　　　图 2-2-6 　【共享文件夹的权限】对话框

STEP 6　在【自定义权限】对话框中，选择【共享权限】选项卡，添加销售部并授予其读取权限；选择【安全】选项卡，授予销售部读取权限，如图 2-2-7 所示。单击【确定】按钮，返回【共享文件夹的权限】对话框，单击【完成】按钮。

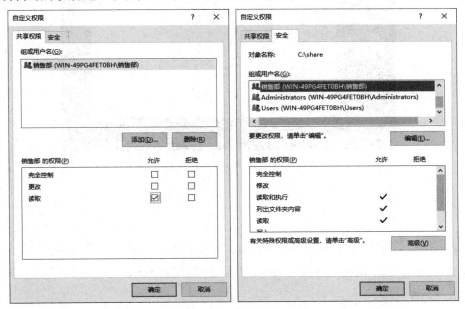

图 2-2-7　设置共享权限和安全权限

STEP 7　在【共享成功】对话框中，查看共享状态和摘要，单击【完成】按钮，如图 2-2-8 所示。

STEP 8　在【share 属性】对话框中，限制允许访问的用户数量为 10，如图 2-2-9 所示。

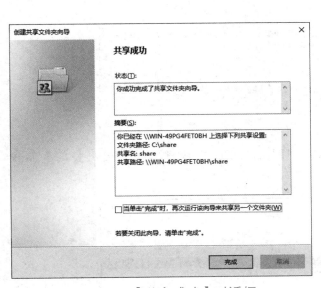

图 2-2-8　【共享成功】对话框

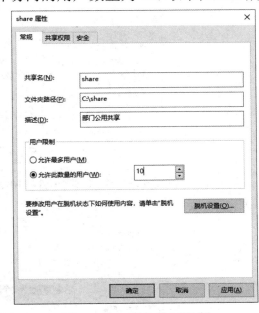

图 2-2-9　用户数量限制

STEP 9　验证共享权限。在客户端上，以销售部员工 Chenli 的身份访问该共享资源，验证共享权限，如图 2-2-10 所示。

图 2-2-10　客户端验证共享权限

活动 2　管理共享文件夹

[数字资源]

视频：管理共享
文件夹

管理员小顾登录文件服务器，使用 fsmgmt.msc 管理工具监控和管理已经
创建的共享文件夹，自检自查，排除安全隐患，具体活动要求如下：

（1）监控与管理已连接的用户。

（2）监控与管理被打开的文件。

（3）停用不必要的共享。

STEP 1　监控与管理已连接的用户。在【共享文件夹】界面中，首先选择左侧的【会话】
选项，然后在右侧窗口中查看已经建立的共享会话，如图 2-2-11 所示。

图 2-2-11　查看共享会话

STEP 2　右击要结束会话的用户陈丽，在弹出的快捷菜单中选择【关闭会话】命令，如
图 2-2-12 所示。

图 2-2-12　关闭会话

STEP 3 监控与管理被打开的文件。在【共享文件夹】界面中，首先选择左侧的【打开的文件】选项，然后在右侧窗口中查看被打开的文件，如图 2-2-13 所示。

图 2-2-13 查看被打开的文件

STEP 4 右击打开的文件 C:\share\，在弹出的快捷菜单中选择【将打开的文件关闭】命令，快速关闭被打开的文件，如图 2-2-14 所示。

图 2-2-14 关闭被打开的文件

STEP 5 停用不必要的共享。在【共享文件夹】界面中，右击已经不再使用的人事部共享名 hr，在弹出的快捷菜单中选择【停止共享】命令，如图 2-2-15 所示。

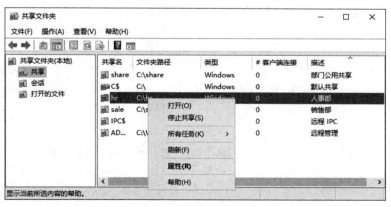

图 2-2-15 停止共享

思考与练习

1. 请简述共享权限与安全权限之间的关系。
2. 请简述使用 fsmgmt.msc 管理工具管理共享文件夹的方法。
3. 请列举客户端通过网络访问共享的方法。

4．在文件服务器上为市场部创建共享文件夹 D:\Sales，只允许市场部的员工具有读取权限，部门经理具有修改权限，在客户端上访问共享并验证。

任务 3　使用 Windows 命令行方式设置与管理文件共享

★ 学习目标

1．能掌握设置 Windows 文件共享权限的命令格式；
2．能掌握使用 Windows 命令行方式管理文件共享的方法；
3．能根据应用需求使用 Windows 命令行方式设置文件共享；
4．能根据应用需求使用 Windows 命令行方式管理文件共享；
5．通过安全设置与管理文件共享，培养并保持良好的安全意识和防护习惯。

🔍 任务描述

公司部署了 Windows Server 2019 文件服务器，为各部门提供文件共享服务。现根据应用需求，管理员小顾通过命令行方式设置文件共享，并对其进行管理，需要完成下列安全运维工作：

（1）使用 net share 命令查看服务器上的共享。

（2）使用 net share 命令创建与管理共享。

（3）使用 net use 命令连接访问共享及管理共享。

📅 知识准备

在 Windows 系统中，除了使用图形方式创建与管理共享，还可以使用 net share 命令创建与管理共享、使用 net use 命令连接访问共享。

1．net share 命令

net share 是 Windows 系统在 DOS 环境下运行的网络命令，可以设置、查看、删除共享，具体的语法格式如图 2-3-1 所示。

```
NET SHARE
sharename
        sharename=drive:path [/GRANT:user,[READ | CHANGE | FULL]]
                             [/USERS:number | /UNLIMITED]
                             [/REMARK:"text"]
                             [/CACHE:Manual | Documents | Programs | BranchCache | None]
        sharename [/USERS:number | /UNLIMITED]
                  [/REMARK:"text"]
                  [/CACHE:Manual | Documents | Programs | BranchCache | None]
        {sharename | devicename | drive:path} /DELETE
        sharename \\computername /DELETE
```

图 2-3-1　net share 命令的语法格式

net share 命令的参数说明如表 2-3-1 所示。

表 2-3-1　net share 命令的参数说明

参数	说明
sharename	指共享名，若在共享名后加上"$"符号，则为隐含共享
drive:path	指定将被共享的文件夹的绝对路径，包括驱动器名
/GRANT	为指定的用户授予共享权限：READ、CHANGE 或 FULL
/USERS	设置可以同时访问共享资源的最大用户数，number 指具体的用户数
/UNLIMITED	不限定同时访问共享资源的用户数
/REMARK	添加一个有关共享资源的描述性注释，注释内容的文本应该包含在双引号中
/DELETE	删除共享

2. net use 命令

net use 命令用于在计算机之间建立或删除共享，列出当前连接的共享资源，具体的语法格式如图 2-3-2 所示。

```
NET USE
[devicename | *] [\\computername\sharename[\volume] [password | *]]
        [/USER:[domainname\]username]
        [/USER:[dotted domain name\]username]
        [/USER:[username@dotted domain name]
        [/SMARTCARD]
        [/SAVECRED]
        [/REQUIREINTEGRITY]
        [/REQUIREPRIVACY]
        [/WRITETHROUGH]
        [[/DELETE] | [/PERSISTENT:{YES | NO}]]

NET USE {devicename | *} [password | *] /HOME

NET USE [/PERSISTENT:{YES | NO}]
```

图 2-3-2　net use 命令的语法格式

net use 命令的参数说明如表 2-3-2 所示。

表 2-3-2　net use 命令的参数说明

参数	说明
\\computername\sharename	computername 指控制共享资源的计算机名或 IP 地址，sharename 指共享资源名
password	指访问共享资源所需要的密码；*表示进行密码提示。当在密码提示符下输入密码时，密码不会显示
/USER	指定在连接时使用的用户名
/DELETE	取消一个网络连接，并且从永久连接列表中删除该连接
/PERSISTENT	控制永久网络连接的使用，其默认值是最近使用的设置。YES 表示在连接产生时保存它们，并在下次登录时恢复它们；NO 表示不保存正在产生的连接或后续的连接

🔬 任务环境

- ✓ VM Workstation 虚拟化平台
- ✓ Windows Server 2019 虚拟机

✓ Windows 10 虚拟机

✓ 实验环境的网络拓扑（如图 2-3-3 所示）

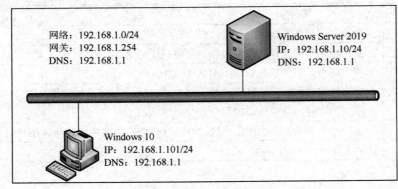

图 2-3-3　网络拓扑

🔧 学习活动

活动 1　使用 net share 命令创建与管理共享

[数字资源]

视频：使用 net share 命令创建与管理共享

管理员小顾登录文件服务器，使用 net share 命令为人事部创建共享，并授予人事部经理 wangjie 修改权限，具体活动要求如下：

（1）对人事部文件夹 C:\hr 创建共享，设置共享名、共享权限、用户数上限和共享注释。

（2）查看共享信息。

（3）客户端访问共享并验证。

STEP 1　打开命令提示符界面，执行命令 net share hr=C:\hr /grant:wangjie,change /users:5 /remark:"hr department"，对 C:\hr 文件夹设置共享，共享名为 hr，授予人事部经理 wangjie 修改权限，指定同时访问该共享的最大用户数为 5，共享注释为 hr department，如图 2-3-4 所示。

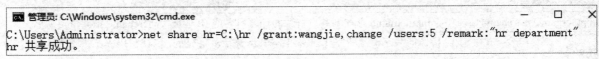

图 2-3-4　使用 net share 命令创建共享

需要注意的是，还需要对 C:\hr 文件夹设置 NTFS 安全权限，设置 wangjie 用户具有修改权限，如图 2-3-5 所示。

STEP 2　执行 net share hr 命令查看共享名 hr 的详细信息，如图 2-3-6 所示。

STEP 3　在客户端上打开【运行】对话框，输入\\192.168.1.10\hr，访问文件服务器上的共享，在弹出的输入网络凭据窗口中，使用 wangjie 账户登录，在打开的界面中创建文件夹"国家网络安全宣传周"，并上传一个文件，如图 2-3-7 所示，表明该用户具有修改权限。

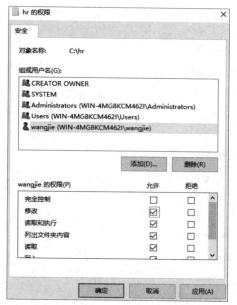

图 2-3-5　对 C:\hr 文件夹设置 NTFS 安全权限

图 2-3-6　查看共享信息

图 2-3-7　客户端访问共享并验证

活动 2　使用 net use 命令连接访问共享

[数字资源]

视频：使用 net use
命令连接访问共享

管理员小顾考虑到为了方便人事部经理 wangjie 使用人事部的共享资源，在其计算机上使用一个驱动器号来固定连接到人事部的共享资源，具体活动要求如下：

（1）在客户端中使用 net use 命令连接网络共享，映射为本地驱动器 F 盘。

（2）检查是否有驱动器 F 盘，并访问验证。

STEP 1　在客户端中打开命令提示符界面，执行 net use F: \\192.168.1.10\hr 命令，将网络共享 hr 映射为本地驱动器 F 盘，如图 2-3-8 所示。

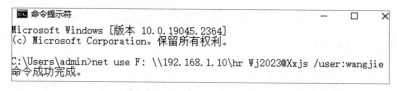

图 2-3-8　映射网络驱动器

STEP 2　打开【此电脑】界面，看到右侧窗口的网络位置中已经存在【hr(\\192.168.1.10)(F:)】，如图 2-3-9 所示，表明成功映射网络驱动器。

125

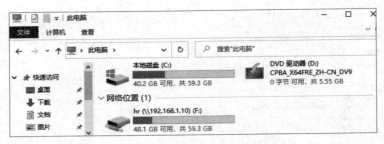

图 2-3-9　检查网络映射驱动器

STEP 3　访问验证。双击【hr(\\192.168.1.10) (F:)】选项，打开 hr 的共享资源，如图 2-3-10 所示。

图 2-3-10　访问验证网络映射驱动器

思考与练习

1．请简述 net share 命令常用参数/GRANT、/USERS、/REMARK、/DELETE 的含义。

2．请写出 net use 命令的语法格式。

3．在文件服务器上，使用 net share 命令对 D:\public 文件夹设置共享，共享名为 publicinfo，授予所有用户只读权限。

4．在客户端中，使用 net use 命令将 publicinfo 共享映射为本地驱动器 M 盘。

任务4　设置 Linux 文件权限

学习目标

1．能掌握 Linux 文件的权限表示；

2．能掌握设置 Linux 文件权限的方法及命令；

3．能使用字符类型方法设置 Linux 文件权限；

4．能使用数字类型方法设置 Linux 文件权限；

5．通过设置 Linux 文件权限，培养并保持良好的安全意识和防护习惯。

任务描述

公司部署了 Linux 服务器，开放给各部门用户使用，部门及用户信息如表 2-4-1 所示。IT

管理员需要根据网络安全等级保护对访问控制的要求"应由授权主体配置访问控制策略，访问控制策略规定主体对客体的访问规则"，以及各部门的使用需求，实现各部门用户对文件资源的访问控制。为此，管理员需要完成下列安全运维任务：

（1）为各部门创建目录及文件。

（2）根据应用需求，针对各部门目录设置权限。

（3）根据应用需求，针对指定的文件设置权限。

表 2-4-1　部门及用户信息

部门	用户	用户组
IT 部	alex、spencer	itgroup
研发部 RD	james、mary	rdgroup
行政部 AD	jenny	adgroup

知识准备

Linux 文件权限可以有效地控制用户对文件和目录的访问，通常将文件可存取访问的用户身份分为 3 个类别：owner（所有者）、group（所属组）和 others（其他用户），且 3 种用户身份各自具有 read（读取）、write（写入）、execute（执行）等权限。

1. Linux 文件权限

在 Linux 系统中查看文件或目录详细属性信息时，会看到如图 2-4-1 所示的结果。每一行代表了对应文件或目录的详细信息，从左到右具体的含义是文件的类型与访问权限、连接数、文件所有者、文件所属组、文件大小、文件建立或文件最后被修改的时间及文件名。

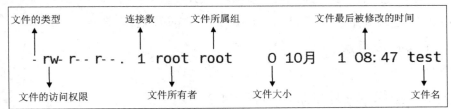

图 2-4-1　详细属性信息

图 2-4-1 中的第一列表示文件的类型与访问权限，其中第一个字母表示文件的类型，后面 9 个字母分为 3 组，表示文件的访问权限。

（1）文件类型

在 Linux 系统中，常见的文件类型如下：

- -表示普通文件。
- d 表示目录。
- l 表示符号链接文件。
- s 表示 socket 文件。
- c 表示字符设备文件。例如，虚拟控制台或 tty0。

- b 表示块设备文件。例如，sda、cdrom。
- p 表示命名管道文件。

（2）文件权限

用户对文件的访问权限分为 r（读取）、w（写入）、x（执行）3 种。若用户没有某个权限，则使用"-"占位符表示。若文件具有 x 属性，则表示是可执行的文件；若目录具有 x 属性，则表示允许进入该目录。

权限分为 3 组，依次表示文件所有者权限、文件所属组权限和其他用户权限，如图 2-4-2 所示。

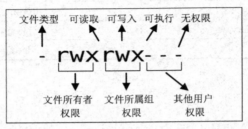

图 2-4-2　文件权限

2．文件权限的修改

通常使用 chmod 命令修改文件或目录的访问权限，权限的设置方法有两种：字符类型方法和数字类型方法。

chmod 命令格式：chmod [OPTION] MODE FILE。

选项和参数说明如下。

- OPTION：为可选项，-R 为常用的选项，表示递归。
- MODE：为权限表示模式，可以使用字符类型或者数字类型。
- FILE：表示文件或目录。

（1）字符类型方法

使用字符类型方法修改文件权限，如表 2-4-2 所示。

表 2-4-2　使用字符类型方法修改文件权限

命令	MODE			FILE
chmod	u（所有者） g（所属组） o（其他用户） a（所有用户）	+（添加） –（取消） =（指定）	r w x	文件或目录

例如，为/tmp/test 文件设置权限，所有者具有读取、写入和执行权限，所属组具有读取和执行权限，其他用户具有读取权限，使用字符类型方法修改文件权限的命令如下：

```
chmod u=rwx,g=rx,o=r /tmp/test
```

（2）数字类型方法

文件的 9 个权限位除了可以使用 r、w、x 来表示，还可以使用数字来表示，各种不同权限组合计算后的数值如表 2-4-3 所示。

表 2-4-3　各种不同权限组合计算后的数值

权限	二进制值	八进制值	描述
---	000	0	没有任何权限
--x	001	1	只有执行权限
-w-	010	2	只有写入权限
-wx	011	3	有写入和执行权限
r--	100	4	只有读取权限
r-x	101	5	有读取和执行权限
rw-	110	6	有读取和写入权限
rwx	111	7	有全部权限

例如，为/tmp/test 文件设置权限，所有者具有读取、写入和执行权限，所属组具有读取和执行权限，其他用户具有读取权限，使用数字类型方法修改文件权限的命令如下：

```
chmod 754 /tmp/test
```

3．文件所有者和所属组的修改

修改文件所有者的命令是 chown，修改所属组的命令是 chgrp。

（1）chown 命令的用法

命令格式：chown [OPTION] [OWNER][:[GROUP]] FILE。

选项和参数说明如下。

- OPTION：为可选项，-R 为常用的选项，表示递归。
- OWNER：表示文件或目录的所有者。
- GROUP：表示文件或目录的所属组。
- FILE：表示文件或目录。

例如，修改/tmp/test 文件的所有者为 jack，所属组为 sales，使用的命令如下：

```
chown jack:sales /tmp/test
```

（2）chgrp 命令的用法

命令格式：chgrp [OPTION] GROUP FILE。

选项和参数说明如下。

- OPTION：为可选项，-R 为常用的选项，表示递归。
- GROUP：表示文件或目录的所属组。
- FILE：表示文件或目录。

例如，修改/tmp/test 文件的所属组为 hr，使用的命令如下：

```
chgrp hr /tmp/test
```

任务环境

✓　VM Workstation 虚拟化平台

- ✓ CentOS 7 虚拟机
- ✓ Windows 10 虚拟机
- ✓ 实验环境的网络拓扑（如图 2-4-3 所示）

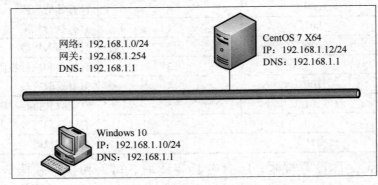

网络：192.168.1.0/24
网关：192.168.1.254
DNS：192.168.1.1

CentOS 7 X64
IP：192.168.1.12/24
DNS：192.168.1.1

Windows 10
IP：192.168.1.10/24
DNS：192.168.1.1

图 2-4-3　网络拓扑

 学习活动

活动 1　为指定目录设置权限

公司 Linux 服务器已经存在管理员用户 admin，该用户使用 admin 账户登录系统，提升权限，为各部门创建组和用户，并为指定的目录设置权限，具体活动要求如下：

（1）为各部门创建组和用户、目录和文件。

（2）设置/data/public 目录的所属组和权限：所属组为 itgroup，使用字符类型方法设置指定所属组具有读取、写入和进入该目录的权限。

（3）设置/data/itprivate 目录的所有者、所属组和权限：所有者 alex 具有完全控制权限，所属组 itgroup 具有完全控制权限，其他用户没有任何权限。

STEP 1　以 admin 用户身份登录服务器，为各部门创建组和用户，如图 2-4-4 所示；创建目录和文件，如图 2-4-5 所示。

```
[admin@localhost ~]$ sudo groupadd itgroup
[admin@localhost ~]$ sudo groupadd rdgroup
[admin@localhost ~]$ sudo groupadd adgroup
[admin@localhost ~]$ sudo useradd -g itgroup alex
[admin@localhost ~]$ sudo useradd -g itgroup spencer
[admin@localhost ~]$ sudo useradd -g rdgroup james
[admin@localhost ~]$ sudo useradd -g rdgroup mary
[admin@localhost ~]$ sudo useradd -g adgroup jenny
```

图 2-4-4　创建组和用户

```
[admin@localhost ~]$ sudo mkdir -p /data/public
[admin@localhost ~]$ sudo touch  /data/public/pubdoc
[admin@localhost ~]$ sudo mkdir -p /data/rdproject
[admin@localhost ~]$ sudo mkdir -p /data/itprivate
[admin@localhost ~]$ sudo touch /data/itprivate/itreadme
```

图 2-4-5　创建目录和文件

STEP 2 设置/data/public 目录的所属组和权限：所属组为 itgroup，使用字符类型方法设置指定所属组具有读取、写入和进入该目录的权限，如图 2-4-6 所示。

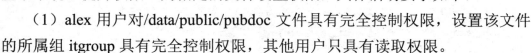

```
                              admin@localhost:~

文件(F)  编辑(E)  查看(V)  搜索(S)  终端(T)  帮助(H)
[admin@localhost ~]$ ll -d /data/public
drwxr-xr-x. 2 root itgroup 20 2月  15 22:31 /data/public
[admin@localhost ~]$ sudo chmod g+r,g+w,g+x /data/public
[admin@localhost ~]$ sudo chmod o+r,o+x /data/public
[admin@localhost ~]$ ll -d /data/public
drwxrwxr-x. 2 root itgroup 20 2月  15 22:31 /data/public
[admin@localhost ~]$ 
```

图 2-4-6　设置/data/public 目录权限

STEP 3 设置/data/itprivate 目录的所有者、所属组和权限：所有者 alex 具有完全控制权限，所属组 itgroup 具有完全控制权限，其他用户没有任何权限，如图 2-4-7 所示。

```
                              admin@localhost:~

文件(F)  编辑(E)  查看(V)  搜索(S)  终端(T)  帮助(H)
[admin@localhost ~]$ sudo chown alex /data/itprivate
[admin@localhost ~]$ sudo chgrp itgroup /data/itprivate
[admin@localhost ~]$ sudo chmod 770 /data/itprivate
[admin@localhost ~]$ ll -d /data/itprivate
drwxrwx---. 2 alex itgroup 23 2月  15 22:36 /data/itprivate
[admin@localhost ~]$ 
```

图 2-4-7　设置/data/itprivate 目录权限

STEP 4 以 IT 部 alex 用户身份登录，对/data/itprivate/目录验证权限，如图 2-4-8 所示，表明 alex 用户对该目录具有进入、读取和写入的权限。

```
                              admin@localhost:~              _  □  ✕

文件(F)  编辑(E)  查看(V)  搜索(S)  终端(T)  帮助(H)
[admin@localhost ~]$ sudo su alex
[alex@localhost admin]$ cd /data/itprivate/
[alex@localhost itprivate]$ touch test.txt
[alex@localhost itprivate]$ ls test.txt
test.txt
```

图 2-4-8　验证目录权限

活动 2　为指定文件设置权限

[数字资源]

视频：为指定文件设置权限

公司 Linux 服务器已经存在管理员用户 admin，该用户使用 admin 账户登录系统，提升权限，为指定的文件设置权限，具体活动要求如下：

（1）alex 用户对/data/public/pubdoc 文件具有完全控制权限，设置该文件的所属组 itgroup 具有完全控制权限，其他用户只具有读取权限。

（2）spencer 用户对/data/itprivate/itreadme 文件具有完全控制权限，设置该文件所属组 itgroup 具有只读取和执行权限，其他用户没有任何权限。

STEP 1 对/data/public/pubdoc 文件设置权限：所有者为 alex，具有完全控制权限；所属组为 itgroup，具有完全控制权限；其他用户只具有读取权限，如图 2-4-9 所示。

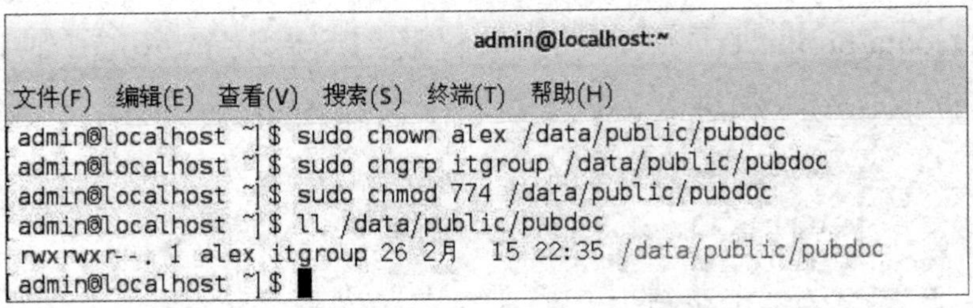

图 2-4-9　设置/data/public/pubdoc 文件权限

STEP 2　对/data/itprivate/itreadme 文件设置权限：所有者为 spencer，具有完全控制权限；所属组为 itgroup，组内其他用户只具有读取和执行权限；其他用户没有任何权限，如图 2-4-10 所示。

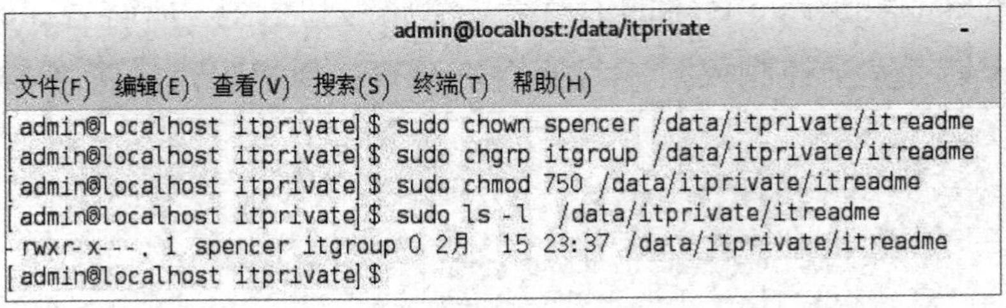

图 2-4-10　设置/data/itprivate/itreadme 文件权限

STEP 3　切换到行政部的 jenny 用户，使用 cat /data/public/pubdoc 命令能够读取该文件的内容，使用 echo "hello" >> /data/public/pubdoc 命令向该文件中写入字符串，显示权限不够，表明其他用户只具有读取权限，如图 2-4-11 所示。

图 2-4-11　验证其他用户只具有读取权限

STEP 4　切换到 IT 部的 spencer 用户，使用 echo "date" > /data/itprivate/itreadme 命令向该文件中写入字符串，表明该用户具有写入权限；使用 bash/data/itprivate/itreadme 命令能执行该文件，也可以使用 rm -f/data/itprivate/itreadme 命令删除该文件，表明 spencer 用户对该文件具有执行和删除权限，如图 2-4-12 所示。

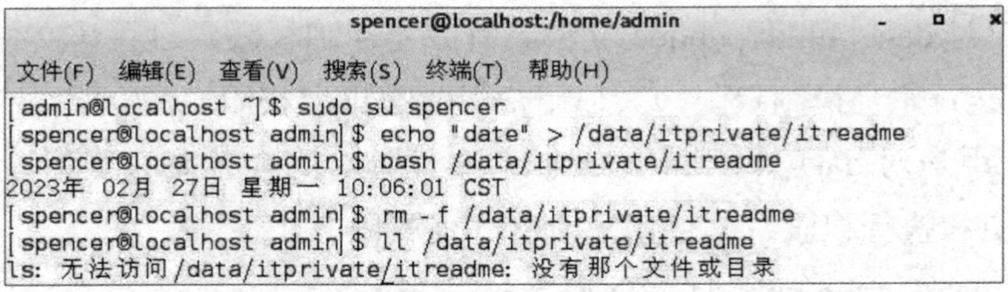

图 2-4-12　验证完全控制权限

132

1. 请简述 r、w、x 在文件和目录权限中所代表的含义。

2. 请说出使用 chmod 命令修改文件权限的方法。

3. 请说出 chown 命令的作用和使用方法。

4. 对/data/rdproject 目录及其下的子目录和文件进行设置，所有者 james 具有读取和写入权限，所属组 rdgroup 具有读取权限，其他用户没有任何权限。

任务 5　设置 Linux 文件特殊权限

学习目标

1. 能掌握 Linux 文件特殊权限；

2. 能掌握文件特殊权限的设置方法；

3. 能根据应用需求设置 SUID 特殊权限；

4. 能根据应用需求设置 SGID 特殊权限；

5. 能根据应用需求设置 SBIT 特殊权限；

6. 通过设置文件特殊权限，培养并保持良好的安全意识和防护习惯。

任务描述

公司部署了 Linux 系统的文件服务器，安全管理员已经对服务器进行了安全加固。但是在使用一段时间后，安全运维人员发现了一些问题：

- 普通用户在运行一些权限较高的自动化脚本时，由于没有管理员权限，因此无法执行。
- 当项目组成员使用同一个共享目录时，任何成员新建的文件都允许项目组其他成员修改，文件权限的维护与设置比较复杂。
- 在一些公共目录中，允许任何用户创建、修改、删除文件，但是希望用户只能删除自己创建的文件，不能删除其他用户创建的文件，针对这种情况，管理员疲于应对。

因此，需要管理员小顾完成下列安全运维任务：

（1）为指定文件设置 SUID 特殊权限。

（2）为指定目录设置 SGID 特殊权限。

（3）为指定目录设置 SBIT 特殊权限。

知识准备

Linux 系统使用 9 个权限位来标识文件权限，三大权限分别是 r（读取）、w（写入）、x（执行）。除此之外，还有特殊权限 SUID、SGID、SBIT。

1．SUID

SUID 全称为 Set User ID，当小写字母 s 出现在文件所有者权限的执行位上时，具有这种权限的文件会在其执行时使调用者暂时获得该文件所有者的权限。

例如，执行 ls -l /usr/bin/passwd 命令，通过显示结果可以看到在文件所有者 root 的执行位上出现 s 而不是 x，这说明/usr/bin/passwd 文件（即 passwd 命令）是具有 SUID 特殊权限的，如图 2-5-1 所示。普通用户在修改用户密码时，暂时获得 root 用户执行 passwd 命令的权限。

```
[admin@localhost ~]$ ls -l /usr/bin/passwd
-rwsr-xr-x. 1 root root 27832 6月  10 2014 /usr/bin/passwd
```

图 2-5-1　查看 SUID 特殊权限

🔊 **小提示：** 如果在查看文件时，发现文件所有者权限的第 3 位是一个大写字母 S，则表明该文件的 SUID 属性无效。例如，将 SUID 属性给一个没有执行权限的文件。

在修改用户密码时，使用的是 passwd 命令，而用户密码存储在/etc/shadow 文件中。首先，执行 ls -l /etc/shadow 命令，查看/etc/shadow 文件权限，如图 2-5-2 所示。

```
[root@localhost ~]# ls -l /etc/shadow
----------. 1 root root 1669 Sep 24 11:30 /etc/shadow
```

图 2-5-2　查看/etc/shadow 文件权限

从图 2-5-2 中看到，任何用户都没有权限读写 shadow 文件，但是由于 Linux 系统的权限管理机制，超级用户 root 是可以强制对 shadow 文件进行读写操作的。

实际上，普通用户可以修改自己的密码，这是因为/usr/bin/passwd 文件的所有者 root 对其权限是 rws，而且其他用户的使用权限为 r-x，也就是说，普通用户在执行 passwd 命令时，会暂时获得 passwd 文件所有者 root 的权限。这就是 Linux 系统特有的 SUID 权限机制，SUID 访问示意图如图 2-5-3 所示。

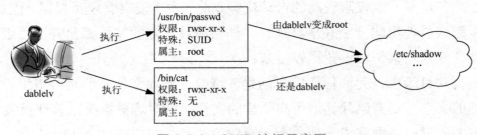

图 2-5-3　SUID 访问示意图

使用 SUID 需要满足以下 4 点：

（1）SUID 只对二进制文件有效，不能作用于目录或 Shell 脚本。

（2）调用者对该文件有执行权限。

（3）在执行过程中，调用者会暂时获得该文件的所有者权限。

（4）该权限只在程序执行的过程中有效。

2. SGID

SGID 全称为 Set Group ID，当小写字母 s 出现在文件所属组权限的执行位上时，对普通二进制文件和目录都有效。当 SGID 作用于普通二进制文件时，和 SUID 类似，在执行该文件的过程中，用户将获得该文件所属组的权限。当 SGID 作用于目录，且用户对某一目录具有写入和执行权限时，该用户就可以在该目录下创建文件，如果该目录设置了 SGID 特殊权限，则该用户在这个目录下创建的文件都属于这个目录所属的组。

例如，查看/data/rdproject 目录的权限，如图 2-5-4 所示，可以看到所属组的执行位上出现 s 而不是 x，说明该目录具有 SGID 特殊权限。

```
[root@localhost ~]# ll -d /data/rdproject/
drwxrwsr-x. 2 root root 6 Sep 24 11:30 /data/rdproject/
```

图 2-5-4 查看/data/rdproject 目录的权限

3. SBIT

SBIT 全称为 Sticky Bit（粘滞位），它出现在其他用户权限的执行位上，只能为目录设置 SBIT 特殊权限。一旦目录设置了 SBIT 特殊权限，则用户在此目录下创建的文件或目录，只有该用户自己和 root 用户可以删除，其他用户均不可以删除。

例如，查看/tmp 目录的权限，如图 2-5-5 所示，可以看到最后一位为 t，说明/tmp 目录带有粘滞位。

```
[root@localhost ~]# ll -d /tmp
drwxrwxrwt. 6 root root 4096 Sep 24 15:11 /tmp
```

图 2-5-5 查看/tmp 目录的权限

小提示： 如果目录的其他用户权限的执行位是 T，则表示 SBIT 特殊权限无效。

4. SUID、SGID、SBIT 特殊权限的设置

可以通过数字类型方法来设置 SUID、SGID、SBIT 这 3 个特殊权限，3 个权限对应的数字分别是 4、2、1。

假设要为 test 文件设置权限"-rwsr-xr-x"，由于 s 在所有者权限的执行位上，说明该文件具有 SUID 特殊权限，因此在原先的 755 之前加上 4 即可，即使用 chmod 4755 test 命令来设置。

此外，也可以通过字符类型方法来设置这 3 个特殊权限，其中 SUID 为 u+s，SGID 为 g+s，SBIT 则是 o+t。

假设要为/share 目录添加 SGID 和 SBIT 特殊权限，则可以使用 chmod g+s,o+t /share 命令来设置。

任务环境

✓ VM Workstation 虚拟化平台

- ✓ CentOS 7 虚拟机
- ✓ Windows 10 虚拟机
- ✓ 自动化运维程序 info
- ✓ 管理文件 info.txt
- ✓ 实验环境的网络拓扑（如图 2-5-6 所示）

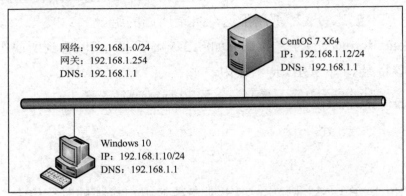

网络：192.168.1.0/24
网关：192.168.1.254
DNS：192.168.1.1

CentOS 7 X64
IP：192.168.1.12/24
DNS：192.168.1.1

Windows 10
IP：192.168.1.10/24
DNS：192.168.1.1

图 2-5-6　网络拓扑

 学习活动

活动 1　为指定文件设置 SUID 特殊权限

[数字资源]
视频：为指定文件设置 SUID 特殊权限

公司 Linux 服务器已经存在管理员用户 admin，该用户使用 admin 账户登录服务器，完成文件的 SUID 特殊权限设置，具体活动要求如下：

（1）在 admin 用户主目录下运行自动化运维程序 info，在当前目录下生成 info.txt 文件，并查看该文件的内容。

（2）在/var/share/publicinfo/目录下，已经存在 info.txt 文件，要求 admin 用户在此目录下运行 info 程序，将信息写入/var/share/publicinfo/info.txt 文件。

STEP 1 以 admin 用户身份登录 Linux 服务器，查看 info 程序的权限，如图 2-5-7 所示。

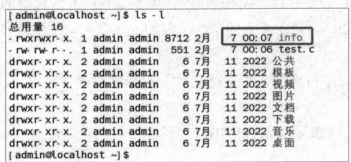

```
[admin@localhost ~]$ ls -l
总用量 16
-rwxrwxr-x. 1 admin admin 8712 2月   7 00:07 info
-rw-rw-r--. 1 admin admin  551 2月   7 00:06 test.c
drwxr-xr-x. 2 admin admin    6 7月  11 2022 公共
drwxr-xr-x. 2 admin admin    6 7月  11 2022 模板
drwxr-xr-x. 2 admin admin    6 7月  11 2022 视频
drwxr-xr-x. 2 admin admin    6 7月  11 2022 图片
drwxr-xr-x. 2 admin admin    6 7月  11 2022 文档
drwxr-xr-x. 2 admin admin    6 7月  11 2022 下载
drwxr-xr-x. 2 admin admin    6 7月  11 2022 音乐
drwxr-xr-x. 2 admin admin    6 7月  11 2022 桌面
[admin@localhost ~]$
```

图 2-5-7　查看 info 程序的权限

STEP 2 以 admin 用户身份运行 info 程序，如图 2-5-8 所示。

在图 2-5-8 中，该程序将系统的名称、CPU 信息、主机名、内核等信息全部收集并写入

info.txt 文件，查看 info.txt 文件权限和所有者等相关信息，如图 2-5-9 所示。

```
[admin@localhost ~]$ ./info
[admin@localhost ~]$ ls
info  info.txt  test.c  公共  模板  视频  图片  文档  下载  音乐  桌面
[admin@localhost ~]$ cat info.txt
System Name = Linux
Node Name = localhost.localdomain
Version = #1 SMP Thu Nov 8 23:39:32 UTC 2018
Release = 3.10.0-957.el7.x86_64
Machine = x86_64
```

图 2-5-8　运行 info 程序

```
[admin@localhost ~]$ ls -l
总用量 20
-rwxrwxr-x. 1 admin admin 8712 2月   7 00:07 info
-rw-rw-r--. 1 admin admin  148 2月   7 00:54 info.txt
-rw-rw-r--. 1 admin admin  551 2月   7 00:06 test.c
drwxr-xr-x. 2 admin admin    6 7月  11 2022 公共
drwxr-xr-x. 2 admin admin    6 7月  11 2022 模板
drwxr-xr-x. 2 admin admin    6 7月  11 2022 视频
drwxr-xr-x. 2 admin admin    6 7月  11 2022 图片
drwxr-xr-x. 2 admin admin    6 7月  11 2022 文档
drwxr-xr-x. 2 admin admin    6 7月  11 2022 下载
drwxr-xr-x. 2 admin admin    6 7月  11 2022 音乐
drwxr-xr-x. 2 admin admin    6 7月  11 2022 桌面
[admin@localhost ~]$ cat info.txt
System Name = Linux
Node Name = localhost.localdomain
Version = #1 SMP Thu Nov 8 23:39:32 UTC 2018
Release = 3.10.0-957.el7.x86_64
Machine = x86_64
```

图 2-5-9　查看 info.txt 文件权限和所有者等相关信息

从图 2-5-9 中可以看到，由于 info 程序的运行用户是 admin，所以生成的 info.txt 文件的所有者也是 admin。

STEP 3　切换到/var/share/publicinfo/目录，运行 info 程序，执行命令报错，如图 2-5-10 所示。

```
[admin@localhost ~]$ cd /var/share/publicinfo/
[admin@localhost publicinfo]$ ls -l
总用量 4
----------. 1 root root 1 2月   7 01:01 info.txt
----------. 1 root root 0 2月   6 22:59 test.txt
[admin@localhost publicinfo]$ /home/admin/info
段错误(吐核) ◄
[admin@localhost publicinfo]$ 
```

图 2-5-10　执行命令报错

从图 2-5-10 中可以看到，info.txt 文件的所有者是 root，而当前登录系统的用户是 admin，所以会产生错误信息。

STEP 4　切换到 admin 用户主目录，提升权限，将 info 程序的所有者修改为 root，如图 2-5-11 所示。

```
[admin@localhost publicinfo]$ cd
[admin@localhost ~]$ sudo chown root info
[sudo] admin 的密码：
[admin@localhost ~]$ ls -l
总用量 20
-rwxrwxr-x. 1 root  admin 8712 2月   7 00:07 info
-rw-rw-r--. 1 admin admin  148 2月   7 00:54 info.txt
```

图 2-5-11　修改 info 程序的所有者

从图 2-5-11 中可以看到，info 程序的所有者已经修改为 root。

STEP 5 为 info 程序文件设置 SUID 特殊权限，使其在执行时临时获得 root 权限，如图 2-5-12 所示。

```
[admin@localhost ~]$ sudo chmod u+s info
[admin@localhost ~]$ ls -l
总用量 20
-rwsrwxr-x. 1 root  admin 8712 2月    7 00:07 info
-rw-rw-r--. 1 admin admin  148 2月    7 00:54 info.txt
-rw-rw-r--. 1 admin admin  551 2月    7 00:06 test.c
drwxr-xr-x. 2 admin admin    6 7月   11 2022 公共
drwxr-xr-x. 2 admin admin    6 7月   11 2022 模板
```

图 2-5-12 设置 SUID 特殊权限

STEP 6 切换到/var/share/publicinfo 目录，再次运行 info 程序收集信息，运行结果如图 2-5-13 所示。

```
总用量 4
----------. 1 root root  1 2月    7 01:01 info.txt
----------. 1 root root  0 2月    6 22:59 test.txt
[admin@localhost publicinfo]$ /home/admin/info
[admin@localhost publicinfo]$ ls -l
总用量 4
----------. 1 root root 148 2月    7 01:07 info.txt
----------. 1 root root   0 2月    6 22:59 test.txt
```

图 2-5-13 运行 info 程序后的结果

在图 2-5-13 中可以看到，已经有 148 字节的内容写入 info.txt 文件。

【思考】请问使用 cat 命令是否能读取 info.txt 文件的内容？

活动 2 为指定目录设置 SGID 特殊权限

公司为拓展业务，新成立了一个 AI 部门，为满足该部门在工作中对文件共享的需求，在公司 Linux 文件共享服务器上创建一个共享目录/var/share/ai_sharefolder，以供该部门的成员访问、创建文件与子目录。现 Linux 服务器已经存在管理员用户 admin，该用户使用 admin 账户登录系统，具体活动要求如下：

（1）创建 ais 组，并创建 ai_user1 和 ai_user2 用户，且这些用户都属于 ais 组。

（2）在/var/share 下创建 ai_sharefolder 目录，并将该目录的权限设置为 755，所属组为 ais。

（3）为/var/share/ai_sharefolder 目录设置 SGID 特殊权限。

（4）使用 ai_user1 和 ai_user2 用户身份验证自己所创建的文件所属组为 ais。

STEP 1 以 admin 用户身份登录 Linux 服务器，提升权限到 root，并在服务器上创建组和用户，如图 2-5-14 所示。

图 2-5-14 创建组和用户

STEP 2 切换到/var/share 目录，创建 ai_sharefolder 目录，并将所属组设置为 ais，如图 2-5-15 所示。

图 2-5-15 创建目录并设置所属组

STEP 3 为 ai_sharefolder 目录设置 SGID 特殊权限，如图 2-5-16 所示。

图 2-5-16 设置 SGID 特殊权限

STEP 4 分别切换到 ai_user1 和 ai_user2 用户，使用 touch 命令创建文件，查看用户所创建的文件所属组均为 ais，如图 2-5-17 所示。

图 2-5-17 验证 SGID 特殊权限

经过验证，可以看到创建文件的所属组均为 ais，该组成员都可以读取相应文件，若经过适当权限分配，则该组成员用户还可以编辑相应的文件。

活动 3　为指定目录设置 SBIT 特殊权限

公司需要在 Linux 的文件共享服务器上创建一个临时目录，且只有系统管理员 root 和创建文件的用户能删除，现 Linux 服务器已经存在管理员用户 admin，该用户使用 admin 账户登录系统，具体活动要求如下：

（1）在共享目录/var/share 中创建 temp 目录，授予其他用户读取、写入、进入该目录的权限。

（2）为 temp 目录设置 SBIT 特殊权限。

（3）验证只有系统管理员 root 和创建文件的用户能删除，其他用户不能删除。

STEP 1　使用 admin 账户登录系统，提升权限后，在/var/share 目录中创建 temp 目录并设置权限，如图 2-5-18 所示。

```
[admin@localhost ~]$ su - root
密码：
上一次登录：二 2月  7 17:54:00 CST 2023pts/0 上
[root@localhost ~]# cd /var/share/
[root@localhost share]# mkdir temp
[root@localhost share]# chmod 777 temp
[root@localhost share]# ls -l
总用量 0
drwxrwsr-x. 2 root ais  40 2月   7 18:10 ai_sharefolder
drwxr-xrwx. 2 root root  6 12月 13 17:47 hrs
drwxr-xrwx. 3 root root 16 12月 13 17:56 managers
drwxr-xr-x. 2 root root 38 2月   6 22:59 publicinfo
drwxr-xrwx. 2 root root  6 12月 13 17:47 sales
drwxrwxrwx. 2 root root  6 2月   7 18:51 temp
```

图 2-5-18　创建 temp 目录并设置权限

STEP 2　为 temp 目录设置 SBIT 特殊权限，如图 2-5-19 所示。

```
[root@localhost share]# chmod o+t temp
[root@localhost share]# ls -l
总用量 0
drwxrwsr-x. 2 root ais  40 2月   7 18:10 ai_sharefolder
drwxr-xrwx. 2 root root  6 12月 13 17:47 hrs
drwxr-xrwx. 3 root root 16 12月 13 17:56 managers
drwxr-xr-x. 2 root root 38 2月   6 22:59 publicinfo
drwxr-xrwx. 2 root root  6 12月 13 17:47 sales
drwxrwxrwt. 2 root root  6 2月   7 18:51 temp
```

图 2-5-19　设置 SBIT 特殊权限

🔊 **小提示**：此外，还可以使用 chmod 1777 temp 命令设置 SBIT 特殊权限。

STEP 3　验证过程如图 2-5-20 所示。首先，以 admin 用户身份在 temp 目录下创建一个文件 admin.txt；然后，切换到 ai_user1 用户，执行 rm admin.txt 命令，结果显示无法删除该文件；最后，返回到 admin 用户，执行删除命令能删除该文件。

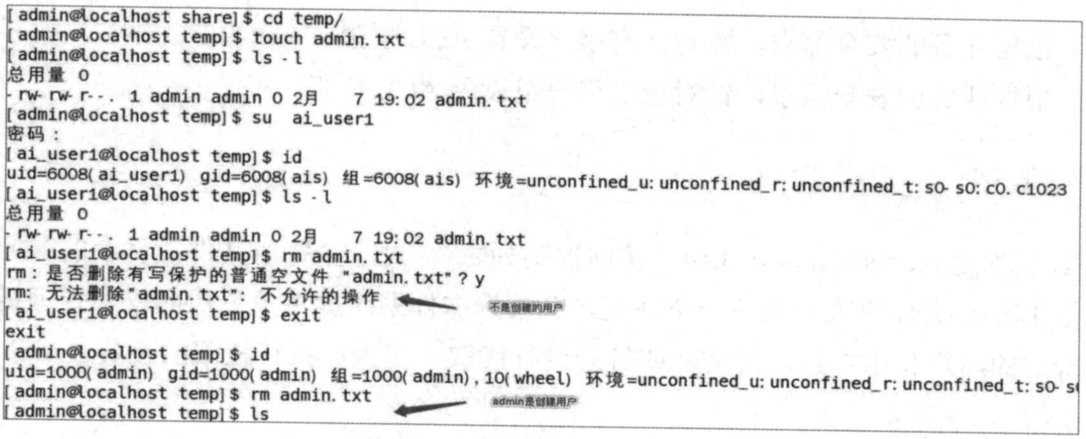

```
[admin@localhost share]$ cd temp/
[admin@localhost temp]$ touch admin.txt
[admin@localhost temp]$ ls -l
总用量 0
-rw-rw-r--. 1 admin admin 0 2月   7 19:02 admin.txt
[admin@localhost temp]$ su ai_user1
密码：
[ai_user1@localhost temp]$ id
uid=6008(ai_user1) gid=6008(ais) 组=6008(ais) 环境=unconfined_u:unconfined_r:unconfined_t:s0-s0:c0.c1023
[ai_user1@localhost temp]$ ls -l
总用量 0
-rw-rw-r--. 1 admin admin 0 2月   7 19:02 admin.txt
[ai_user1@localhost temp]$ rm admin.txt
rm：是否删除有写保护的普通空文件 "admin.txt"？y
rm：无法删除"admin.txt"：不允许的操作    ←──  不是创建的用户
[ai_user1@localhost temp]$ exit
exit
[admin@localhost temp]$ id
uid=1000(admin) gid=1000(admin) 组=1000(admin),10(wheel) 环境=unconfined_u:unconfined_r:unconfined_t:s0-s
[admin@localhost temp]$ rm admin.txt
[admin@localhost temp]$ ls        ←──  admin是创建用户
```

图 2-5-20　验证 SBIT 特殊权限

思考与练习

1. 在 Linux 系统中找一找，有没有使用 SUID 特殊权限的例子？

2. 在 Linux 系统中找一找，有没有使用 SBIT 特殊权限的例子？

3. 请思考，当特殊权限设置不当时，会不会给系统带来危害？请举例说明。

4. 创建共享目录/data/hr，目录的所属组为 hrs，具有读取、写入、进入该目录的权限，其他用户没有任何权限。要求在该目录下创建的文件，其所属组自动配置为 hrs。

任务 6　设置 Linux ACL 权限

学习目标

1. 能掌握设置文件或目录 ACL 权限的命令格式；

2. 能掌握删除文件或目录 ACL 权限的命令格式；

3. 能掌握查询文件或目录 ACL 权限的命令格式；

4. 能根据需求针对特定用户设置文件或目录 ACL 权限；

5. 能根据需求针对特定用户组设置文件或目录 ACL 权限；

6. 通过 Linux ACL 权限的合理设置，培养并保持良好的安全意识和防护习惯。

任务描述

公司部署了一台 Linux 文件服务器，为各部门提供文件服务。为了保障该 Linux 文件服务器的安全，实现各部门用户对文件资源的访问控制，公司根据网络安全等级保护对访问控制的要求"应由授权主体配置访问控制策略，访问控制策略规定主体对客体的访问规则"，针对指定的文件和目录，为特定用户或用户组设置 ACL 权限，从而做到权限控制的精细化，以保护文件和目录的安全。为此，管理员需要完成下列安全运维任务：

（1）根据业务的安全需求，针对特定用户设置 ACL 权限。

（2）根据业务的安全需求，针对特定用户组设置 ACL 权限。

知识准备

ACL 全称是 Access Control List（访问控制列表），是一个针对文件或目录的访问控制列表，它是 Linux 文件权限管理的一个补充，能够为文件系统提供更灵活的权限管理机制，可以针对特定的用户和用户组，对文件或目录进行读取、写入、执行权限的设置。

1. ACL 权限控制

例如，有一个共享目录需要提供给项目团队使用，但项目成员对目录的访问权限各不相同，采用传统的 Linux 三种用户身份（所有者、所属组和其他用户）的权限无法达到更为精细化的控制要求，而 ACL 权限就可以很好地解决这个问题。

ACL 权限主要针对以下 3 个方面来控制权限。

- 用户（user）：可以针对特定用户设置权限。
- 用户组（group）：可以针对特定用户组设置权限。
- 默认属性（default）：可以在特定目录下建立新文件或目录时规范新资源的默认权限。

☑ 想一想： ACL 权限与传统的 user、group、other 权限有什么区别？

2. setfacl 命令

setfacl 命令的作用是设置 ACL 权限。

setfacl 命令的语法格式：setfacl [-bkRd] [{-m|-x} acl_spec] file。

setfacl 命令常用的选项和 acl 参数分别如表 2-6-1 和表 2-6-2 所示。

表 2-6-1　setfacl 命令常用的选项

选项	说明
-m, --modify=acl	设置后续的 ACL 参数给文件使用，不可与-x 合用
-x, --remove=acl	删除后续的 ACL 参数，不可与-m 合用
-b, --remove-all	删除所有的 ACL 参数
-k, --remove-default	删除默认的 ACL 参数
-d, --default	设置只对目录有效的 ACL 参数，即在该目录下创建的对象会引用此默认值。设置默认 ACL 参数，只对目录有效，在该目录下创建的数据会引用此默认值
-R, --recursive	递归设置 ACL 参数，父目录在设置 ACL 权限时，目录中所有子目录及文件也会具有相同的 ACL 权限

表 2-6-2　setfacl 命令常用的 acl 参数

acl_spec	说明
u:[用户]:[rwx 权限]	为指定用户设置 ACL 权限
g:[用户组]:[rwx 权限]	为指定用户组设置 ACL 权限
m:[rwx 权限]	mask 设置了最大的有效 ACL 权限，超过该权限的设置范围会被 mask 限制

续表

acl_spec	说明
d: u:[用户]:[rwx 权限] 或者 d:g:[用户组]:[rwx 权限]	设置默认 ACL 权限。一般作用于目录，默认权限独立于该目录本身的权限，规定了在该目录中创建的文件的默认 ACL 权限

🔊 **小提示：** 在为用户或用户组设置 ACL 权限时，必须要在 mask 的权限设置范围内才会生效，即有效权限。可以通过使用 mask 来规范最大允许的权限。

3. getfacl 命令

getfacl 命令的作用是查看 ACL 权限。

getfacl 命令的语法格式：getfacl [-aceERtnd] file。

getfacl 命令常用的选项如表 2-6-3 所示。

表 2-6-3　getfacl 命令常用的选项

选项	说明
-a, --access	仅显示 ACL 权限
-d, --default	仅显示默认的 ACL 权限
-c, --omit-header	不显示注释标题
-e, --all-effective	显示所有的有效权限
-E, --no-effective	显示没有的有效权限
-R, --recursive	递归查询
-t, --tabular	使用表格输出格式
-n, --numeric	显示用户的 UID 和用户组的 GID

📚 任务环境

- ✓ VM Workstation 虚拟化平台
- ✓ CentOS 7 虚拟机
- ✓ Windows 10 虚拟机
- ✓ 实验环境的网络拓扑（如图 2-6-1 所示）

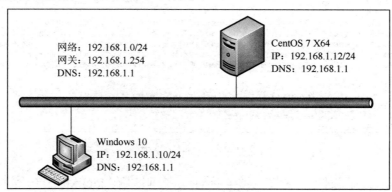

图 2-6-1　网络拓扑

学习活动

活动1 针对特定用户设置 ACL 权限

[数字资源]
视频：针对特定用
户设置 ACL 权限

在公司 Linux 文件服务器上，技术部 tech 的项目文件存储在/techproject 目录中，该目录及其下的文件和子目录只有技术部用户能够访问。由于项目的需要，临时借调 it 部 alexgu 参与，因此要求 alexgu 用户对/techproject 目录中的文件具有读取权限，具体活动要求如下：

（1）公司 Linux 文件服务器已经存在管理员用户 admin，该用户使用 admin 账户登录系统，提升权限，根据公司部门架构为部门创建组和用户，以及准备目录和文件，部门架构如图 2-6-2 所示。

```
                    公司部门架构
        ┌───────────────┼───────────────┐
    技术部tech          it部          测试部testing
    ┌─────┴─────┐        │          ┌─────┴─────┐
  jackxu   eddiechen   alexgu   jameswang   maryyan
```

图 2-6-2　部门架构

（2）针对 alexgu 用户设置 ACL 权限，使其能够访问/techproject 目录，对目录具有读取和进入的权限，并查看 ACL 权限。

（3）针对 alexgu 用户设置 ACL 权限，使其对/techproject/plan 文件具有读取和写入的权限，并查看 ACL 权限。

（4）切换到 alexgu 用户，访问/techproject 目录及/techproject/plan 文件进行权限验证。

`STEP 1` 以 admin 用户身份登录服务器，提升权限，运行环境脚本文件 env-script.sh，该文件内容如图 2-6-3 所示，使用 sh prepare.sh 命令运行脚本文件完成环境准备工作。

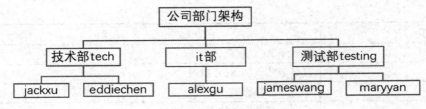

```
[ root@localhost ~]# cat env-script.sh
#!/bin/bash
groupadd tech
groupadd testing
groupadd it
useradd -g tech jackxu && echo "jack@sh1008"|passwd --stdin jackxu
useradd -g tech eddiechen && echo "eddie@sh1008"|passwd --stdin eddiechen
useradd -g testing jameswang && echo "james@sh1008"|passwd --stdin jameswang
useradd -g testing maryyan && echo "mary@sh1008"|passwd --stdin maryyan
useradd -g it alexgu && echo "alex@sh1008"|passwd --stdin alexgu

mkdir /techproject
echo "this is a plan document."> /techproject/plan

chown -R jackxu.tech /techproject
chmod -R 770 /techproject
```

图 2-6-3　脚本文件内容

查看/techproject 目录权限，如图 2-6-4 所示，表明只有 jackxu 用户和技术部 tech 对该目录具有所有权限，其他用户没有任何权限。

```
[ root@localhost ~]# ll -d /techproject/
drwxrwx---. 2 jackxu tech 18 2月   15 22:06 /techproject/
```

图 2-6-4　查看目录权限

STEP 2 以 alexgu 用户身份登录，验证 alexgu 用户对/techproject 目录的访问权限，如图 2-6-5 所示，表明该用户没有访问权限。

```
[ root@localhost ~]# su - alexgu
[ alexgu@localhost ~]$ ls /techproject/
ls: 无法打开目录/techproject/: 权限不够
[ alexgu@localhost ~]$ cd /techproject/
- bash: cd: /techproject/: 权限不够
[ alexgu@localhost ~]$ exit
登出
[ root@localhost ~]#
```

图 2-6-5　验证访问权限

STEP 3 使用 setfacl 命令为 alexgu 用户设置 ACL 权限，使其能够读取和进入/techproject 目录，并查看该目录权限，使用 getfacl 命令查看 ACL 权限，如图 2-6-6 所示。

```
[ root@localhost ~]# setfacl -m u:alexgu: rx /techproject/
[ root@localhost ~]#
[ root@localhost ~]# ll -d /techproject/
drwxrwx---+ 2 jackxu tech 18 2月   15 22:06 /techproject/
[ root@localhost ~]#              ←权限部分多了个加号+
[ root@localhost ~]# getfacl /techproject/
getfacl: Removing leading '/' from absolute path names
# file: techproject/
# owner: jackxu
# group: tech
user:: rwx
user: alexgu: r- x           ←———将alexgu用户的权限设置为rx
group:: rwx
mask:: rwx
other:: ---
```

图 2-6-6　为用户设置目录的 ACL 权限

STEP 4 设置 alexgu 用户对/techproject/plan 文件具有读取和写入的权限，并查看文件权限及 ACL 权限，如图 2-6-7 所示。

```
[ root@localhost ~]# setfacl -m u:alexgu: rw /techproject/plan
[ root@localhost ~]#
[ root@localhost ~]# ll /techproject/plan
- rwxrwx---+ 1 jackxu tech 42 2月   16 01:20 /techproject/plan
[ root@localhost ~]#              ←权限多了个加号
[ root@localhost ~]# getfacl /techproject/plan
getfacl: Removing leading '/' from absolute path names
# file: techproject/plan
# owner: jackxu
# group: tech
user:: rwx
user: alexgu: rw-     ←———将alexgu用户的权限设置为rw，即读取和写入权限
group:: rwx
mask:: rwx
other:: ---
```

图 2-6-7　为用户设置文件的 ACL 权限

STEP 5 切换到 alexgu 用户，验证该用户对/techproject 目录的访问权限，如图 2-6-8 所示，表明 alexgu 用户对该目录具有读取和进入的权限。

```
[ root@localhost ~]# su - alexgu
上一次登录：三 2月 15 22:56:13 CST 2023pts/0 上
[alexgu@localhost ~]$ ll /techproject/
总用量 4
- rwxrwx---+ 1 jackxu tech 25 2月   15 22:40 plan
[alexgu@localhost ~]$ cd /techproject/
[alexgu@localhost techproject]$
```

图 2-6-8　验证用户对目录的访问权限

STEP 6　验证 alexgu 用户对/techproject/plan 文件具有读取和写入的权限，如图 2-6-9 所示，表明该用户可以查看文件内容，也可以向 plan 文件中写入内容。

```
[alexgu@localhost techproject]$ cat plan
this is a plan document.
[alexgu@localhost techproject]$ echo "please check it." >> plan
[alexgu@localhost techproject]$ cat plan
this is a plan document.
please check it.
[alexgu@localhost techproject]$ exit
登出
[ root@localhost ~]#
```

图 2-6-9　验证用户对文件的访问权限

活动 2　针对特定用户组设置 ACL 权限

[数字资源]
视频：针对特定用户组设置 ACL 权限

在公司的 Linux 文件服务器上，技术部 tech 的项目目录为/techproject，根据项目进度的安排，需要测试部 testing 参与，要求测试部用户能够临时访问该目录及其下的文件和子目录，具体活动要求如下：

（1）针对测试部 testing 组设置目录 ACL 权限，使该组对/techproject 目录具有读取和进入的权限。

（2）针对测试部 testing 组设置文件 ACL 权限，使该组对/techproject/plan 文件具有读取权限。

（3）以测试部用户 jameswang 身份登录，访问/techproject 目录和该目录下的 plan 文件，进行权限验证。

STEP 1　设置/techproject 目录的 ACL 权限，测试部 testing 组具有读取和进入该目录的权限，并查看目录权限和 ACL 权限，如图 2-6-10 所示。

```
[ root@localhost ~]# setfacl -m g:testing:rx /techproject/
[ root@localhost ~]#
[ root@localhost ~]# ll -d /techproject/
drwxrwx---+ 2 jackxu tech 18 2月   15 22:06 /techproject/  ← 权限多了个加号
[ root@localhost ~]# getfacl /techproject/
getfacl: Removing leading '/' from absolute path names
# file: techproject/
# owner: jackxu
# group: tech
user::rwx
user:alexgu:r-x
group::rwx
group:testing:r-x  ← 针对testing组设置了rx权限，即对该目录具有读取和进入目录的权限
mask::rwx
other::---
```

图 2-6-10　为组设置目录的 ACL 权限

STEP 2　设置/techproject/plan 文件的 ACL 权限，测试部 testing 组具有读取权限，并查看文件权限和 ACL 权限，如图 2-6-11 所示。

```
[root@localhost ~]# setfacl -m g:testing:r /techproject/plan
[root@localhost ~]#
[root@localhost ~]# ll /techproject/plan
-rwxrwx---+  jackxu tech 42 2月  16 01:20 /techproject/plan
[root@localhost ~]#           权限多了个加号
[root@localhost ~]# getfacl /techproject/plan
getfacl: Removing leading '/' from absolute path names
# file: techproject/plan
# owner: jackxu
# group: tech
user::rwx
user:alexgu:rw-
group::rwx
group:testing:r--    ← 针对testing组设置了r权限，即对该文件具有读取权限
mask::rwx
other::---
```

图 2-6-11　为组设置文件的 ACL 权限

STEP 3　切换到测试部用户 jameswang，访问/techproject 目录和该目录下的 plan 文件，进行权限验证，如图 2-6-12 所示，表明 jameswang 用户对/techproject 目录具有读取和进入的权限，且对该目录下的 plan 文件具有读取权限。

```
[root@localhost ~]# su - jameswang
上一次登录:六 3月 11 20:38:34 CST 2023pts/0 上
[jameswang@localhost ~]$ ll /techproject/
总用量 4
-rwxrwx---+ 1 jackxu tech 42 2月  16 01:20 plan
[jameswang@localhost ~]$ cd /techproject/
[jameswang@localhost techproject]$
[jameswang@localhost techproject]$ cat plan
this is a plan document.
please check it.
[jameswang@localhost techproject]$ exit
登出
[root@localhost ~]#
```

图 2-6-12　测试部用户登录并验证 ACL 权限

思考与练习

1．Linux ACL 可以针对哪几个方面来控制权限？

2．请说出 setfacl 和 getfacl 命令的作用和语法格式。

3．如何移除指定的 ACL 权限？

4．在 Linux 文件服务器中，研发部的项目共享目录为/project，该目录的所有者为研发部经理 pandaqian，所属组为研发部 devs，均具有所有权限，其他用户没有任何权限。要求为技术部用户 eddiechen 设置 ACL 权限，对该目录具有所有权限。

模块 3

重要数据加密

保护数据资产、维护公司和个人数据安全是十分重要的。在公司实际应用中，重要的数据资产都要符合网络安全等级保护要求中的数据保密性要求。为了保护数据，防止数据丢失后被破解、恶意利用，需要对重要的数据进行加密保护。

本模块将介绍数据的加密原理和方法，需要掌握的主要知识与技能有：

- BitLocker 加密原理
- EFS 加密原理
- OpenSSL 加密原理
- VeraCrypt 加密原理
- GPG 加密原理

通过对本模块知识的学习，以及技能的训练，可以掌握以下操作技能：

- 能根据实际需求使用 BitLocker 工具加密磁盘
- 能根据实际需求使用 EFS 加密 NTFS 文件系统
- 能根据实际需求使用 OpenSSL 编码与解码文件
- 能根据实际需求使用 OpenSSL 加密与解密文件
- 能根据实际需求使用 VeraCrypt 工具加密文件
- 能根据实际需求使用 GPG 工具加密与解密文件

任务 1　使用 BitLocker 工具加密磁盘

★ 学习目标

1. 能掌握 BitLocker 磁盘加密的功能；
2. 能掌握 BitLocker 工具对数据磁盘进行加密的操作方法；

3．能掌握 BitLocker 工具对系统磁盘进行加密的操作方法；

4．能使用 BitLocker 工具对数据磁盘进行加密；

5．能使用 BitLocker 工具对系统磁盘进行加密；

6．通过加密磁盘的操作，培养并保持良好的数据保护意识和防护习惯。

任务描述

为了保障公司用户磁盘数据的安全，降低磁盘丢失后数据失窃或泄露的风险，公司依据网络安全等级保护对于数据保密性的要求"应采用加解密技术保证重要数据在存储过程中的保密性"，安排管理员小顾使用 Windows 系统自带的磁盘加密工具 BitLocker 对磁盘数据进行加密保护。为此，管理员需要完成以下安全运维任务：

（1）使用 BitLocker 工具对数据磁盘进行加密。

（2）使用 BitLocker 工具对系统磁盘进行加密。

知识准备

BitLocker 是 Windows 系统自带的磁盘驱动器加密工具，可以将磁盘加密，以确保磁盘内数据的安全。即使磁盘丢失，也不需要担心数据外泄，因为它被拿到另一台计算机上，该计算机也无法读取其中的文件。若被加密保护的磁盘是操作系统磁盘，则即使它被拿到另一台计算机上启动，除非解除锁定，否则无法启动。

此外，因可移动磁盘（如 U 盘）容易丢失、遭窃，故为了避免磁盘内的数据轻易外泄，系统可以通过 BitLocker to Go 功能来对可移动磁盘进行加密。

1．BitLocker 工具提供保护的方式

针对 Windows 系统磁盘来说，BitLocker 工具可通过以下方式来提供保护。

（1）可信平台模块（TPM）

TPM（Trusted Platform Module）是一个微芯片，若计算机内拥有此芯片，则 BitLocker 可将解锁密钥存储到此芯片内，当计算机启动时会到此芯片内读取解锁密钥，并利用它将操作系统磁盘解锁并启动 Windows 系统。此计算机需配备符合 TCG（Trusted Computing Group）规范的传统 BIOS 或 UEFI BISO，且需启用 TPM 功能。

（2）USB 设备

不支持 TPM 的计算机可以使用 USB 设备（如 U 盘），它会将解锁密钥存储到 USB 设备内，每次启动计算机时都必须将 USB 设备插入 USB 接口。

（3）密码

用户在计算机启动时需输入所设置的密码来解锁。

2. 启用 BitLocker 工具的方法

可以使用以下方法启用和管理 BitLocker 加密：

- BitLocker 控制面板。
- Windows 资源管理器。
- manage-bde.exe 命令行接口。
- BitLocker Windows PowerShell cmdlet。

任务环境

✓ VM Workstation 虚拟化平台

✓ Windows Server 2019 虚拟机

✓ Windows 10 虚拟机

✓ 实验环境的网络拓扑（如图 3-1-1 所示）

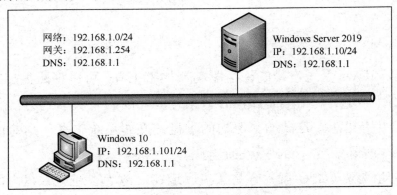

图 3-1-1 网络拓扑

学习活动

活动 1 使用 BitLocker 工具对数据磁盘进行加密

[数字资源]
视频：使用 BitLocker
工具对数据磁盘进行
加密

为了降低公司计算机磁盘丢失后数据泄露的风险，管理员需要使用系统自带的加密工具 BitLocker 对数据磁盘进行加密保护。具体活动要求如下：

（1）压缩系统磁盘，生成数据磁盘。

（2）对数据磁盘启用 BitLocker 加密。

（3）验证数据磁盘是否已加密。

STEP 1 生成数据磁盘。在任务栏搜索框中输入 diskmgmt.msc，并以管理员身份运行该程序，如图 3-1-2 所示。

在【磁盘管理】界面中，压缩系统磁盘，生成 10GB 的数据磁盘，并创建简单卷，如图 3-1-3 所示。

图 3-1-2　以管理员身份运行 diskmgmt.msc

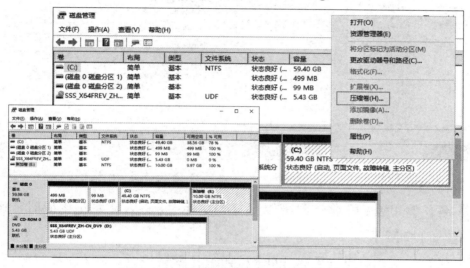

图 3-1-3　压缩系统磁盘生成数据磁盘

STEP 2　安装 BitLocker 驱动器加密。打开【服务器管理器】界面，选择仪表板处的【添加角色和功能】选项，打开【添加角色和功能向导】界面，持续单击【下一步】按钮，在【选择功能】界面中的【功能】栏勾选【BitLocker 驱动器加密】复选框，如图 3-1-4 所示。

图 3-1-4　安装 BitLocker 驱动器加密

STEP 3　对数据磁盘启用 BitLocker。在【此电脑】界面中右击数据磁盘，在弹出的快捷菜单中选择【启用 BitLocker】命令，如图 3-1-5 所示。

STEP 4　设置解锁驱动器的密码。在打开的【选择希望解锁此驱动器的方式】对话框中，勾选【使用密码解锁驱动器】复选框，设置解锁密码，密码必须符合复杂性要求，且至少需要 8 个字符，如图 3-1-6 所示，单击【下一页】按钮。

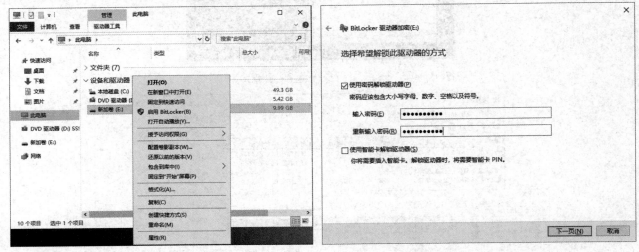

图 3-1-5　对数据磁盘启用 BitLocker　　　　　图 3-1-6　设置解锁驱动器的密码

STEP 5　备份恢复密钥。将恢复密钥保存到文件中，以备在忘记密码时使用密钥访问驱动器数据，如图 3-1-7 所示。

STEP 6　保存完成后，单击【下一页】按钮选择默认设置。在【选择要使用的加密模式】对话框中，选中【新加密模式(最适合用于此设备上的固定驱动器)】单选按钮，单击【下一页】按钮直到完成加密，如图 3-1-8 所示。

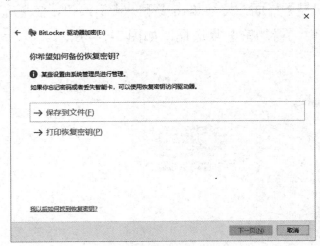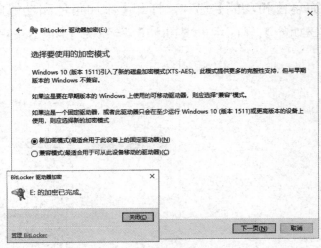

图 3-1-7　备份恢复密钥　　　　　图 3-1-8　数据磁盘加密完成

STEP 7　验证数据磁盘加密。打开【磁盘管理】界面，看到数据磁盘带有"BitLocker 已加密"字样，如图 3-1-9 所示。

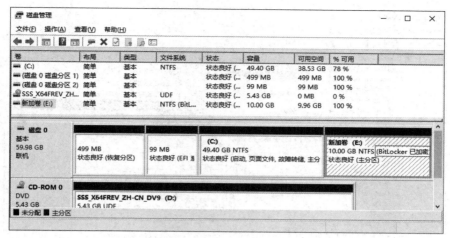

图 3-1-9　验证数据磁盘加密

活动 2　使用 BitLocker 工具对系统磁盘进行加密

[数字资源]

视频：使用 BitLocker 工具对系统磁盘进行加密

为了防止公司计算机系统磁盘丢失后，被恶意拿到另外一台计算机上启动，从而导致系统数据泄露的风险，管理员需要使用系统自带的加密工具 BitLocker 对系统磁盘进行加密保护。具体活动要求如下：

（1）编辑本地组策略允许在无 TPM 环境下使用 BitLocker 工具。

（2）对系统磁盘启用 BitLocker 加密。

（3）重启 Windows Server 2019 系统，验证系统磁盘是否已加密。

STEP 1　允许在无 TPM 环境下使用 BitLocker 工具。在任务栏搜索框中输入 gpedit.msc，并以管理员身份运行该程序，如图 3-1-10 所示。

图 3-1-10　以管理员身份运行 gpedit.msc

在【本地组策略编辑器】界面中，展开【计算机配置】→【管理模板】→【Windows 组件】→【BitLocker 驱动器加密】→【操作系统驱动器】节点，双击右侧的【启动时需要附加身份验证】选项，在打开的界面中选中【已启用】单选按钮，如图 3-1-11 所示。

153

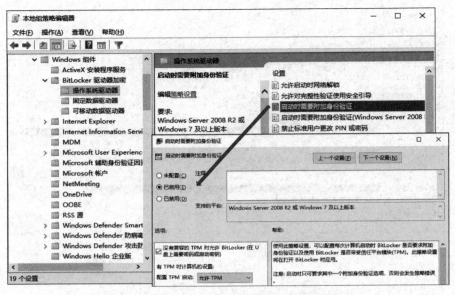

图 3-1-11　启用启动时需要附加身份验证

小提示： 编辑本地组策略后，建议使用 gpupdate/force 命令强制更新组策略，使其立即生效。

STEP 2　首先在【控制面板】界面中选择【系统和安全】选项，打开【系统和安全】界面，然后选择【BitLocker 驱动器加密】选项，在打开的【BitLocker 驱动器加密】界面中选择要加密的操作系统驱动器，最后选择【启用 BitLocker】选项，如图 3-1-12 所示。

图 3-1-12　系统磁盘启用 BitLocker

STEP 3　打开【BitLocker 驱动器加密(C:)】对话框，选择解锁驱动器的方式为输入密码，设置解锁密码，密码必须符合复杂性要求，且至少需要 8 个字符，如图 3-1-13 所示，单击【下一页】按钮。

STEP 4　选择将恢复密钥保存到文件中，保存后选择默认选项，连续单击【下一页】按钮，出现如图 3-1-14 所示的对话框，单击【继续】按钮，重新启动计算机。

STEP 5　重新启动计算机后，输入解锁密码，并按回车键登录，如图 3-1-15 所示。

STEP 6　登录系统后，在任务栏中可以看到系统磁盘正在加密的图标，单击图标显示加密进度，如图 3-1-16 所示。

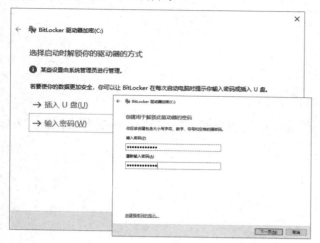
图 3-1-13 设置解锁密码

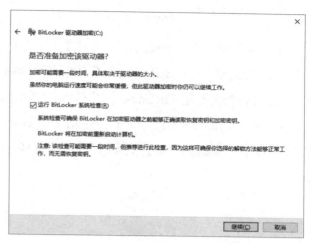
图 3-1-14 【是否准备加密该驱动器？】对话框

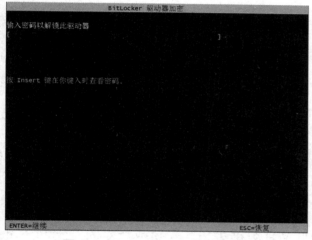
图 3-1-15 BitLocker 解锁登录

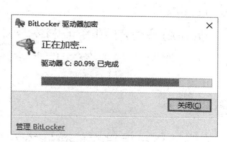
图 3-1-16 加密进度

STEP 7 打开【控制面板】界面，选择【系统和安全】选项，打开【系统和安全】界面，选择【BitLocker 驱动器加密】选项，如图 3-1-17 所示，显示操作系统驱动器下的 C:BitLocker 已启用，表明系统磁盘已加密。

图 3-1-17 系统驱动器 BitLocker 已启用

思考与练习

1. 请简述 BitLocker 工具的功能。
2. 请简述使用 BitLocker 工具保护数据磁盘的方法。
3. 请简述使用 BitLocker 工具保护系统磁盘的方法。
4. 在 Windows 10 系统中,使用 BitLocker 磁盘驱动器加密技术对系统磁盘和数据磁盘进行保护操作,降低磁盘丢失后数据外泄的风险。

任务 2　使用 EFS 加密文件系统

学习目标

1. 能掌握 EFS 加密文件系统的优点;
2. 能掌握 EFS 加密文件与文件夹的方法;
3. 能使用 EFS 加密文件或文件夹;
4. 能备份 EFS 证书;
5. 能利用备份的 EFS 证书恢复加密的文件;
6. 通过使用 EFS 加密文件系统,培养并保持良好的数据保护意识和防护习惯。

任务描述

为了保障公司用户文件数据的安全,降低文件数据丢失、失窃或泄露的风险,公司依据网络安全等级保护对于数据保密性的要求"应采用加解密技术保证重要数据在存储过程中的保密性",安排管理员小顾使用 EFS 技术对文件进行加密保护。为此,管理员需要完成以下安全运维任务:

(1) 使用 EFS 加密文件,备份 EFS 证书。
(2) 使用 EFS 证书恢复被加密的文件。

知识准备

加密文件系统(Encrypting File System,EFS)提供了文件加密的功能,文件经过加密后,只有加密的用户或被授权的用户能够读取,因此可以增强文件的安全性。只有 NTFS 磁盘内的文件、文件夹才可以被加密,如果将文件复制或剪切到非 NTFS 磁盘内,则此新文件会被解密。

1. EFS 技术的特点

EFS 技术采用了透明加密操作方式,它运行在操作系统的内核模式下,通过操作文件系统，向整个系统提供实时、透明、动态的数据加密和解密服务。当合法用户使用被 EFS 加密的数据时，系统将自动进行解密。

下面是加密文件的特性：

- 文件加密只在 NTFS 文件系统内实现，加密文件被复制到 FAT 分区后，该文件会被解密。
- 利用 EFS 加密的文件在网络上传输时是以解密的状态进行的，所以文件加密只是存储加密。
- NTFS 文件的加密和压缩是互斥的，如果加密已经压缩的文件，则该文件会被自动解压缩；如果压缩已经加密的文件，则该文件会被自动解密。
- 多个用户之间不能共享加密文件。
- 用户对文件加密后，只有该用户可以透明地访问该文件，要想让其他用户访问该文件，则必须授权。

2. 文件与文件夹加密

在对文件加密时，可以选择加密文件及其父文件夹，或者只加密文件。如果选择加密文件及其父文件夹，则以后在此文件夹内新添加的文件都会被自动加密。

在对文件夹加密时，可以选择"仅将更改应用于此文件夹"和"将更改应用于此文件夹、子文件夹和文件"两种方式。

- 仅将更改应用于此文件夹：以后在此文件夹内添加的文件、子文件夹与子文件夹内的文件都会被自动加密，但不会影响此文件夹内现有的文件与文件夹。
- 将更改应用于此文件夹、子文件夹和文件：不但以后在此文件夹内新增加的文件、子文件夹与子文件夹内的文件都会被自动加密，同时会将已经存在于此文件夹内的现有文件、子文件夹与子文件夹内的文件都一并加密。

3. 备份与恢复 EFS 证书

被加密的文件只有文件的所有者可以读取，普通用户在第一次执行加密操作后，就会被自动赋予 EFS 证书，也就可以被授权了。为了避免 EFS 证书丢失或损毁，造成文件无法读取的后果，因此建议利用证书管理控制台来备份 EFS 证书。同样，也可以利用证书管理控制台（或者双击备份的 EFS 证书文件）来恢复 EFS 证书。

任务环境

- ✓ VM Workstation 虚拟化平台
- ✓ Windows Server 2019 虚拟机
- ✓ Windows 10 虚拟机
- ✓ 实验环境的网络拓扑（如图 3-2-1 所示）

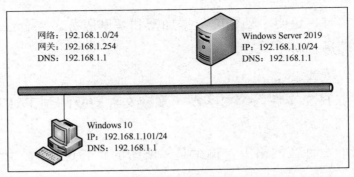

图 3-2-1　网络拓扑

🔧 **学习活动**

活动 1　使用 EFS 加密文件并备份 EFS 证书

［数字资源］

视频：使用 EFS
加密文件并备份
EFS 证书

公司人事部部署了一台 Windows Server 2019 服务器，为了防止重要文件数据泄露，用户需要使用 EFS 技术加密文件，从而对数据进行加密保护。具体活动要求如下：

（1）使用人事部员工 Chengm 账户登录服务器，创建文件并对该文件进行 EFS 加密。

（2）备份 EFS 证书。

STEP 1　使用人事部员工 Chengm 账户登录服务器，对 C:\hr\salaryplan.txt 文件加密。右击该文件，在弹出的快捷菜单中选择【属性】命令，在弹出的属性对话框中，单击【高级】按钮，打开【高级属性】对话框，先勾选【加密内容以便保护数据】复选框，再单击【确定】按钮，弹出【加密警告】对话框，选中【只加密文件】单选按钮，如图 3-2-2 所示。依次单击【确定】按钮完成 EFS 加密，如图 3-2-3 所示，文件图标右上角出现带锁标志，表明该文件已被加密。

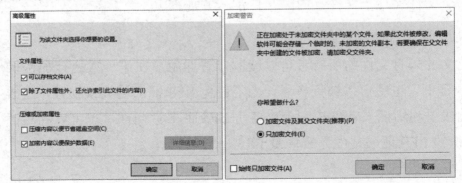

图 3-2-2　EFS 加密文件

图 3-2-3　EFS 加密后的文件图标出现带锁标志

STEP 2　在【运行】对话框的文本框中输入 certmgr.msc，打开证书管理器，展开【个人】→【证书】节点，右击"预期目的为加密文件系统"的证书 Chengm，在弹出的快捷菜单中选择【所有任务】→【导出】命令，如图 3-2-4 所示，弹出【证书导出向导】对话框。

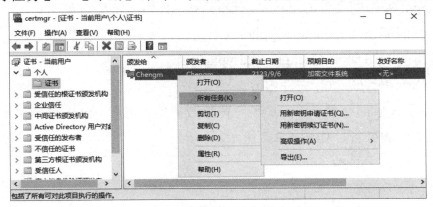

图 3-2-4　导出 EFS 证书（1）

STEP 3　单击【下一步】按钮弹出【导出私钥】对话框，选中【是，导出私钥】单选按钮，单击【下一页】按钮，在【导出文件格式】对话框中，选择默认的.pfx 格式，单击【下一页】按钮，在【安全】对话框中设置保护密码，如图 3-2-5 所示。

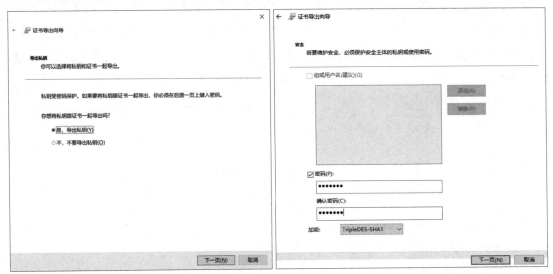

图 3-2-5　导出私钥并设置保护密码

STEP 4　继续单击【下一页】按钮，将导出的证书保存到 C:\share 公共目录中，证书名称为 Chengm-salaryplan.pfx，如图 3-2-6 所示。

图 3-2-6　导出 EFS 证书（2）

活动 2　使用 EFS 证书查看加密文件

[数字资源]
视频：使用 EFS 证
书查看加密文件

　　人事部经理王杰使用自己的账户 wangjie 登录人事部的服务器，查看由
人事部员工 Chengm 加密的文件 C:\hr\salaryplan.txt。具体活动要求如下：

（1）验证是否能够访问 C:\hr\salaryplan.txt 文件。

（2）导入备份的 EFS 证书 Chengm-salaryplan.pfx。

（3）查看 C:\hr\salaryplan.txt 文件内容。

STEP 1　使用人事部经理 wangjie 账户登录服务器，访问 C:\hr\salaryplan.txt 文件，出现
没有权限打开该文件的警告，如图 3-2-7 所示。

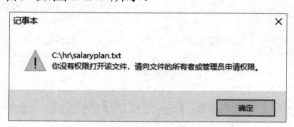

图 3-2-7　无法访问加密文件

STEP 2　双击 Chengm-salaryplan.pfx 证书文件，打开【证书导入向导】对话框，存储位
置和指定导入的证书文件使用默认设置，单击【下一页】按钮，在【私钥保护】对话框的【密
码】文本框中输入密码，连续单击【下一页】按钮直至完成证书导入向导，如图 3-2-8 所示。

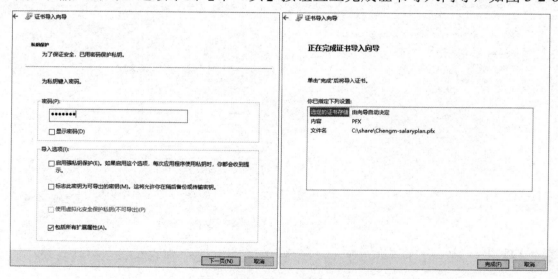

图 3-2-8　导入 EFS 证书

STEP 3　再次访问 C:\hr\salaryplan.txt 文件，此时可以访问该文件，如图 3-2-9 所示。

图 3-2-9　EFS 加密文件访问成功

思考与练习

1．请简述 EFS 技术的特点。

2．请简述备份与恢复 EFS 证书的方法。

3．在客户机 Windows 10 系统中，使用 EFS 技术将 D:\Sales 文件夹及其下的所有文件进行加密保护，并备份 EFS 证书。

任务 3　使用 OpenSSL 对文件进行编码与解码

学习目标

1．能掌握查看 Linux 系统 OpenSSL 版本号的操作方法；

2．能掌握基于 openssl 命令进行 Base64 编码与解码的操作方法；

3．能使用 openssl 命令对二进制文件进行编码与解码；

4．能使用 openssl 命令对文本文件进行编码与解码；

5．通过 openssl 命令对文件进行编码与解码，培养并保持良好的数据保护意识和防护习惯。

任务描述

公司有一台 Linux 服务器，已经部署了 Samba 服务为各部门提供文件共享服务。根据网络安全等级保护对应用和数据安全的要求"应采用校验码技术或加解密技术保证重要数据在存储过程中的完整性；应采用加解密技术保证重要数据在存储过程中的保密性"，管理员需要完成以下安全运维任务：

（1）使用 openssl 命令，采用 Base64 编码方式对二进制文件进行对称加密。

（2）使用 openssl 命令，采用 Base64 编码方式对文本文件进行对称加密。

知识准备

OpenSSL 是指为网络通信提供安全及数据完整性的一种安全协议，包括主要的密码算法、常用的密钥和证书封装管理功能，以及 SSL 协议，并提供了丰富的应用程序供测试或其他目的使用。

1. OpenSSL 功能介绍

OpenSSL 是一个开源的安全工具箱，提供的主要功能有：SSL 协议实现（包括 SSLv2、SSLv3 和 TLSv1）、大量软算法（对称、非对称、摘要）、大数运算、非对称算法密钥生成、ASN.1 编解码库、证书请求（PKCS10）编解码、数字证书编解码、CRL 编解码、OCSP 协议、数字证书验证、PKCS7 标准实现和 PKCS12 个人数字证书格式实现等。

OpenSSL 采用 C 语言作为开发语言，具有优秀的跨平台性能，支持 Linux、UNIX、Windows、macOS 等平台。

2．openssl 命令

openssl 是一个多功能的命令行工具，它可以实现以下功能：

- 生成和管理公钥、私钥及相关生成参数。
- 使用公钥和私钥进行加密、解密、签名、验证。
- 管理证书（X.509 格式）认证请求和证书吊销列表。
- 计算摘要，支持各种摘要算法。
- 使用各种加密算法进行加密、解密。
- 测试 SSL 和 TLS 连接。
- 对 E-mail 进行加密或签名。
- 请求、生成、验证时间戳。

本任务中使用 openssl 命令，采用 Base64 编码对文件进行编码与解码，命令格式为 openssl base64 [options]，常用 options 选项如下：

- -e：加密（默认选项）。
- -d：解密。
- -in filename：指定要加密的文件。
- -out filename：指定加密后的文件。

任务环境

- ✓ VM Workstation 虚拟化平台
- ✓ CentOS 7 虚拟机
- ✓ Windows 10 虚拟机
- ✓ 实验环境的网络拓扑（如图 3-3-1 所示）

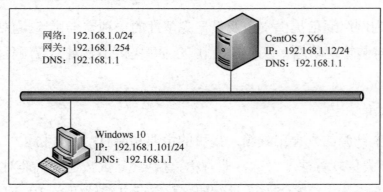

图 3-3-1　网络拓扑

学习活动

活动 1　使用 OpenSSL 对二进制文件进行 Base64 编码和解码

为了降低公司 Linux 文件共享服务器上的数据安全风险，管理员以 admin 用户身份登录系统，提升权限，对服务器上的相关二进制文件进行 Base64 编码存放。具体活动要求如下：

[数字资源]

视频：使用 OpenSSL 对二进制文件进行 Base64 编码和解码

（1）使用 openssl version 命令查看版本号。

（2）对二进制文件进行 Base64 编码。

（3）对编码后的文件进行解码。

（4）对解码后的文件进行一致性确认。

STEP 1　使用 openssl version 命令查看版本号，如图 3-3-2 所示。

```
[ root@localhost admin] # openssl version
OpenSSL 1.0.1e- fips 11 Feb 2013
```

图 3-3-2　查看版本号

STEP 2　准备二进制文件 abc.bin，对其进行 Base64 编码，将编码后的文件命名为 abc.b64，如图 3-3-3 所示。

```
[ root@localhost admin] # ls
abc.bin 公共 模板 视频 图片 文档 下载 音乐 桌面
[ root@localhost admin] # pwd
/home/admin
[ root@localhost admin] # openssl base64 - in abc.bin - out abc.b64
[ root@localhost admin] # ls
abc.b64 abc.bin 公共 模板 视频 图片 文档 下载 音乐 桌面
```

图 3-3-3　对二进制文件进行编码

STEP 3　对 abc.b64 文件进行 Base64 解码，将解码后的文件命名为 abc_ed.bin，如图 3-3-4 所示。

```
[ root@localhost admin] # openssl base64 - d - in abc.b64 - out abc_ed.bin
```

图 3-3-4　对编码后的文件进行解码

STEP 4　对编码与解码后的文件和原始文件进行比较，验证两个文件的一致性，如图 3-3-5 所示，比较后没有出现不一致的信息，表明编码与解码后的文件和原始文件内容一致。

```
root@localhost admin] # diff abc_ed.bin abc.bin
```

图 3-3-5　比较编码与解码后的文件和原始文件

活动 2　使用 OpenSSL 对文本文件进行 Base64 编码和解码

　　管理员以 admin 用户身份登录系统，提升权限，对服务器上的相关 文本文件进行 Base64 编码存放。具体活动要求如下：

（1）对文本文件 file.txt 进行 Base64 编码。

（2）对编码后的文件进行解码。

（3）对解码后的文件进行一致性确认。

　　`STEP 1` 准备一个文本文件 file.txt，对其进行 Base64 编码，将编码 后的文件命名为 base64.txt，查看编码后的文件，如图 3-3-6 所示。

```
[root@localhost admin] # openssl enc -base64 -in file.txt -out base64.txt
[root@localhost admin] # cat base64.txt
dGhpcyBpcyBhIHRleHQhCg==
```

图 3-3-6　查看编码后的文件

　　`STEP 2` 对编码文件进行解码，将解码后的文件命名为 file_ed.txt，如图 3-3-7 所示。

```
[root@localhost admin] # openssl enc -base64 -d -in base64.txt -out file_ed.txt
```

图 3-3-7　对文本文件进行解码

　　`STEP 3` 对编码与解码后的文本文件和原始文件进行比较，验证是否一致，如图 3-3-8 所示，比较后没有出现不一致的信息，表明编码与解码后的文本文件和原始文件内容一致。

```
[root@localhost admin] # diff file.txt file_ed.txt
[root@localhost admin] # ▮
```

图 3-3-8　比较编码与解码后的文本文件和原始文件

思考与练习

　　1．使用 openssl 命令对文件进行对称加密后的密文有哪些特征？能否根据特征判断其加密方式？

　　2．请简述使用 openssl 命令对二进制文件进行编码、解码和比较的方法。

　　3．请简述使用 openssl 命令对文本文件进行编码、解码和比较的方法。

　　4．使用 openssl 命令，采用 Base64 编码方式对 /sales/providers 文本文件进行编码，并对编码后的文件进行解码，验证一致性。

任务 4　使用 OpenSSL 对文件计算 Hash 值和加解密

学习目标

　　1．能掌握采用 MD5 和 SHA1 摘要算法计算文件 Hash 值的命令格式；

　　2．能掌握采用 AES 或 DES3 加密算法对文件进行加密和解密的命令格式；

3．能使用 openssl 命令，采用 MD5 和 SHA1 摘要算法计算文件 Hash 值；

4．能使用 openssl 命令，采用 AES 或 DES3 加密算法对文件进行加密和解密；

5．通过 openssl 命令对文件进行加密与解密，培养并保持良好的安全意识和使用习惯。

任务描述

公司有一台 Linux 服务器，部署了 Samba 服务为各部门提供文件共享服务。网络安全等级保护对应用和数据安全的要求如下：

• 应采用校验码技术或加解密技术保证重要数据在存储过程中的完整性。

• 应采用加解密技术保证重要数据在存储过程中的保密性。

因此，公司网络安全小组按照上述网络安全等级保护的要求，制定了文件存储的安全策略。为此，管理员需要完成以下安全运维任务：

（1）采用认证摘要算法计算 Hash 值，统一保存公司政务公开类的文件，以便用户进行比对，检验是否被篡改。

（2）采用 AES 算法对公司产品研发类归档文件进行加密保护，防止产品研发机密文件外泄。

知识准备

OpenSSL 是一个功能丰富的开源安全工具箱，它提供了大量的摘要算法、对称和非对称的加密算法。

1. OpenSSL 信息摘要算法

OpenSSL 实现了 6 种信息摘要算法，分别是 MD2、MD4、MD5、MDC2、SHA/SHA1 和 RIPEMD。

使用 OpenSSL 计算文件或字符串的 Hash 值，其命令格式如下：

```
openssl dgst [options] file
```

常用的 options 选项如下。

• -md5：采用 MD5 摘要算法（默认选项）。

• -sha1：采用 SHA1 摘要算法。

如果要计算文件/tmp/fstab 的 Hash 值（MD5），则可以使用以下两种命令实现，如图 3-4-1 所示。

```
[root@localhost ~]# openssl dgst -md5 /tmp/fstab
MD5(/tmp/fstab)= e2fcd3f3bb356fefecf3ad88f9538fc7
[root@localhost ~]# md5sum /tmp/fstab
e2fcd3f3bb356fefecf3ad88f9538fc7  /tmp/fstab
```

图 3-4-1 计算文件的 Hash 值

如果要计算字符串的 Hash 值（MD5），则可以使用以下命令实现，如图 3-4-2 所示。

```
[root@localhost ~]# echo hello,world | openssl dgst -md5
MD5(stdin)= 757228086dc1e621e37bed30e0b73e17
```

图 3-4-2　计算字符串的 Hash 值

2. OpenSSL 对称加密算法

最常用的对称加密算法是分组密码。分组密码处理固定大小的明文输入分组，且对每个明文分组产生同等大小的密文分组。3 个常用的对称加密算法是数据加密标准（DES）、三重数据加密标准（Triple DES，3DES）、高级加密标准（AES）。

DES 采用了 64 位的分组长度和 56 位的密钥长度；3DES 是 DES 向 AES 过渡的加密算法，分组长度为 64 位，密钥长度为 168 位，比 DES 更安全；AES 是下一代的加密算法标准，分组长度采用了 128 位，密钥长度可以使用 128 位、192 位和 256 位，安全级别高。从 3 种算法的安全性来看：DES < 3DES < AES。

在使用 OpenSSL 进行对称加密算法应用时，其命令格式如下：

```
openssl enc -ciphername [-in filename] [-out filename] [-e] [-d] [-a/-base64] [-salt] file
```

常用选项如下。

- -ciphername：指定加密算法，如-des3、-ase128 等。
- -in filename：指定要加密的文件。
- -out filename：指定加密后的文件。
- -e：加密。
- -d：解密。
- -a/-base64：使用 Base64 编码格式。
- -salt：自动插入一个随机数作为文件内容加密，默认选项。

例如，使用 openssl 命令加密一个文件，并使用 cat 命令查看加密后的文件内容，表明该文件已被加密，如图 3-4-3 所示。

```
[root@localhost ~]# openssl enc -des3 -e -a -in /etc/fstab -out /tmp/fstab
enter DES-EDE3-CBC encryption password:
Verifying - enter DES-EDE3-CBC encryption password:
*** WARNING : deprecated key derivation used.
Using -iter or -pbkdf2 would be better.
[root@localhost ~]# cat /tmp/fstab
U2FsdGVkX19ZH4CKWxxCccb7Wuij8l4nQ5/L3pY+VptK7C/K1MC9RGnNeaiwpRFW
M2s+BCbYF8HNGSGltcSdNmkbXgZBeSYjViKEJ7v/+OLdvtsJEyyJ6x+fjEv5bmXa
TuIC25sgVV21EJOaKzP2pmcTaIri4vRV/OOB9eex0SfCWNNEW2tCloPzgsL8I+RA
Dz1Uyc4NwRVYDpGjupaIUu5SH3CpoaSMzMLJS62nmygBV/nFbXGoHPOFO+pr2yLn
UtQKYH3DkHae7FolNaIZF1L+WvnqOwD9HxEXHPZIhfltTftwbxUCCMNaFUsGnoKn
WZO9Et6Mzp2PZttjOQNGJJQF2CruuabtqYwt1GcZ8qE+2+ZAOG/rQMzjBfFhORRw
bMKwDYznV7zKC8utyhfJHsL0Uv50unpu9AeleWTJVyUJ+X8OzYdQUiDEH1gTPr9D
FsaTaRPlHow2CCqCotBrUjMTvwVz+RQ9OMi4O51dd+ie2x6RgM8A3JF/CguQx9cS
QB9/jBTf7gh9ZctKIKy6FHUrF51Fc72r34zPx5WKNMwhsZtXIX6CxLyT/7V9/Pbj
Ug9pOFOqEtaWEIfxPd5IEJ68HGqthux1FQic94SFTjbN1pARvjNM14xTiUGATwtC
wrt9VdrA/fa6XPc0Qwkb8jdTRVscVY2K6t59W35Xx/vPf77NCXeg/TOZoivPt/RY
aPdE40imTiuLnMfj58nHs+BlxF9pYm36jmWYsVOvkia7UWjFWdLnF3i9oqXSSaC/
4JWnYtHEX8QwHiTSf8JI3wQHFa1IqUn3FarTeGh5aQt9vhmuCRxkza12gSZ5lEAJ
OvTN/lXW98q8VWDObA+1NaV+gG6ohGz29QpIo8JH2s3rEIWBnowlPWHCypo7h7o0
gI467WXpPAJdchuxGCTSbeKrdtsz6ruR6mZB1NRuu1161RtbAOVTN2i1QN2pPZ9U
y8Zk4JYn3eqgOnaKA6JSJOze+ZD4wgZqkWU+6ayUOQ3tYNd6CyZv2KRLAlWAjGMr
To3FcZx26MpbsCGLQqMj0pHWIM9dO4R7MrUGsEa5ytBbKic2vc/j0h3dap6ypuhP
[root@localhost ~]#
```

图 3-4-3　加密文件

在解密被加密的文件时，可以使用如图 3-4-4 所示的命令，此时该文件已被解密。

```
[root@localhost ~]# openssl enc -d -des3 -a -salt -in /tmp/fstab
enter DES-EDE3-CBC decryption password:
*** WARNING : deprecated key derivation used.
Using -iter or -pbkdf2 would be better.

#
# /etc/fstab
# Created by anaconda on Wed Sep  6 10:47:41 2023
#
# Accessible filesystems, by reference, are maintained under '/dev/disk/'.
# See man pages fstab(5), findfs(8), mount(8) and/or blkid(8) for more info.
#
# After editing this file, run 'systemctl daemon-reload' to update systemd
# units generated from this file.
#
UUID=36f778d9-930b-4d92-8b5e-218bb47a96b8 /                       xfs     defaults        0 0
UUID=e060e49b-2f33-454f-acfc-4eaa8a359d1c /boot                   xfs     defaults        0 0
UUID=8c53-D2F9                            /boot/efi               vfat    umask=0077,shortname=winnt 0 2
UUID=71e02c69-a5f7-4de9-8bdc-36648486359c /home                   xfs     defaults        0 0
UUID=d91a5806-b0be-4503-825a-da85421af386 none                    swap    defaults        0 0
[root@localhost ~]#
```

图 3-4-4　解密文件

任务环境

✓　VM Workstation 虚拟化平台

✓　CentOS 7 虚拟机

✓　Windows 10 虚拟机

✓　实验环境的网络拓扑（如图 3-4-5 所示）

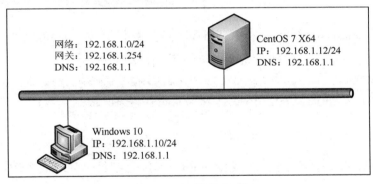

图 3-4-5　网络拓扑

学习活动

活动 1　计算文件的 Hash 值

[数字资源]

视频：计算文件
的 Hash 值

公司网络安全操作员小顾使用已经存在的管理员账户 admin 登录 Linux 系统，提升权限，采用认证摘要算法计算公司管理文件的 Hash 值，以便用户进行比对，检验文件在传输和拷贝过程中是否被篡改。具体活动要求如下：

（1）采用 MD5 摘要算法计算/var/share/publicinfo/company_sec_policy.txt 文件的 Hash 值，并将其存入 hash.txt 文件。

（2）采用 SHA1 摘要算法计算/var/share/publicinfo/company_sec_policy.txt 文件的 Hash 值，并将其存入 hash.txt 文件。

（3）首先向 company_sec_policy.txt 文件追加文本"CAN'T MODIFY"，然后重新计算

Hash 值，检验该文件是否被篡改。

STEP 1　以 admin 用户身份登录 Linux 系统，将目录切换到/var/share/publicinfo，并切换用户身份至 root（注意：无须改变环境变量），如图 3-4-6 所示。

```
[admin@localhost ~]$ cd /var/share/publicinfo/
[admin@localhost publicinfo]$ su root
密码：
[root@localhost publicinfo]# ls
company_sec_policy.txt
[root@localhost publicinfo]# ls -la
总用量 4
drwxr-xr-x. 2 root root  36 2月  10 17:49 .
drwxr-xr-x. 6 root root  64 12月 13 17:47 ..
-rw-r--r--. 1 root root 2985 2月  10 17:49 company_sec_policy.txt
[root@localhost publicinfo]#
```

图 3-4-6　登录系统并切换用户身份

STEP 2　使用 openssl 命令，采用 MD5 摘要算法计算 company_sec_policy.txt 文件的 Hash 值，并将其存入 hash.txt 文件，如图 3-4-7 所示。

```
[root@localhost publicinfo]# openssl dgst -md5 company_sec_policy.txt >hash.txt
[root@localhost publicinfo]# cat hash.txt
MD5(company_sec_policy.txt)= f509c2c370045c4e0212dffe18b6d587
```

图 3-4-7　MD5 计算文件的 Hash 值

STEP 3　使用 openssl 命令，采用 SHA1 摘要算法计算 company_sec_policy.txt 文件的 Hash 值，并将其存入 hash.txt 文件，如图 3-4-8 所示。

```
[root@localhost publicinfo]# openssl dgst -sha1 company_sec_policy.txt >> hash.txt
[root@localhost publicinfo]# cat hash.txt
MD5(company_sec_policy.txt)= f509c2c370045c4e0212dffe18b6d587
SHA1(company_sec_policy.txt)= 2e1184af37f9d8177bb3c1dd0a1b7fa7d46d7044
```

图 3-4-8　SHA1 计算文件的 Hash 值

从图 3-4-8 中可以看到，SHA1 计算出来的 Hash 值要比 MD5 计算出来的 Hash 值长，更安全一些。

STEP 4　向 company_sec_policy.txt 文件追加文本 "CAN'T MODIFY"，如图 3-4-9 所示。

```
[root@localhost publicinfo]# echo "CAN'T MODIFY" >>company_sec_policy.txt
```

图 3-4-9　追加文本

STEP 5　分别采用 MD5 和 SHA1 重新计算 company_sec_policy.txt 文件的 Hash 值，并将其追加到 hash.txt 文件中，如图 3-4-10 所示。

```
[root@localhost publicinfo]# echo "--------------------------" >> hash.txt
[root@localhost publicinfo]# openssl dgst -md5 company_sec_policy.txt >>hash.txt
[root@localhost publicinfo]# openssl dgst -sha1 company_sec_policy.txt >> hash.txt
[root@localhost publicinfo]# cat hash.txt
MD5(company_sec_policy.txt)= f509c2c370045c4e0212dffe18b6d587
SHA1(company_sec_policy.txt)= 2e1184af37f9d8177bb3c1dd0a1b7fa7d46d7044
--------------------------
MD5(company_sec_policy.txt)= 75801bcdc5066a27d8e7e6c03c4eecbb
SHA1(company_sec_policy.txt)= 7a1653682bc13009fb2108d86a667daee151f587
[root@localhost publicinfo]#
```

图 3-4-10　重新计算 Hash 值

从图 3-4-10 中可以看到，两次计算的 Hash 值完全不一样。创建文件的用户对每个文件计算 Hash 值后，将 Hash 值与文件一起发送给使用者，使用者收到文件后，再计算一次 Hash 值，如果 Hash 值一致，则说明文件在传输和拷贝过程中没有被改动过；如果不一致，则说明文件不是初始文件，文件内容已被篡改。这样可以达到数据在网络应用中进行完整性校验的目的。

活动 2　加密和解密归档文件

[数字资源]

视频：加密和解密归档文件

公司网络安全操作员小顾使用已经存在的管理员账户 admin 登录 Linux 系统，提升权限，采用加密算法对归档文件进行加密和解密。具体活动要求如下：

（1）对/var/share/publicinfo 目录下的文件使用 tar 命令打包归档。

（2）对归档文件进行加密，将加密后的文件复制到/tmp 目录中。

（3）在/tmp 目录中将加密后的文件解密。

（4）对归档文件解包，采用 MD5 计算源文件和目标文件的 Hash 值，检验两个文件内容的一致性。

STEP 1　以 admin 用户身份登录 Linux 系统，将目录切换至/var/share/publicinfo，并切换用户身份至 root（注意：无须改变环境变量），使用 tar 命令打包该目录下的所有文件，归档文件名为 publicinfo.tar，如图 3-4-11 所示。

```
[admin@localhost ~]$ cd /var/share/publicinfo/
[admin@localhost publicinfo]$ su root
密码：
[root@localhost publicinfo]# ls
company_sec_policy.txt  hash.txt
[root@localhost publicinfo]# tar cvf publicinfo.tar *
company_sec_policy.txt
hash.txt
[root@localhost publicinfo]# ls -l
总用量 20
-rw-r--r--. 1 root root  2998 2月  10 18:10 company_sec_policy.txt
-rw-r--r--. 1 root root   293 2月  10 18:16 hash.txt
-rw-r--r--. 1 root root 10240 2月  10 18:36 publicinfo.tar
[root@localhost publicinfo]#
```

图 3-4-11　打包文件

STEP 2　使用 openssl 命令的 enc 子命令，采用 aes128 的对称加密算法，对归档文件 publicinfo.tar 进行加密，加密后的文件名为 publincinfo.tar.aes，如图 3-4-12 所示。

```
[root@localhost publicinfo]# openssl enc -aes128 -in publicinfo.tar -out publincinfo.tar.aes
enter aes-128-cbc encryption password:
Verifying - enter aes-128-cbc encryption password:        提示：记住加密的密码
[root@localhost publicinfo]# ls -l
总用量 32
-rw-r--r--. 1 root root  2998 2月  10 18:10 company_sec_policy.txt
-rw-r--r--. 1 root root   293 2月  10 18:16 hash.txt
-rw-r--r--. 1 root root 10240 2月  10 18:36 publicinfo.tar
-rw-r--r--. 1 root root 10272 2月  10 18:41 publincinfo.tar.aes    产生的加密文件
```

图 3-4-12　加密归档文件

🔊 **小提示：** 在这个操作过程中，一定要记住加密时的密码。

完成加密后，使用 cp publincinfo.tar.aes /tmp 命令将文件复制到/tmp 目录中，使用 cat /tmp/publincinfo.tar.aes 命令查看文件，显示一堆乱码（因为此时是加密后的数据）。

STEP 3　切换到/tmp 目录，先将加密文件 publincinfo.tar.aes 解密，再使用 tar 命令解包，

如图 3-4-13 所示。

```
[root@localhost tmp]# openssl enc -d -aes128 -in publincinfo.tar.aes -out publicinfo.tar
enter aes-128-cbc decryption password:
[root@localhost tmp]# ls
publicinfo.tar ←  1.解密出来的TAR包               tracker-extract-files.1000
publincinfo.tar.aes                               VMwareDnD
ssh-yqJAOrDXbRiU                                  vmware-root_6297-1714754932
systemd-private-fb0901f1166040bf85ffcde39d5d7f0c-bolt.service-7hz9tb   vmware-root_6342-969588435
systemd-private-fb0901f1166040bf85ffcde39d5d7f0c-colord.service-LpOykT  vmware-root_6353-1949770522
systemd-private-fb0901f1166040bf85ffcde39d5d7f0c-cups.service-ps4RvM    yum_save_tx.2023-02-08.18-43.KRGlXw.yumtx
systemd-private-fb0901f1166040bf85ffcde39d5d7f0c-fwupd.service-VLs7rf   yum_save_tx.2023-02-10.17-43.t7oEG5.yumtx
systemd-private-fb0901f1166040bf85ffcde39d5d7f0c-rtkit-daemon.service-kBph86
[root@localhost tmp]# tar xvf publicinfo.tar
company_sec_policy.txt
hash.txt ←  2.用tar命令解包出来的文件
[root@localhost tmp]# cat hash.txt
MD5(company_sec_policy.txt)=f509c2c370045c4e0212dffe18b6d587
SHA1(company_sec_policy.txt)=2e1184af37f9d8177bb3c1dd0a1b7fa7d46d7044
--------------------------
MD5(company_sec_policy.txt)=75801bcdc5066a27d8e7e6c03c4eecbb
SHA1(company_sec_policy.txt)=7a1653682bc13009fb2108d86a667daee151f587
```

图 3-4-13　解密归档文件并解包

STEP 4　使用 openssl 命令，采用 MD5 计算源文件和目标文件的 Hash 值，如图 3-4-14 所示。

```
[root@localhost tmp]# openssl dgst -md5 /var/share/publicinfo/hash.txt
MD5(/var/share/publicinfo/hash.txt)=546ec87b44088d74c971e9b97a2cb522
[root@localhost tmp]#                                            源文件的Hash值
[root@localhost tmp]#
[root@localhost tmp]# openssl dgst -md5 /tmp/hash.txt
MD5(/tmp/hash.txt)=546ec87b44088d74c971e9b97a2cb522            目标文件的Hash值
```

图 3-4-14　MD5 计算源文件与目标文件的 Hash 值

从图 3-4-14 中可以看出，经过 MD5 计算，解密后文件的 Hash 值和源文件的 Hash 值是一样的，说明两个文件的内容一致。

思考与练习

1. 请使用 openssl 命令的帮助参数-h，查看 dgst 子命令与 enc 子命令支持哪些摘要算法和对称加密算法？

2. 在信息安全的应用中，建议采用哪种摘要算法和对称加密算法？采用的依据是什么？

3. 请采用 SHA224 摘要算法计算 Hash 值，操作活动 1 中的步骤。

4. 请采用 DES3 和 DES 对称加密算法，操作活动 2 中的步骤。

任务 5　使用 VeraCrypt 工具加密文件

学习目标

1. 简述 VeraCrypt 加密原理；

2. 说出 VeraCrypt 工具的安装步骤；

3. 说出 VeraCrypt 工具创建加密容器的过程；

4. 能熟练使用 VeraCrypt 工具创建加密容器；

5．能熟练使用 VeraCrypt 工具挂载及卸载加密卷；

6．通过使用 VeraCrypt 工具加密文件，培养并保持良好的数据保护意识和防护习惯。

任务描述

公司部署了一台 Linux 服务器，用来存储重要的数据文件。根据网络安全等级保护对应用和数据安全的要求，应采用加解密技术保证重要数据在存储过程中的保密性。因此，网络安全小组依据网络安全等级保护的要求，制定了公司文件存储的安全策略。为此，管理员需要完成以下安全运维任务：

（1）下载并安装 VeraCrypt 工具。

（2）使用 VeraCrypt 工具加密文件，保护数据安全。

知识准备

VeraCrypt 是一款免费、开源的加密工具，适用于 Windows、Linux、macOS、FreeBSD、Raspberry Pi OS 等操作系统。它可以对文件、文件夹、分区和整个硬盘进行加密，使用加密算法对数据进行加密，使得未经授权的用户无法访问数据。

1．VeraCrypt 加密原理

VeraCrypt 加密原理基于密码学，它使用加密算法、哈希算法和随机数生成器来保证数据的安全性、完整性和随机性。

- 使用 AES、Serpent 和 Twofish 等对称加密算法来加密数据；
- 使用 SHA-256、SHA-512 和 Whirlpool 等哈希函数来保证数据的完整性；
- 使用 Fortuna 和 Yarrow 等安全随机数生成器生成随机数，保证随机数的随机性和唯一性。

2．VeraCrypt 工具用法

veracrypt 命令语法格式如下：

```
veracrypt [OPTIONS] [VOLUME_PATH] [MOUNT_DIRECTORY]
```

veracrypt 命令常用的选项如表 3-5-1 所示。

表 3-5-1　veracrypt 命令常用的选项

选项	说明
-t, --text	使用文本用户界面向导
-c, --create	创建新的卷
-l, --list	列出挂载的卷
-d, --dismount	卸载卷
-f, --force	强制挂载/卸载/重写卷
--volume-type=TYPE	当创建新加密卷时，指定卷的类型
--encryption=ENCRYPTION_ALGORITHM	当创建新加密卷时，指定加密算法

续表

选项	说明
--hash=HASH	当创建新加密卷时，指定哈希算法
--size=SIZE	当创建新加密卷时，指定大小
-p, --password=PASSWORD	使用指定的密码挂载或打开加密卷
--pim=PIM	使用指定的 PIM 挂载或打开加密卷
--filesystem=TYPE	指定文件系统类型
--version	显示版本信息

veracrypt 命令行工具常用的用法如下。

（1）创建新的加密卷：veracrypt -t -c。

（2）挂载卷：veracrypt volume.hc /media/veracrypt1，其中 volume.hc 为文件型卷名，/media/veracrypt1 为挂载目录。

（3）在挂载卷时不挂载文件系统：veracrypt --filesystem=none volume.hc。

（4）卸载卷：veracrypt -d volume.hc。

（5）卸载所有挂载卷：veracrypt -d。

任务环境

- ✓ VM Workstation 虚拟化平台
- ✓ CentOS 7 虚拟机
- ✓ Windows 10 虚拟机
- ✓ 实验环境的网络拓扑（如图 3-5-1 所示）

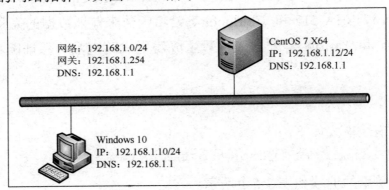

图 3-5-1　网络拓扑

学习活动

[数字资源]

视频：下载与安装
VeraCrypt 工具

活动 1　下载与安装 VeraCrypt 工具

公司网络安全操作员小顾使用 admin 账户登录 Linux 服务器，切换到 root 用户身份，下载并安装 VeraCrypt 软件包。具体活动要求如下：

（1）下载 VeraCrypt 软件包。

（2）安装 VeraCrypt 软件包。

（3）查看 VeraCrypt 版本。

STEP 1　访问 VeraCrypt 官网，找到适应 CentOS 7 的软件版本 veracrypt-console-1.25.9-CentOS-7-x86_64.rpm，如图 3-5-2 所示，右键查看并复制下载链接地址。

```
○ RPM packages:
    ■ CentOS 8/Fedora 34:
        ■ GUI: veracrypt-1.25.9-CentOS-8-x86_64.rpm  (PGP Signature)
        ■ Console: veracrypt-console-1.25.9-CentOS-8-x86_64.rpm  (PGP Signature)
    ■ CentOS 7:
        ■ GUI: veracrypt-1.25.9-CentOS-7-x86_64.rpm  (PGP Signature)
        ■ Console: veracrypt-console-1.25.9-CentOS-7-x86_64.rpm  (PGP Signature)
```

图 3-5-2　找到适应 CentOS 7 的软件版本

STEP 2　以 admin 用户身份登录 Linux 服务器，提升权限，使用 wget 命令下载 VeraCrypt 软件包。

STEP 3　使用 rpm 包管理工具安装 VeraCrypt 软件包，如图 3-5-3 所示。

```
[root@localhost ~]# rpm -ivh veracrypt-console-1.25.9-CentOS-7-x86_64.rpm
警告：veracrypt-console-1.25.9-CentOS-7-x86_64.rpm: 头 V4 RSA/SHA256 Signature,
密钥 ID 680d16de: NOKEY
准备中...                          ################################# [100%]
正在升级/安装...
   1:veracrypt-console-1.25.9-1     ################################# [100%]
```

图 3-5-3　安装 VeraCrypt 软件包

STEP 4　查看 VeraCrypt 版本，如图 3-5-4 所示。

```
[root@localhost ~]# veracrypt --version
VeraCrypt 1.25.9
```

图 3-5-4　查看 VeraCrypt 版本

活动 2　使用 VeraCrypt 工具对文件进行加密

公司网络安全操作员小顾使用 VeraCrypt 工具对一些重要的文件进行加密，以确保数据的安全。具体活动要求如下：

（1）创建文件型加密卷（即加密文件容器），保存位置为/data/guvolume。

（2）将加密卷/data/guvolume 挂载到/mnt 目录中。

（3）将重要的文件复制或移动到加密卷中，或者在加密卷中创建要保护的文件。

（4）将不再使用的加密卷卸载。

STEP 1　以 admin 用户身份登录 Linux 服务器，提升权限。使用 veracrypt -t -c 命令，通过文本用户界面向导的方式创建加密卷，选择普通加密卷，指定加密卷路径为/data/guvolume，

[数字资源]

视频：使用 VeraCrypt 工具对文件进行加密

指定加密卷大小为 300M,如图 3-5-5 所示。其中,guvolume 文件是一个加密的 VeraCrypt 容器。

```
[ root@localhost ~] # veracrypt -t -c
Volume type:
 1) Normal
 2) Hidden
Select [1]: 1        ◄── 选择1 Normal普通加密卷

Enter volume path: /data/guvolume    ◄── 指定加密卷路径

Enter volume size ( sizeK/size[ M] /sizeG. sizeT/max): 300M  ◄── 指定加密卷的大小
```

图 3-5-5 创建加密卷

STEP 2 选择加密算法为 AES、哈希算法为 SHA-512、文件系统类型为 FAT,如图 3-5-6 和图 3-5-7 所示。

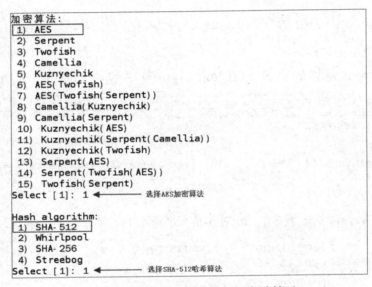

```
加密算法:
 1) AES
 2) Serpent
 3) Twofish
 4) Camellia
 5) Kuznyechik
 6) AES( Twofish)
 7) AES( Twofish( Serpent))
 8) Camellia( Kuznyechik)
 9) Camellia( Serpent)
 10) Kuznyechik( AES)
 11) Kuznyechik( Serpent( Camellia))
 12) Kuznyechik( Twofish)
 13) Serpent( AES)
 14) Serpent( Twofish( AES))
 15) Twofish( Serpent)
Select [1]: 1    ◄── 选择AES加密算法

Hash algorithm:
 1) SHA- 512
 2) Whirlpool
 3) SHA- 256
 4) Streebog
Select [1]: 1    ◄── 选择SHA-512哈希算法
```

图 3-5-6 选择加密算法和哈希算法

```
Filesystem:
 1) 无
 2) FAT
 3) Linux Ext2
 4) Linux Ext3
 5) Linux Ext4
 6) NTFS
 7) exFAT
 8) Btrfs
Select [2]: 2    ◄── 选择文件系统类型
```

图 3-5-7 选择文件系统类型

🔊 **小提示:** 在创建加密卷时建议选择 **FAT** 文件系统类型,它是所有平台都能读写的一种类型。

STEP 3 接下来,输入密码(建议使用 20 个字符以上的密码)和 PIM 值,在键盘上随意输入 320 个字符,当输入的随机字符数量符合要求后,向导就开始创建加密卷,如图 3-5-8 所示。查看生成的加密卷,如图 3-5-9 所示。

```
Enter password:  此处输入密码
警告：简短密码容易被暴力破解技术破解！

我们建议选择一个超过 20 个字符的密码。

您确定要使用简短密码吗？（y=是/n=否）[否]: y

Re- enter password:  重新输入确认密码

Enter PIM: 200     ◄————— 输入PIM值，指定密钥生成的迭代次数

Enter keyfile path [none]:  此处不指定密钥文件，直接按回车键

Please type at least 320 randomly chosen characters and then press Enter:
Characters remaining: 285
Characters remaining: 171   在键盘上随意输入320个字符，按回车键，向导就会提示还剩多少个字符没有输入了
Characters remaining: 8

Done: 100.000%  Speed:    95 MB/s  Left: 0 秒

VeraCrypt 加密卷已成功创建。
```

图 3-5-8　输入密码、PIM 值和 320 个字符

```
[ root@localhost ~]# ll /data                                  生成的加密卷
总用量 307200                                            ◄—
- rw-------. 1 root root 314572800 3月   21 02:44 guvolume
```

图 3-5-9　查看生成的加密卷

🔊 **小提示:** PIM 是加密卷头部密钥生成时的迭代次数，PIM 值越大，计算头部密钥的时间越长，挂载加密盘的过程就越慢。

STEP 4　使用 veracrypt 命令挂载加密卷到/mnt 目录中，在挂载的过程中需要输入 STEP 3 中生成加密卷时设置的密码和 PIM 值，如图 3-5-10 所示。查看加密卷的挂载及使用情况，如图 3-5-11 所示。

```
[ root@localhost ~]# veracrypt /data/guvolume /mnt
Enter password for /data/guvolume:          输入生成加密卷时设置的密码
Enter PIM for /data/guvolume: 200   ◄——— 输入生成加密卷时指定的PIM值
Enter keyfile [none]:
Protect hidden volume ( if any)? (y=是/n=否) [否]: n
```

图 3-5-10　挂载加密卷

```
[ root@localhost ~]# veracrypt - l
1: /data/guvolume /dev/mapper/veracrypt1 /mnt
[ root@localhost ~]# df - Th
文件系统                类型       容量    已用    可用   已用% 挂载点
/dev/mapper/cl- root    xfs        17G    4.0G    13G    24%  /
devtmpfs               devtmpfs   897M      0    897M    0%  /dev
tmpfs                  tmpfs      912M   144K    912M    1%  /dev/shm
tmpfs                  tmpfs      912M   8.9M    903M    1%  /run
tmpfs                  tmpfs      912M      0    912M    0%  /sys/fs/cgroup
/dev/sda1              xfs       1014M   173M    842M   18%  /boot
tmpfs                  tmpfs      183M    12K    183M    1%  /run/user/0
/dev/mapper/veracrypt1 vfat       299M   4.0K    299M    1%  /mnt
```

图 3-5-11　查看加密卷的挂载及使用情况

STEP 5　向加密卷的挂载目录/mnt 中写入测试文件 myfile01，如图 3-5-12 所示。

```
[ root@localhost ~]# echo "this is a veracrypt testing file" > /mnt/myfile01
[ root@localhost ~]# ll /mnt/myfile01
- rwx------. 1 root root 33 3月   21 21:07 /mnt/myfile01
```

图 3-5-12　向加密卷的挂载目录中写入测试文件

STEP 6　当不需要使用加密卷时，卸载加密卷，如图 3-5-13 所示。

```
[ root@localhost ~]# veracrypt -d /mnt
[ root@localhost ~]#
[ root@localhost ~]# ll /mnt
总用量 0
```

图 3-5-13　卸载加密卷

思考与练习

1．请使用 veracrypt 命令的帮助参数-h，查看该命令常用的选项。

2．请简述使用 VeraCrypt 工具创建加密卷的过程。

3．在创建加密卷的过程中，要求设置文件系统类型，请说出 VeraCrypt 工具支持哪些文件系统类型？

4．请直接使用命令方式而不是使用文本用户界面向导的方式操作活动 2 中的步骤。

任务 6　使用 GPG 工具对文件进行非对称加密与解密

学习目标

1．能掌握 GPG 加密与解密的原理；

2．能掌握 GPG 加密与解密的命令格式；

3．能使用 GPG 加密与解密 Linux 系统的文件或文件夹；

4．通过对文件或文件夹进行加密与解密，培养并保持数据保护的良好意识和防护习惯。

任务描述

为了保障公司用户数据传输的安全，防止攻击者截获公司互联网传输的数据，造成公司数据的泄露，公司依据网络安全等级保护对于数据传输保密性的要求"在广域网中应采用数据加密传输技术保证重要数据在传输过程中的保密性"，安排管理员小顾使用 GPG 工具对敏感数据的传输进行加密保护。为此，管理员需要完成以下安全运维工作：

（1）使用 GPG 工具为公司员工生成公钥和私钥。

（2）使用公钥加密保护传输的数据，私钥解密传输的数据。

知识准备

GPG（GNU Privacy Guard）是一个用于加密、签名通信内容及管理非对称密钥的自由软件，遵循 IETF 制定的 OpenPGP 技术标准设计。GPG 被广泛用于电子邮件、文件等信息的加密与解密。

1．GPG 工作流程

GPG 工作的前提是通信双方都拥有自己的非对称加密的密钥对，也就是公钥和私钥，双方提前共享了各自的公钥给对方。

如果想要安全地发送信息，则发送方需要使用自己的私钥和接收方的公钥来加密数据，接收方需要使用发送方的公钥和自己的私钥来解密数据。

2. GPG 使用方法

GPG 在 Linux 系统上有两种安装方式：一是使用源码包编译安装，二是使用编译好的二进制包安装。在 CentOS 7 环境下，可以使用 yum install gnupg2 命令直接安装。使用方法如下。

（1）生成密钥

使用 gpg2 --gen-key 命令生成密钥，根据向导完成密钥对创建，填写真实姓名和邮件地址，并输入密码对私钥进行保护。

（2）密钥查看

使用 gpg2 --list-keys 命令查看系统中已有的密钥，如图 3-6-1 所示。

```
/root/.gnupg/pubring.kbx
----------------------
pub   rsa2048 2023-03-03 [SC] [有效至: 2025-03-02]
      F8443497540FCA234E199EF75678FFD05C816E76
uid           [ 绝对 ] Gujun <Guj@xxjs.edu.cn>
sub   rsa2048 2023-03-03 [E] [有效至: 2025-03-02]
```

图 3-6-1　查看密钥

- 第一行显示公钥文件名：pubring.kbx。
- 第三～四行显示公钥特征：rsa2048 算法、创建日期、有效期、Hash 字符串。
- 第五行显示 UID：即用户 ID。
- 第六行显示私钥特征：rsa2048 算法、创建日期和有效期。

（3）密钥的导出和导入

导出公钥命令格式如下：

```
gpg2 --armor --output public-key.txt --export [USER ID]
```

选项说明如下：

- 使用-a, --armor 选项将以二进制形式存储的密钥转换成 ASCII 码显示。
- 使用-o, --output 选项指定导出的公钥文件。
- 使用--export 选项指定要导出公钥的用户 ID。

导入公钥命令格式如下：

```
gpg2 --import public-key.txt
```

选项说明：使用--import 选项指定要导入的公钥文件。

（4）非对称加密和解密

加密命令格式如下：

```
gpg2 --recipient [USER ID] --output example.en.txt --encrypt example.txt
```

选项说明如下：

- 使用-r, --recipient 选项指定接收者的公钥。
- 使用-o, --output 选项指定加密后的文件。
- 使用-e, --encrypt 选项指定要加密的文件。

解密命令格式如下：

```
gpg2 --local-user [USER ID] --decrypt example.en.txt --output example.de.txt
```

选项说明如下：

- 使用-u, --local-user 选项指定接收者的私钥。
- 使用-d, --decrypt 选项解密接收的文件。
- 使用-o, --output 选项指定解密后生成的文件。

> 🔊 **小提示**：GPG 工具在解密文件时，默认可以不指定-d 或--decrypt 选项。

📚 任务环境

- ✓ VM Workstation 虚拟化平台
- ✓ CentOS 7 虚拟机
- ✓ Windows 10 虚拟机
- ✓ 实验环境的网络拓扑（如图 3-6-2 所示）

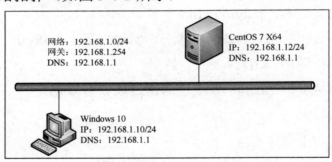

图 3-6-2　网络拓扑

🔧 学习活动

[数字资源]

视频：使用 GPG 工具生成用户公钥和私钥

活动 1　使用 GPG 工具生成用户公钥和私钥

Linux 服务器已经存在管理员用户 admin，该用户使用 admin 账户登录系统，使用 GPG 工具为公司市场部和销售部员工生成密钥对来保护数据传输。具体活动要求如下：

（1）检查开源的 GPG 软件包是否安装。

（2）创建员工账户 Luobin 和 Chenli，密码为 Qwer@114。

（3）以市场部员工 Luobin 身份登录系统，使用 GPG 工具生成密钥对并导出公钥。

（4）以销售部员工 Chenli 身份登录系统，使用 GPG 工具生成密钥对并导出公钥。

STEP 1　检查开源的 GPG 软件包是否安装。以 admin 用户身份登录 Linux 服务器，提升权限到 root，并在服务器上检查 GPG 软件包安装情况，如图 3-6-3 所示。

```
                        root@localhost:~                        _ □
文件(F) 编辑(E) 查看(V) 搜索(S) 终端(T) 帮助(H)
[ admin@localhost ~]$ su - root
密码 :
上一次登录 : 六  3月  11 09: 26: 11 CST 2023pts/0 上
[ root@localhost ~]# yum info gnupg2
已加载插件 : fastestmirror, langpacks
Loading mirror speeds from cached hostfile
已安装的软件包
名称     : gnupg2
架构     : x86_64
版本     : 2.0.22
发布     : 5.el7_5
大小     : 6.3 M
源       : installed
来自源   : anaconda
简介     : Utility for secure communication and data storage
网址     : http://www.gnupg.org/
协议     : GPLv3+
描述     : GnuPG is GNU's tool for secure communication and data storage.  It
         : can be used to encrypt data and to create digital signatures.  It
         : includes an advanced key management facility and is compliant with
         : the proposed OpenPGP Internet standard as described in RFC2440 and
         : the S/MIME standard as described by several RFCs.
```

图 3-6-3　检查 GPG 软件包安装情况

STEP 2　创建员工账户并设置密码。使用 useradd 命令和 passwd 命令为市场部罗宾和销售部陈丽创建员工账户并设置密码，如图 3-6-4 所示。

```
[ root@localhost ~]# useradd Luobin&&echo Qwer@114 | passwd --stdin Luobin
更改用户 Luobin 的密码 。
passwd : 所有的身份验证令牌已经成功更新。
[ root@localhost ~]# useradd Chenli&&echo Qwer@114 | passwd --stdin Chenli
更改用户 Chenli 的密码 。
passwd : 所有的身份验证令牌已经成功更新。
```

图 3-6-4　创建员工账户并设置密码

STEP 3　切换用户身份，以市场部员工 Luobin 身份登录系统，使用 gpg2 --gen-key 命令生成用户密钥对，选择密钥种类、密钥尺寸及有效期限，如图 3-6-5 所示。

```
[Luobin@localhost ~]$ gpg2 --gen-key
gpg (GnuPG) 2.0.22; Copyright (C) 2013 Free Software Foundation, Inc.
This is free software: you are free to change and redistribute it.
There is NO WARRANTY, to the extent permitted by law.

gpg: 已创建目录 '/home/Luobin/.gnupg'
gpg: 新的配置文件 '/home/Luobin/.gnupg/gpg.conf'已建立
gpg: 警告 : 在 '/home/Luobin/.gnupg/gpg.conf'里的选项于此次运行期间未被使用
gpg: 钥匙环 '/home/Luobin/.gnupg/secring.gpg'已建立
gpg: 钥匙环 '/home/Luobin/.gnupg/pubring.gpg'已建立
请选择您要使用的密钥种类 :
   (1) RSA and RSA (default)
   (2) DSA and Elgamal
   (3) DSA (仅用于签名 )
   (4) RSA (仅用于签名 )
您的选择? 1
RSA 密钥长度应在 1024 位与 4096 位之间 。
您想要用多大的密钥尺寸? (2048)
您所要求的密钥尺寸是 2048 位
请设定这把密钥的有效期限 。
      0 = 密钥永不过期
   <n>  = 密钥在 n 天后过期
   <n>w = 密钥在 n 周后过期
   <n>m = 密钥在 n 月后过期
   <n>y = 密钥在 n 年后过期
密钥的有效期限是? (0) 0
密钥永远不会过期
以上正确吗? (y/n)
```

图 3-6-5　选择密钥种类、密钥尺寸及有效期限

在图 3-6-5 中，首先选择密钥种类，默认加密和签名都使用 RSA 算法；其次设置密钥尺寸，默认是 2048 位；再次设置密钥的有效期限，默认密钥永不过期；最后输入"y"确认。

STEP 4 填写市场部员工 Luobin 的真实姓名、电子邮件地址和注释，并输入保护私钥的密码，确认后生成用户 Luobin 的密钥对信息，如图 3-6-6 所示。

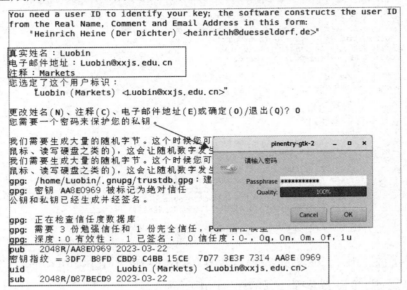

图 3-6-6 生成用户 Luobin 密钥对

STEP 5 导出并查看用户 Luobin 的公钥信息。使用--armor 选项将以二进制形式存储的密钥导出并保存，如图 3-6-7 所示。

图 3-6-7 导出并查看用户 Luobin 的公钥信息

STEP 6 同理，以销售部员工 Chenli 身份登录系统并生成密钥对，如图 3-6-8 所示。

```
You need a user ID to identify your key; the software constructs the user ID
from the Real Name, Comment and Email Address in this form:
    "Heinrich Heine (Der Dichter) <heinrichh@duesseldorf.de>"

真实姓名：Chenli
电子邮件地址：Chenli@xxjs.edu.cn
注释：Sales
您选定了这个用户标识：
    "Chenli (Sales) <Chenli@xxjs.edu.cn>"

更改姓名(N)、注释(C)、电子邮件地址(E)或确定(O)/退出(Q)？O
您需要一个密码来保护您的私钥。

我们需要生成大量的随机字节。这个时候您可以多做些琐事（像是敲打键盘、移动
鼠标、读写硬盘之类的），这会让随机数字发生器有更好的机会获得足够的熵数。
我们需要生成大量的随机字节。这个时候您可以多做些琐事（像是敲打键盘、移动
鼠标、读写硬盘之类的），这会让随机数字发生器有更好的机会获得足够的熵数。
gpg: /home/Chenli/.gnupg/trustdb.gpg：建立了信任度数据库
gpg: 密钥 5D8CEC97 被标记为绝对信任
公钥和私钥已经生成并经签名。

gpg: 正在检查信任度数据库
gpg: 需要 3 份勉强信任和 1 份完全信任，PGP 信任模型
gpg: 深度：0 有效性：  1 已签名：  0 信任度：0-, 0q, 0n, 0m, 0f, 1u
pub   2048R/5D8CEC97 2023-03-22
密钥指纹 = A29E E93B 3A67 F55B 27F4  706F D5A0 E988 5D8C EC97
uid                  Chenli (Sales) <Chenli@xxjs.edu.cn>
sub   2048R/2BDE1EA3 2023-03-22
```

图 3-6-8　生成用户 Chenli 密钥对

STEP 7　导出并查看用户 Chenli 的公钥信息，如图 3-6-9 所示。

```
[Chenli@localhost ~]$ gpg2 --armor -o Chenli_public.key --export Chenli
[Chenli@localhost ~]$ cat Chenli_public.key
-----BEGIN PGP PUBLIC KEY BLOCK-----
Version: GnuPG v2.0.22 (GNU/Linux)

mQENBGQaqlIBCACuHfH5vvUNqvWcNiFpZo2XIBd5q9f06McrtjyU9E/wItubf0N9
D8Qnu+JP1UbsvIU+GpnXNKCttlEufXNQnqHfQKPfXVkDJ1pOaeCln949fFOXcX5m
JVEZsoAnb2QlCcPRgqAA9VuqHTVIkaypGkDLtvdlxOS13LYtud2H/JyTazJs1Iyi
lgSPXOdkTlzxrVXhAHPYmim+3wH4ecOH6cQazzhm7+acZXLduq/1LzNvhNQWAGnI
IPTv/RsscsweVABpiwqXPwA5zUBDU1KqWOX7NKec6LahsZXBuqeWhb7r+EskQpAe
6cS5XB28pla2ab+mUx+YE4Zayt8CVEzh2/UhABEBAAG0IONoZW5saSAoU2FsZXMp
IDxDaGVudubGlAeHhqcy5lZHUuY24+iQE5BBMBAgAjBQJkGqpSAhsDBwsJCAcDAgEG
FQgCCQoLBBYCAwECHgECF4AACgkQ1aDpiF2M7JfvzQgAkP3msncPwspC7brFlO3V
lCHqkxxrhSD32qh4LiliMJML8tAB9JBTe8VNnuMcOrxxSjtTYBDetlRCJZrl/8Wy
WjG8LXU+d5CkRqjP69L9G74VKtdYsrzB/YvUVkXIuE9rbjn+xms34R8AyTIobkmf
LJoOBff6pMqXjN/uRYJXBjOTe1PkmOXHkFq4Y4LhanaeCdVnaTXJRQuGLqQ9uM4t
2ySqiqB2pfzoDqA22StuygRbxvlOnQPOOy9/VIOmW+HgSakUJ1iWuCibCbYxcbY2
XMVOL7xUsfSHkw3rudEp5+kN+jjXLcXOw/INmPOunw4m3PpNuAhTPfSt59ZTlI1B
IbkBDQRkGqpSAQgApcRc7ItilESznhiER3pLIdUthThWJjW7iPfXCOh9RHLGZMNn
cZorwIEOo/oYtsbyoJPeXGqLPmvUMt9Lv81G0mLG9H4N2YSkpYOUzzfVKaD/VNk+
04wDC+Jxio44vfHnTE8JbAAgZ7dbyQIDXsMWI8XyMyxLAAcl ydl1Ebgh6gg+PunU
FsxnqtUHQaH6IFRvwUAbvbzfO4sALUxNOeJitjtq8BzdjR/BTJBcf6+6LrbuHmTX
OvVFTK7EkRAPOocBmhGDA8SkPfywMPedriD218dvOT7Iszb80jDMLsx+1CbAQuRB
HLd6uZwhpAt9oUvkoLR556FiuwfOSgO3UU91vQARAQABiQEfBBgBAgAJBQJkGqpS
AhsMAAoJENWg6YhdjOyXKrcH/1QGgdvNmE34UUv2jSMMKE9wkvmmCq8oTOWC8p9X
NpIzUxAHuiEYOa7LJuab2XJdkMH5kW8TTBd543h7A59mXmw9gF4eQt+76SiajU8y
/OcjCGHdp0j+4hdTeNEM9UaF6EGrPyUwH8heueoNNLrswmRlM3fn3D6LW7jQ2zs9
9Tdaes8JXNywp++xblt7i7hgXwuXs4Bfys8b5yPKQWH7Y/2WD4kbaidEoJOZrqIA
+ya2XUyS9XMvEG5V1yYXzRKR1YvbVFvRpYpWuo9QL7Ur7xpf/ITPxQAGSN4oZj1G
726uIrSRBIBWMpcFuFsV74NGszHiEHEPtPRNQeByASILOtk=
=MDHu
-----END PGP PUBLIC KEY BLOCK-----
```

图 3-6-9　导出并查看用户 Chenli 的公钥信息

活动 2　使用公钥与私钥加密和解密数据

　　公司管理员已经为市场部员工 Luobin 和销售部员工 Chenli 生成了密钥对，要求市场部和销售部员工之间的通信数据使用公钥加密、私钥解密，防止公司的隐私数据被泄露。具体活动要求如下：

[数字资源]

视频：使用公钥
与私钥加密和解
密数据

（1）交换用户公钥文件并导入。

（2）销售部员工 Chenli 使用 Luobin 的公钥加密销售数据。

（3）市场部员工 Luobin 使用自己的私钥解密被加密的销售数据。

STEP 1　交换用户公钥文件。以 admin 用户身份登录 Linux 服务器，提升权限，分发用户公钥到用户家目录中，如图 3-6-10 所示。

```
[admin@localhost ~]$ su - root
密码：
上一次登录：三 3月 22 11:34:20 CST 2023pts/0 上
[root@localhost ~]# cp /home/Luobin/Luobin_public.key /home/Chenli/
[root@localhost ~]# cp /home/Chenli/Chenli_public.key /home/Luobin/
[root@localhost ~]#
```

图 3-6-10　交换用户公钥文件

STEP 2　导入用户公钥文件。以销售部员工 Chenli 身份登录系统，导入市场部员工 Luobin 的公钥信息，如图 3-6-11 所示。

```
[Chenli@localhost ~]$ dir
Chenli_public.key  Luobin_public.key  公共  模板  视频  图片  文档  下载
[Chenli@localhost ~]$ gpg2 --import Luobin_public.key
gpg: 密钥 AA8E0969：公钥"Luobin (Markets) <Luobin@xxjs.edu.cn>"已导入
gpg: 合计被处理的数量：1
gpg:             已导入：1  (RSA: 1)
```

图 3-6-11　导入用户公钥文件

STEP 3　用户 Chenli 提升权限。首先在目录/data 下创建销售数据文件 table.xls，并输入测试内容。然后以 Chenli 身份使用 Luobin 的公钥加密销售数据文件 table.xls，并提升权限，复制到 Luobin 的家目录中，如图 3-6-12 所示。

```
[Chenli@localhost ~]$ su - root
密码：
上一次登录：三 3月 22 16:00:56 CST 2023pts/2 上
[root@localhost ~]# mkdir /data; echo test >/data/table.xls
[root@localhost ~]# exit
登出
[Chenli@localhost ~]$ gpg2 --recipient Luobin --out table_en.xls --encrypt /data/table.xls
gpg: D87BECD9：没有证据表明这把密钥真的属于它所声称的持有者

pub  2048R/D87BECD9 2023-03-22 Luobin (Markets) <Luobin@xxjs.edu.cn>
 主钥指纹：  3DF7 B8FD CBD9 C4BB 15CE  7D77 3E3F 7314 AA8E 0969
 子钥指纹：  816B 66ED C865 131E 1045  CCCA CBDB 4F49 D87B ECD9

这把密钥并不一定属于用户标识声称的那个人。如果您真的知道自
己在做什么，您可以在下一个问题回答 yes。

无论如何还是要使用这把密钥吗？(y/N)y
[Chenli@localhost ~]$ su - root
密码：
上一次登录：三 3月 22 16:10:03 CST 2023pts/2 上
[root@localhost ~]# cp /home/Chenli/table_en.xls /home/Luobin/
```

图 3-6-12　使用 Luobin 的公钥加密销售数据文件

STEP 4　解密数据。以 Luobin 身份登录系统，指定 Luobin 用户 ID 解密销售部 Chenli 发送的加密文件 table_en.xls，在弹出的界面中输入 Luobin 的私钥保护密码，输出解密后的文件并查看文件内容，如图 3-6-13 所示。

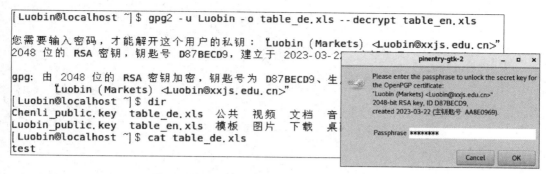

```
[Luobin@localhost ~]$ gpg2 -u Luobin -o table_de.xls --decrypt table_en.xls

您需要输入密码，才能解开这个用户的私钥：Luobin (Markets) <Luobin@xxjs.edu.cn>"
2048 位的 RSA 密钥，钥匙号 D87BECD9，建立于 2023-03-2

gpg：由 2048 位的 RSA 密钥加密，钥匙号为 D87BECD9、生
        Luobin (Markets) <Luobin@xxjs.edu.cn>"
[Luobin@localhost ~]$ dir
Chenli_public.key  table_de.xls  公共  视频  文档  音
Luobin_public.key  table_en.xls  模板  图片  下载  桌
[Luobin@localhost ~]$ cat table_de.xls
test
```

图 3-6-13　使用 Luobin 的私钥解密文件

STEP 5　使用 md5sum 命令计算加密前和解密后文件的校验和，如图 3-6-14 所示，表明加密前和解密后的文件是一致的。

```
[Luobin@localhost ~]$ md5sum /data/table.xls
d8e8fca2dc0f896fd7cb4cb0031ba249  /data/table.xls
[Luobin@localhost ~]$ md5sum /home/Luobin/table_de.xls
d8e8fca2dc0f896fd7cb4cb0031ba249  /home/Luobin/table_de.xls
[Luobin@localhost ~]$
```

图 3-6-14　验证文件一致性

 思考与练习

1．请简述 GPG 工作流程。

2．请简述 GPG 生成公钥和私钥的方法。

3．为财务部范荣和张刚生成公钥和私钥，实现双方财务数据通信时数据的保密。

模块 4

日志管理

规范安全管理要求，提高防范意识，筑牢网络安全防线。在网络安全等级保护要求中，针对网络和系统安全的管理，明确要求公司要建立日志管理规定，详细记录运维操作日志，包括日常巡检工作、运行维护记录、参数的设置和修改等内容。因此，服务器日志管理是操作系统安全加固和管理中非常重要的一项基本技能。

本模块将介绍 Windows 和 Linux 服务器中日志管理的方法，需要掌握的主要知识与技能有：

- 日志查看的方法
- 日志过滤的方法
- 日志导出的方法
- 日志排查的方法

通过对本模块知识的学习，以及技能的训练，可以掌握以下操作技能：

- 能根据实际需求，利用工具和命令查看系统日志信息
- 能根据实际需求，设定过滤条件、筛选日志信息
- 能根据实际需求，利用工具导出和备份日志信息
- 能根据实际需求，审核日志信息，发现可能存在的异常情况

任务 1 日志查看

★ 学习目标

1. 能掌握 Windows 日志的默认存放位置；
2. 能掌握使用 Windows 事件查看器查看日志的方法；
3. 能掌握 Linux 系统查看日志文件内容的相关命令；

4．能使用事件查看器查看 Windows 安全日志、应用程序日志和系统日志；

5．能使用 Linux 系统中的命令查看 Linux 登录日志和系统日志；

6．通过日志查看、过滤和审核操作，养成良好的系统防护意识和防护习惯。

任务描述

为了记录和查看公司用户操作系统的日志，公司依据网络安全等级保护对于日志管理的要求"应详细记录运维操作日志，包括日常巡检工作、运行维护记录、参数的设置和修改等内容"，安排管理员通过技术手段进行系统操作日志的记录和查看，从而及时发现可能存在的异常情况，做好系统的安全防护工作。为此，管理员需要完成以下运维工作：

（1）使用事件查看器查看 Windows 安全日志、应用程序日志和系统日志。

（2）使用相关的文件查看命令，查看 Linux 登录日志和系统日志。

知识准备

日志管理是指对系统、应用程序、网络设备等进行记录和分析的过程。通过查看系统日志，管理员可以了解系统的运行情况，及时发现问题并进行处理。

1．Windows 日志

Windows 日志用于记录系统中硬件、软件和系统问题的信息，同时还可以监视系统中发生的事件。系统管理员可以通过它来检查错误发生的原因，或者查找在受到攻击时恶意者留下的痕迹，及时做好系统防护工作。

（1）Windows 日志类型

Windows 系统主要有以下 3 类日志事件：系统日志、应用程序日志和安全日志。

- 系统日志：记录操作系统组件产生的事件，主要包括驱动程序、系统组件等事件。默认位置为%SystemRoot%\System32\Winevt\Logs\System.evtx。

- 应用程序日志：记录由应用程序或系统程序运行方面的事件。默认位置为%SystemRoot%\System32\Winevt\Logs\Application.evtx。

- 安全日志：记录操作系统的安全审计事件，包含登录日志、对象访问日志、账户管理、策略变更、系统事件等。安全日志也是调查取证中最常用到的日志。在默认情况下，安全日志是关闭的，管理员可以使用组策略来启动安全日志。默认位置为%SystemRoot%\System32\Winevt\Logs\Security.evtx。

（2）Windows 事件日志分析

在 Windows 事件日志分析中，不同的事件 ID 表示不同含义。例如，事件 ID 4624 表示登录成功，4625 表示登录失败。

每个成功登录的事件都会标记一个登录类型，不同登录类型表示不同的方式。例如，登录类型 2 表示用户在本地进行交互式登录，登录类型 3 表示网络登录。

2. Linux 日志

Linux 日志文件用于记录在 Linux 系统运行中发生的各种类型的消息文件，包括内核消息、用户登录消息、程序运行消息等。

（1）日志文件类型

Linux 日志文件类型主要包括 3 种：内核及系统日志、用户日志和程序日志。

- 内核及系统日志：主要由系统服务 rsyslog 统一管理，根据服务的主配置文件 /etc/rsyslog.conf 中的设置决定内核和系统程序消息记录的位置。
- 用户日志：记录 Linux 系统中用户的登录和退出等消息。
- 程序日志：记录在程序运行时发生的消息事件。

（2）常用的日志文件及作用

- /var/log/messages：记录 Linux 内核消息及各种应用程序的公共日志消息。
- /var/log/dmesg：记录 Linux 系统在引导过程中的事件消息。
- /var/log/lastlog：记录每个用户最近的登录事件。
- /var/log/secure：记录用户认证相关的安全事件信息。
- /var/log/wtmp：记录每个用户登录、注销及系统启动和停机事件。
- /var/log/btmp：记录失败的、错误的登录尝试及验证事件。

（3）系统日志等级

在 Linux 系统中，将日志信息分为 8 个级别，从高到低依次如表 4-1-1 所示。

表 4-1-1　日志级别

级别	紧急程度	出现的后果
0	EMERG（紧急）	会导致主机系统不可用的情况
1	ALERT（警告）	必须马上采取措施解决的问题
2	CRIT（严重）	比较严重的情况
3	ERR（错误）	运行出现错误
4	WARNING（提醒）	可能影响系统功能，需要提醒用户的重要事件
5	NOTICE（注意）	不会影响正常功能，但是需要注意的事件
6	INFO（信息）	一般信息
7	DEBUG（调试）	程序或系统调试信息等

（4）日志文件分析

日志文件分析可以帮助管理员通过浏览日志查找关键信息。例如，对服务器的调试、判断故障等。大多数 Linux 日志文件可以使用 tail、more、less、cat 等文本处理工具查看日志内容，对于一些二进制的文件需要使用特定的程序进行查看。

任务环境

- ✓ VM Workstation 虚拟化平台
- ✓ Windows Server 2019 虚拟机
- ✓ CentOS 7 虚拟机
- ✓ 实验环境的网络拓扑（如图 4-1-1 所示）

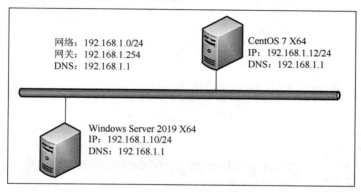

图 4-1-1 网络拓扑

学习活动

活动 1 使用事件查看器查看 Windows 日志

根据网络安全等级保护的日志管理要求，管理员需要定期对 Windows 安全日志、应用程序日志和系统日志进行查看，从而及时发现操作系统可能存在的安全风险，以进行预防和安全加固。为此，管理员小顾登录系统，查看 Windows 日志，具体活动要求如下：

（1）启用审核策略并合理设置安全日志属性。

（2）使用事件查看器工具查看用户登录情况。

（3）使用事件查看器工具查看服务启动情况。

STEP 1 启用审核策略。执行 gpedit.msc 命令，打开本地组策略，展开【计算机配置】→【Windows 设置】→【安全设置】→【本地策略】→【审核策略】节点，审核所有策略的成功和失败操作，如图 4-1-2 所示。

STEP 2 合理设置安全日志属性。以管理员身份执行 eventvwr.msc 命令，打开事件查看器，展开【Windows 日志】节点，右击【安全】选项，在弹出的菜单中选择【属性】命令，打开日志属性对话框，合理设置日志最大大小和事件覆盖阈值，如图 4-1-3 所示。

STEP 3 查看用户登录成功情况。展开【Windows 日志】→【安全】节点，在安全日志右侧【操作】窗格中，选择【筛选当前日志】选项，弹出【筛选当前日志】对话框，在相应的文本框中输入事件 ID 4624 进行筛选（ID 4624 表示查看用户登录成功情况），如图 4-1-4 所示。

187

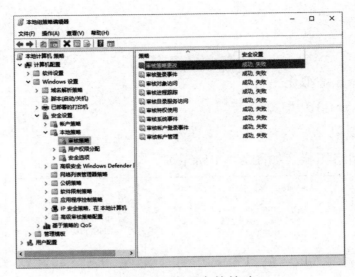

图 4-1-2　启用审核策略

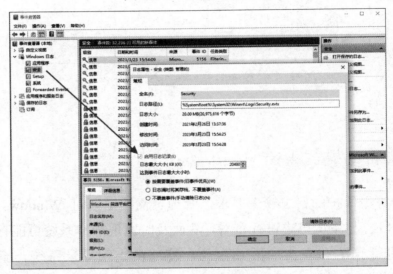

图 4-1-3　日志属性设置

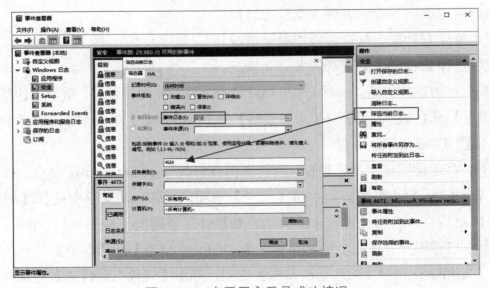

图 4-1-4　查看用户登录成功情况

STEP 4　查看事件属性。右击筛选后的事件日志，在弹出的快捷菜单中选择【事件属性】命令，打开事件 4624 的属性对话框，如图 4-1-5 所示。从图 4-1-5 中可以看到登录信息中登录类型为 3（网络登录），任务类别为 Logon，启用审核且审核成功。

STEP 5　查看用户登录失败情况。同理，筛选事件 ID 为 4625 的事件信息，查看事件属性，如图 4-1-6 所示。从图 4-1-6 中可以查看登录信息中登录类型为 2（本地登录），任务类别为 Logon，启用审核且审核失败。

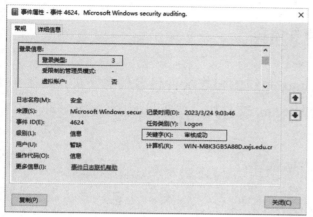

图 4-1-5　打开事件 4624 的属性对话框

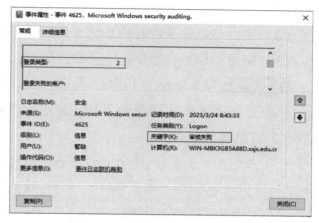

图 4-1-6　查看事件属性

STEP 6　查看事件日志启动服务。在【事件查看器】界面中，首先选择系统日志，然后在系统日志右侧【操作】窗格中，选择【筛选当前日志】选项，弹出【筛选当前日志】对话框，在相应的文本框中输入事件 ID 6005-6006 进行筛选，如图 4-1-7 所示。

STEP 7　查看事件 6005 的事件属性。可以看到事件日志服务已经启动，记录时间即为服务启动的时间，如图 4-1-8 所示。

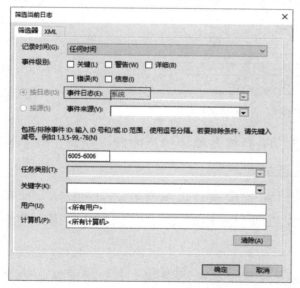

图 4-1-7　查看事件日志启动服务

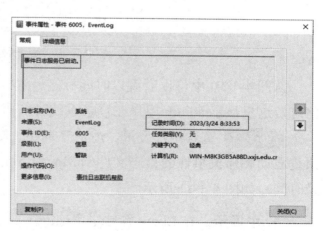

图 4-1-8　事件 6005 的事件属性

活动 2　使用命令查看 Linux 日志

[数字资源]

视频：使用命令
查看 Linux 日志

　　根据网络安全等级保护的日志管理要求，管理员需要定期对 Linux 日志进行查看，从而及时发现操作系统可能存在的安全风险，进行相关预防和安全加固工作。为此，管理员以 admin 身份登录系统，提升权限，查看相关的事件日志，具体活动要求如下：

（1）使用 tail 命令查看用户认证相关的安全事件信息。

（2）使用 last 命令查看用户登录、注销等事件信息。

（3）使用 cat 命令查看系统启动的日志信息。

　　`STEP 1`　以 admin 身份登录系统，查看 Linux 系统的日志文件设置信息，如图 4-1-9 所示，框线处表示用户认证安全事件记录在/var/log/secure 文件中，日志信息等级为*，即包含所有 0～7 信息等级。

```
[admin@localhost ~]$ grep -v -E "^\$| ^#" /etc/rsyslog.conf
$ModLoad imuxsock # provides support for local system logging (e.g. via logger command)
$ModLoad imjournal # provides access to the systemd journal
$WorkDirectory /var/lib/rsyslog
$ActionFileDefaultTemplate RSYSLOG_TraditionalFileFormat
$IncludeConfig /etc/rsyslog.d/*.conf
$OmitLocalLogging on
$IMJournalStateFile imjournal.state
*.info; mail.none; authpriv.none; cron.none          /var/log/messages
authpriv.*                                            /var/log/secure
mail.*                                               -/var/log/maillog
cron.*                                                /var/log/cron
*.emerg                                               :omusrmsg:*
uucp, news.crit                                       /var/log/spooler
local7.*                                              /var/log/boot.log
```

图 4-1-9　日志文件设置信息

　　`STEP 2`　查看用户认证的安全事件。以 admin 身份提升权限后使用 tail 命令查看 secure 日志文件中用户认证的安全事件，如图 4-1-10 所示。

```
[admin@localhost ~]$ sudo tail /var/log/secure
Mar 25 10:51:46 localhost unix_chkpwd[7734]: password check failed for user (admin)
Mar 25 10:51:46 localhost gdm-password]: pam_unix(gdm-password:auth): authentication failure;
logname= uid=0 euid=0 tty=/dev/tty1 ruser= rhost=   user=admin
```

图 4-1-10　查看用户认证的安全事件

　　从图 4-1-10 中可以看到以时间标签、主机名、子系统名称、消息的顺序呈现了安全事件信息，这里显示 admin 用户在登录系统时密码验证失败。

　　`STEP 3`　查看用户登录、注销等事件。使用 last 命令查看记录着每个用户登录、注销及系统启动和停机事件的日志文件/var/log/wtmp。框线处显示用户 admin 在 pts/0 虚拟终端的登录时间，如图 4-1-11 所示。

> 🔊 **小提示：** 在 Linux 系统中，wtmp、btmp 等日志文件是二进制文件，需要使用专用工具或命令查看。

```
[admin@localhost ~]$ last
admin    pts/0        :0            Sat Mar 25 10:55   still logged in
admin    pts/0        :0            Sat Mar 25 10:53 - 10:53  (00:00)
admin    :0           :0            Sat Mar 25 10:52   still logged in
reboot   system boot  3.10.0-957.el7.x Sat Mar 25 10:48 - 12:04  (01:16)
Chenli   pts/2        :2            Wed Mar 22 15:11 - 16:43  (01:32)
Chenli   :2           :2            Wed Mar 22 15:11 - 16:43  (01:32)
Luobin   pts/1        :1            Wed Mar 22 11:39 - 16:43  (05:04)
Luobin   :1           :1            Wed Mar 22 11:38 - down   (05:06)
admin    pts/0        :0            Wed Mar 22 11:31 - 16:43  (05:11)
admin    :0           :0            Wed Mar 22 11:28 - 16:43  (05:14)
reboot   system boot  3.10.0-957.el7.x Wed Mar 22 10:59 - 16:45  (05:46)
admin    pts/0        :0            Mon Jul 11 17:26 - 17:28  (-23:-58)
admin    :0           :0            Mon Jul 11 17:23 - 17:28  (-23:-54)
admin    :0           :0            Mon Jul 11 01:20 - 17:22  (16:01)
reboot   system boot  3.10.0-957.el7.x Mon Jul 11 01:19 - 16:45 (254+15:25)

wtmp begins Mon Jul 11 01:19:38 2022
```

图 4-1-11　查看 wtmp 日志文件

STEP 4　查看系统启动日志信息。执行 sudo cat /var/log/dmesg 命令查看系统启动日志信息，框线处显示了系统内核版本、引导镜像和语言环境等信息，如图 4-1-12 所示。

```
[admin@localhost ~]$ sudo cat /var/log/dmesg
[    0.000000] Initializing cgroup subsys cpuset
[    0.000000] Initializing cgroup subsys cpu
[    0.000000] Initializing cgroup subsys cpuacct
[    0.000000] Linux version 3.10.0-957.el7.x86_64 (mockbuild@kbuilder.bsys.centos.org) (gcc v
ersion 4.8.5 20150623 (Red Hat 4.8.5-36) (GCC) ) #1 SMP Thu Nov 8 23:39:32 UTC 2018
[    0.000000] Command line: BOOT_IMAGE=/vmlinuz-3.10.0-957.el7.x86_64 root=/dev/mapper/centos
-root ro rd.lvm.lv=centos/root rd.lvm.lv=centos/swap rhgb quiet LANG=zh_CN.UTF-8
[    0.000000] Disabled fast string operations
[    0.000000] e820: BIOS-provided physical RAM map:
[    0.000000] BIOS-e820: [mem 0x0000000000000000-0x000000000009ebff] usable
[    0.000000] BIOS-e820: [mem 0x000000000009ec00-0x000000000009ffff] reserved
[    0.000000] BIOS-e820: [mem 0x00000000000dc000-0x00000000000fffff] reserved
[    0.000000] BIOS-e820: [mem 0x0000000000100000-0x000000007fedffff] usable
```

图 4-1-12　系统启动日志信息

思考与练习

1．请简述 Windows 日志文件的查看方法。

2．请简述常见的 Linux 日志文件及其作用。

3．请简述 Linux 日志文件的查看方法。

4．在 Windows 10 客户端上远程登录 Windows Server 2019 服务器，以管理员身份运行 eventvwr.msc 程序，查看安全日志中远程用户登录事件。

任务 2　日志过滤

学习目标

1．能掌握 Windows 系统中过滤日志的方法；

2．能掌握 Linux 系统中过滤日志的方法；

3．能使用筛选器过滤指定的 Windows 日志；

4．能使用命令筛选所需的 Linux 日志；

5．通过日志过滤操作，培养并保持良好的系统防护意识和防护习惯。

📖 任务描述

为了精准查看公司用户操作系统的日志，管理员需要使用过滤技术进行操作系统日志的筛选，从而及时发现可能存在的异常情况，做好系统的安全防护工作。为此，管理员需要完成以下运维工作：

（1）使用事件查看器在 Windows 安全日志中筛选出所需的事件日志。

（2）使用 grep 或 egrep 命令从 Linux 日志中找出所需的事件日志。

📅 知识准备

Windows 和 Linux 系统生成的大多数事件日志表示日常活动，那么如何快速找到提供安全信息的事件日志呢？日志过滤可以帮助管理员精准地筛选出特定的事件日志，从而发现操作系统的问题，以便预防和处理。

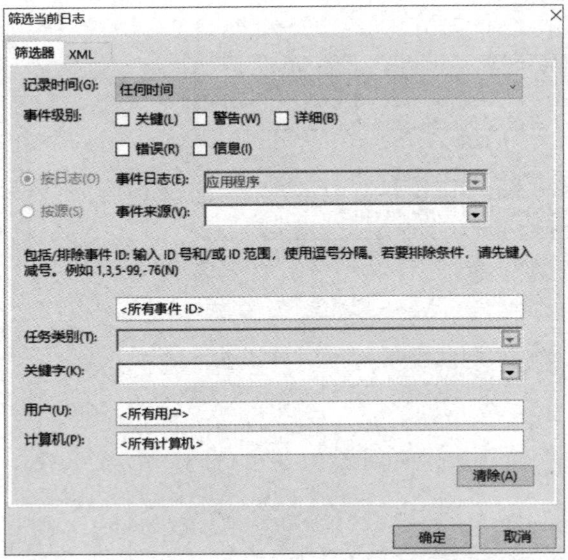

图 4-2-1　Windows 日志筛选器

1．Windows 日志过滤

在 Windows 事件查看器的筛选器中，可以通过记录时间、事件级别、事件来源、事件 ID、关键字、用户及计算机进行事件日志的过滤，如图 4-2-1 所示。

其中，筛选器中的事件 ID 是非常重要的过滤条件。在安全应急响应的初级阶段，经常使用事件 ID 作为筛选条件对安全事件日志进行检索和分析。

常见的事件 ID 如表 4-2-1 所示。

表 4-2-1　常见的事件 ID

事件 ID	含义	事件 ID	含义
4624	账户登录成功	4720	创建用户
4625	账户登录失败	4732	一个成员被添加到启用安全的本地组中
4776	域控制器尝试验证账户的凭据	4634	账户已注销

2．Linux 日志过滤

在 Linux 系统中，可以通过 grep、egrep、awk、sed 等命令来实现高效的日志搜索和过滤。下面重点介绍 grep 命令的用法。

grep 命令语法格式：grep [OPTION] PATTERNS [FILE]。

grep 命令常用的选项及其含义如表 4-2-2 所示。

表 4-2-2　grep 命令常用的选项及其含义

选项	含义
-c	仅列出文件中包含模式的行数
-i	忽略模式中的字母大小写
-v	列出没有匹配模式的行，可以使用该选项来排除关键字
-n	列出所有的匹配行，并显示行号
-r	递归搜索
-E	支持使用扩展的正则表达式
-s	不显示不存在或无匹配文本的错误信息

PATTERNS 正则表达式的主要参数如表 4-2-3 所示。

表 4-2-3　PATTERNS 正则表达式的主要参数

参数	含义
*	匹配前一个字符 0 次或多次
.	匹配任意单个字符
[]	匹配方括号中的任意单个字符
[^]	匹配除方括号中字符外的所有字符
[-]	匹配连续的字符串范围
^	匹配以字符串开头的行
$	匹配以字符串结尾的行

例如，执行 grep "authentication failure" /var/log/secure 命令，可以从用户认证相关的安全事件日志文件中检索出用户认证失败信息。

任务环境

✓　VM Workstation 虚拟化平台

✓　Windows Server 2019 虚拟机

✓　CentOS 7 虚拟机

✓　实验环境的网络拓扑（如图 4-2-2 所示）

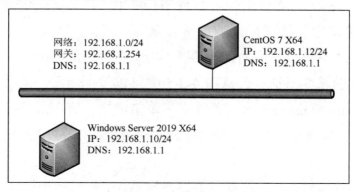

图 4-2-2　网络拓扑

[数字资源]

视频：使用日志
筛选器过滤特定
的安全日志

学习活动

活动 1　使用日志筛选器过滤特定的安全日志

　　管理员需要对 Windows 安全日志进行筛选，从而及时发现操作系统可能存在的安全风险，对其进行预防和处理。为此，管理员小顾登录系统，筛选出特定的 Windows 安全日志，具体活动要求如下：

（1）使用事件查看器查看 Windows 安全日志。

（2）使用日志筛选器过滤特定事件 ID 的日志。

STEP 1　以管理员身份执行 eventvwr.msc 命令，打开【事件查看器】界面，展开【Windows 日志】→【安全】节点，查看 Windows 安全日志，如图 4-2-3 所示。

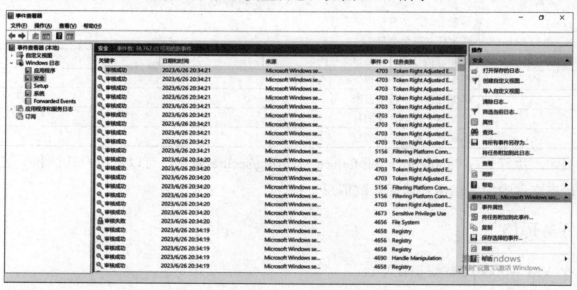

图 4-2-3　Windows 安全日志

STEP 2　在安全日志右侧【操作】窗格中，选择【筛选当前日志】选项，在弹出的【筛选当前日志】对话框的相应文本框中输入事件 ID 4720（4720 表示创建用户成功情况），如图 4-2-4 所示，单击【确定】按钮后过滤出符合条件的日志。

STEP 3　选择一个事件日志，右击该事件日志，在弹出的快捷菜单中选择【事件属性】命令，打开事件 4720 的属性对话框。从图 4-2-5 中可以看到新账户的账户名为 hrgongyong、任务类别为 User Account Management、关键字为审核成功，表明成功创建了一个新用户。

STEP 4　同理，过滤事件 ID 为 4726（4726 表示删除用户成功情况）的日志，如图 4-2-6 所示。

STEP 5　查看事件属性。右击过滤后的事件日志，在弹出的快捷菜单中选择【事件属性】命令，打开事件 4726 的属性对话框。从图 4-2-7 中可以看到已删除用户账户的信息、任务类别为 User Account Management、关键字为审核成功，表明成功删除了一个新用户。

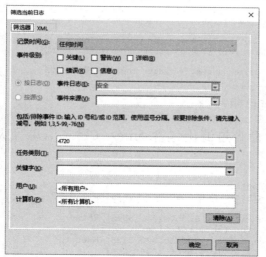

图 4-2-4　过滤事件 ID 为 4720 的日志

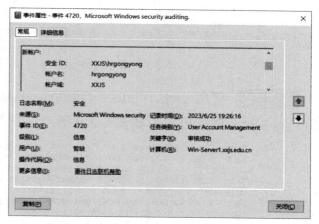

图 4-2-5　审核创建用户成功情况

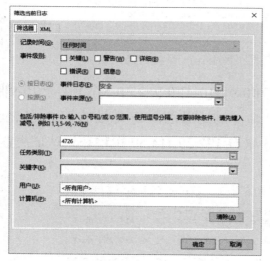

图 4-2-6　过滤事件 ID 为 4726 的日志

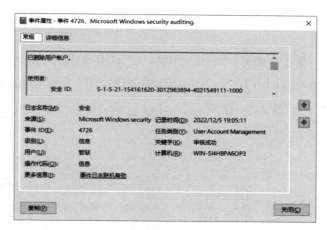

图 4-2-7　审核删除用户成功情况

活动 2　使用 grep 命令过滤 Linux 日志

[数字资源]
视频：使用 grep
命令过滤 Linux
日志

管理员需要对 Linux 安全日志进行筛选分析，从而及时发现操作系统可能存在的安全风险，对其进行预防和处理。为此，管理员小顾登录系统，筛选出特定的 Linux 系统日志和安全日志，具体活动要求如下：

（1）使用 grep 命令过滤出指定日期的 Linux 安全日志。

（2）使用 grep 命令过滤出日志信息等级为 info 的 Linux 系统日志。

（3）使用 grep 命令过滤出包含 IP 地址的 Linux 安全日志。

STEP 1　以 admin 身份登录系统，提升权限，使 grep "Oct　1" /var/log/secure 命令过滤出 10 月 1 日的 Linux 安全日志，如图 4-2-8 所示。

```
[root@localhost ~]# grep "Oct  1" /var/log/secure
Oct  1 19:59:41 localhost gdm-password]: pam_unix(gdm-password:session): session opened for use
r admin by (uid=0)
Oct  1 19:59:43 localhost polkitd[6159]: Unregistered Authentication Agent for unix-session:c1
(system bus name :1.29, object path /org/freedesktop/PolicyKit1/AuthenticationAgent, locale zh_
CN.UTF-8) (disconnected from bus)
Oct  1 19:59:44 localhost polkitd[6159]: Registered Authentication Agent for unix-session:204 (
system bus name :1.465 [/usr/bin/gnome-shell], object path /org/freedesktop/PolicyKit1/Authenti
cationAgent, locale zh_CN.UTF-8)
Oct  1 20:00:06 localhost su: pam_unix(su-l:session): session opened for user root by admin(uid
=1000)
```

图 4-2-8　使用 grep 命令过滤出指定日期的 Linux 安全日志

STEP 2　使用 grep "<info>" /var/log/messages 命令过滤出包含<info>（日志信息等级为 info）的 Linux 系统日志，如图 4-2-9 所示。

```
[root@localhost ~]# grep "<info>" /var/log/messages
Oct  1 20:12:19 localhost ModemManager[6182]: <info>  ModemManager (version 1.6.
10-1.el7) starting in system bus...
Oct  1 20:12:20 localhost NetworkManager[6296]: <info>  [1696162340.3318] Networ
kManager (version 1.12.0-6.el7) is starting... (for the first time)
Oct  1 20:12:20 localhost NetworkManager[6296]: <info>  [1696162340.3328] Read c
onfig: /etc/NetworkManager/NetworkManager.conf (lib: 10-slaves-order.conf)
Oct  1 20:12:20 localhost NetworkManager[6296]: <info>  [1696162340.3559] bus-ma
nager: acquired D-Bus service "org.freedesktop.NetworkManager"
Oct  1 20:12:20 localhost NetworkManager[6296]: <info>  [1696162340.3565] manage
r[0x556ad3291000]: monitoring kernel firmware directory '/lib/firmware'.
Oct  1 20:12:20 localhost NetworkManager[6296]: <info>  [1696162340.3930] hostna
me: hostname: using hostnamed
```

图 4-2-9　使用 grep 命令过滤出指定等级的 Linux 系统日志

STEP 3　使用 grep -E "(([0-9]|[1-9][0-9]|1[0-9][0-9]|2[0-4][0-9]|25[0-5])\.){3}\>([0-9]|[1-9][0-9]|1[0-9][0-9]|2[0-4][0-9]|25[0-5])" /var/log/secure 命令过滤出包含 IP 地址的 Linux 安全日志，如图 4-2-10 所示，可以看到 10 月 2 日 09:27:13 来自 172.29.114.59 远程登录认证失败的日志信息。

```
[root@localhost ~]# grep -E "(([0-9]|[1-9][0-9]|1[0-9][0-9]|2[0-4][0-9]|25[0-5])\.){3}\
>([0-9]|[1-9][0-9]|1[0-9][0-9]|2[0-4][0-9]|25[0-5])" /var/log/secure
Oct  2 09:19:24 localhost sshd[1120]: Server listening on 0.0.0.0 port 22.
Oct  2 09:27:03 localhost sshd[4653]: Accepted password for root from 172.29.114.172 port
53070 ssh2
Oct  2 09:27:03 localhost sshd[4659]: Accepted password for root from 172.29.114.172 port
53077 ssh2
Oct  2 09:27:13 localhost sshd[4655]: pam_unix(sshd:auth): authentication failure; logname
= uid=0 euid=0 tty=ssh ruser= rhost=172.29.114.59  user=root
Oct  2 09:27:15 localhost sshd[4655]: Failed password for root from 172.29.114.59 port 512
69 ssh2
Oct  2 09:27:24 localhost sshd[4655]: Failed password for root from 172.29.114.59 port 512
69 ssh2
```

图 4-2-10　使用 grep 命令过滤出包含 IP 地址的 Linux 安全日志

思考与练习

1．请简述 Windows 系统中日志过滤的方法。

2．请简述 Linux 系统中日志过滤的方法。

3．请说出 grep 命令中常用的正则表达式及其含义。

4．在 Linux 系统中，使用 grep 命令，从用户认证相关的安全事件日志文件中过滤出 authentication failure 的日志信息并分析。

任务 3　日志导出

★ 学习目标

1. 能掌握 Windows 日志导出的方法；
2. 能掌握 Linux 日志导出的方法；
3. 能使用事件查看器导出 Windows 日志；
4. 能搭建 Linux 日志服务器收集日志；
5. 通过日志导出与收集，为日志排查提供条件，培养并保持良好的防护习惯。

🔍 任务描述

公司 Windows 和 Linux 服务器运行出现异常，根据上级安全应急处理部门的要求，需要管理员导出日志，并将日志提供给安全运维人员进行问题分析和排查。为此，管理员需要完成以下运维工作：

（1）使用事件查看器导出 Windows 安全日志。

（2）搭建一台 Linux 日志服务器收集日志。

📅 知识准备

导出日志是一项常见的运维任务，它可以帮助追踪和分析操作系统的运行情况，排查问题及监控系统的性能。

1. Windows 日志导出方法

通常使用事件查看器导出 Windows 日志，具体方法如下：

以管理员身份执行 eventvwr.msc 命令，打开事件查看器，展开【Windows 日志】节点，选择相应的日志类型（应用程序、安全、系统等），在右侧【操作】窗格中，选择【将所有事件另存为】选项，如图 4-3-1 所示，选择存储路径和文件名，完成日志导出。

图 4-3-1　Windows 日志导出

2．Linux 日志导出和收集

在 Linux 系统中，可以将日志文件复制到其他目录或服务器上，也可以将日志推送到日志服务器上，并将其提供给安全运维人员进行分析。

（1）使用 Linux 命令行导出日志

Linux 系统中常用的导出日志命令有：cp、scp、cat、last、tail 等。

例如，将/var/log/messages 日志文件复制到远程管理工作站 admin 用户主目录下，命令如下：

```
[root@localhost~]scp /var/log/messages admin@192.168.1.102:/home/admin
```

（2）将日志推送到日志服务器上

在 Linux 系统中，rsyslog 是一个高性能的日志管理工具，可以帮助收集、过滤和转发日志。可以使用 rsyslog 将日志导出到远程服务器或者其他存储设备上，如图 4-3-2 所示。

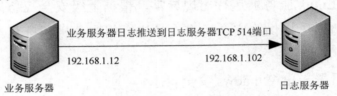

图 4-3-2　客户端日志导出到日志服务器

rsyslog 配置文件通常为/etc/rsyslog.conf，可以根据需要进行相应的配置。rsyslog 配置文件分为 3 部分：MODULES 相关模块配置、GLOBAL DIRECTIVES 全局配置、RULES 日志记录相关的规则配置，日志服务器和业务服务器部分配置解析如下：

```
--------------------------------日志服务器 rsyslog 配置--------------------------------
#MODULES                                    //相关模块配置
# Provides UDP syslog reception
#$ModLoad imudp                             //使用 UDP 协议传输日志数据
#$UDPServerRun 514                          //端口为 514 端口
# Provides TCP syslog reception
#$ModLoad imtcp                             //使用 TCP 协议传输日志数据
#$InputTCPServerRun 514                     //端口为 514 端口
#### GLOBAL DIRECTIVES ####                 //全局配置
$template IpTemplate,"/var/log/%FROMHOST-IP%.log"  //定义模板，日志文件的名称是基于远程日志发
送机器的 IP 地址进行命名的
*.* ?IpTemplate                            //将 IpTemplate 模板应用到所有接收到的日志上
--------------------------------业务服务器 rsyslog 配置--------------------------------
#### RULES ####    //日志记录相关的规则配置
*.info;mail.none;authpriv.none;cron.none         /var/log/messages
//表示所有 info 级别日志记录到/var/log/messages 文件中，而 mail、authpriv、cron 相关日志不记录到
/var/log/messages 文件中。其中，*.info 表示所有 info 级别，使用分号隔开，none 表示没有级别即不记录
authpriv.*    /var/log/secure        //authpriv 所有等级日志记录到本地/var/log/secure 文件中，
也可以自定义路径和文件名
authpriv.* @@192.168.1.102           //authpriv 所有等级日志传到 192.168.1.102 日志服务器上
```

任务环境

✓ VM Workstation 虚拟化平台

✓ Windows Server 2019 虚拟机

✓ CentOS 7 虚拟机 2 台

✓ 实验环境的网络拓扑（如图 4-3-3 所示）

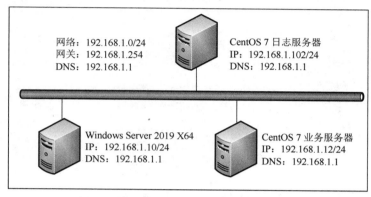

图 4-3-3　网络拓扑

学习活动

活动 1　导出 Windows 日志

[数字资源]

视频：导出 Windows
日志

　　公司一台 Windows 服务器突然发生问题，服务异常，根据安全运维人员要求，管理员需要将安全日志和系统日志导出，发给安全运维人员小顾。具体活动要求如下：

（1）管理员导出 Windows 安全日志和系统日志。

（2）安全运维人员小顾查看收到的日志文件。

　STEP 1　以管理员身份执行 eventvwr.msc 命令，打开【事件查看器】界面，展开【Windows 日志】节点，Windows 日志列表如图 4-3-4 所示。

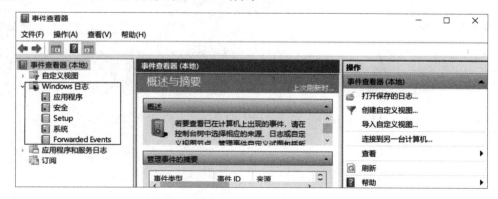

图 4-3-4　Windows 日志列表

STEP 2 右击 Windows 日志列表中的【安全】选项，在弹出的快捷菜单中选择【将所有事件另存为】命令，导出安全日志，如图 4-3-5 所示。

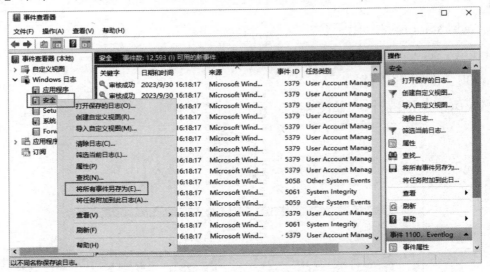

图 4-3-5　导出安全日志

在弹出的保存窗口中指定日志存放位置和文件名 secevents.evtx，单击【确定】按钮后，弹出【显示信息】对话框，选中【显示这些语言的信息】单选按钮，如图 4-3-6 所示，单击【确定】按钮后完成安全日志的导出。

STEP 3 同理，右击 Windows 日志列表中的【系统】选项，在弹出的快捷菜单中选择【将所有事件另存为】命令，导出系统日志，如图 4-3-7 所示。

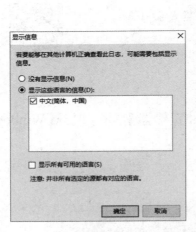

图 4-3-6　【显示信息】对话框 　　　　　　　　图 4-3-7　导出系统日志

STEP 4 安全运维人员小顾查看管理员发来的安全日志文件 secevents.evtx，如图 4-3-8 所示，就可以进行日志分析了。

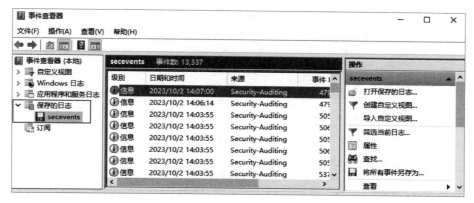

图 4-3-8   查看日志

活动 2   搭建 Linux 日志服务器收集日志

[数字资源]

视频：搭建 Linux
日志服务器收集
日志

公司要求搭建一台 Linux 日志服务器，将业务服务器的日志推送到远端日志服务器上，实现日志的集中、统一式管理。具体活动要求如下：

（1）配置 Linux 日志服务器，接收来自业务服务器的日志。

（2）配置 Linux 业务服务器，将安全日志推送到 192.168.1.102 日志服务器上。

（3）在日志服务器上查看业务服务器发送的日志信息。

STEP 1   配置日志服务器。以 admin 身份登录系统，提升权限，使用 vim /etc/rsyslog.conf 命令编辑日志配置文件，开启 TCP 514 端口接收日志，定义接收日志文件存放位置（/var/log/%FROMHOST-IP%.log），如图 4-3-9 所示。

重启 rsyslog 服务，配置防火墙放行 TCP 514 端口，关闭 SELinux 功能，如图 4-3-10 所示。

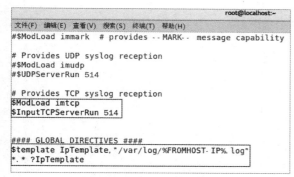

```
文件(F)  编辑(E)  查看(V)  搜索(S)  终端(T)  帮助(H)

#$ModLoad immark  # provides --MARK-- message capability

# Provides UDP syslog reception
#$ModLoad imudp
#$UDPServerRun 514

# Provides TCP syslog reception
$ModLoad imtcp
$InputTCPServerRun 514


#### GLOBAL DIRECTIVES ####
$template IpTemplate,"/var/log/%FROMHOST-IP%.log"
*.* ?IpTemplate
```

```
[root@localhost ~]# systemctl restart rsyslog
[root@localhost ~]# firewall-cmd --add-port=514/tcp --permanent
success
[root@localhost ~]# firewall-cmd --reload
success
[root@localhost ~]# setenforce 0
```

图 4-3-9   配置日志服务器   图 4-3-10   重启服务、放行端口、关闭 SELinux 功能

STEP 2   配置业务服务器。以 admin 身份登录系统，提升权限，使用 vim /etc/rsyslog.conf 命令编辑日志配置文件，添加"*.*   @@192.168.1.102:514"，如图 4-3-11 所示。使用 systemctl restart rsyslog 命令，重启 rsyslog 服务使配置生效。

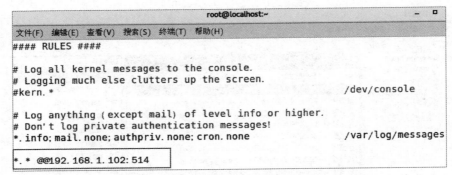

图 4-3-11　配置业务服务器推送日志

STEP 3　首先在业务服务器上模拟认证失败，产生安全日志；然后在日志服务器上查看业务服务器推送的日志文件/var/log/192.168.1.12.log，如图 4-3-12 所示。

```
[root@localhost ~]# cat /var/log/192.168.1.12.log | grep "auth"
2023-10-02T16:25:56+08:00 localhost su: pam_unix(su:auth): authentication failure;
logname=admin uid=1000 euid=0 tty=pts/1 ruser=admin rhost=  user=root
2023-10-02T16:25:56+08:00 localhost su: pam_succeed_if(su:auth): requirement "uid >
= 1000" not met by user "root"
```

图 4-3-12　查看收集到的业务服务器的日志信息

思考与练习

1．请简述 Windows 日志导出的方法。

2．请简述 Linux 日志导出和收集的方法。

3．关于 Linux 日志服务器，日志是怎样进行分类的？日志分类基于哪些属性？

4．搭建一台 Linux 日志服务器，开启 UDP 514 端口接收来自业务服务器的日志信息，并测试验证。

任务 4　日志排查

学习目标

1．能掌握 Windows 日志分析思路；

2．能掌握 Linux 日志分析思路；

3．能掌握日志收集的范围、内容及存储位置；

4．能通过日志分析，了解重要的用户行为、系统资源的异常使用等安全事件；

5．通过日志排查操作，培养并保持良好的系统防护意识和防护习惯。

任务描述

为了记录和查看公司用户操作系统的日志，公司依据网络安全等级保护对于日志管理的要求"应详细记录运维操作日志，包括日常巡检工作、运行维护记录、参数的设置和修改等内容"，安排管理员掌握对系统日志的审计操作，从而及时发现可能存在的异常情况，做好操作系统的安全防护工作。为此，公司管理员需要完成以下运维工作：

（1）排查 Windows 日志。

（2）排查 Linux 日志。

知识准备

日志排查是安全事件应急响应和安全运维过程中非常重要的步骤。通过对日志进行排查与分析，用户可以定位攻击源、攻击路径，找到问题并加固操作系统，同时对事后定责有着非常重要的作用。

1. Windows 日志分析思路

在安全事件中，有的攻击者会在操作系统上创建用户，有的攻击者在远程登录后会安装一些木马进行远程控制。因此，基于这些攻击行为，需要通过日志的分析、排查，找到问题。Windows 日志排查的基本思路如下：

首先查看是否创建了用户，然后查看该用户是否成功登录，最后查看用户什么时间注销。基于这个时间段，排查系统日志，查看安装了哪些程序。

（1）查找创建用户的日志（事件 ID 为 4720），如图 4-4-1 所示，发现在 2023/10/2 18:26:31 创建了 hack 用户。

（2）查看用户登录成功的日志（事件 ID 为 4624），如图 4-4-2 所示，发现在 2023/10/2 18:27:43 hack 用户登录成功。

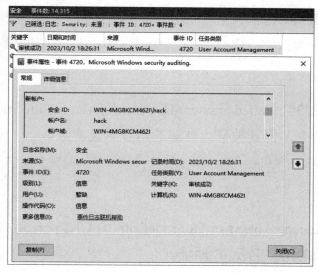

图 4-4-1　创建用户的日志　　　　　　图 4-4-2　用户登录成功的日志

（3）查看用户注销成功的日志（事件 ID 为 4634），如图 4-4-3 所示，发现在 2023/10/2 19:00:13 hack 用户注销成功。

图 4-4-3　用户注销成功的日志

接下来，就可以查找 Windows 的系统日志，找到相应的登录与注销时间段，排查恶意账户的操作，获知后门账户或后门程序。

2．Linux 日志的分析思路

Linux 系统可以借助 Shell 命令对安全日志进行分析，其基本思路也是先通过检查成功登录或是失败登录的次数，查找可能被暴力破解与登录的时间段，再进一步查找相应时段的 Linux 系统日志或应用服务日志，找到后门账户与植入后门程序的蛛丝马迹。其方法如下：

（1）查找被暴力破解的 IP 地址

基于登录失败的日志记录，关键字符是 Failed password for invalid，IP 地址在第 13 个字段，执行如下命令，得到 IP 地址及登录失败次数。

```
grep "Failed password for invalid" /var/log/secure | awk '{print $13}' | sort | uniq -c | sort -nr
```

（2）查找被暴力破解的用户名字典

同理，基于 Mar 3 11:47:57 localhost sshd[2238]: Failed password for invalid user guanli from 10.1.1.1 port 56420 ssh2 日志记录，执行如下命令，得到被暴力破解的用户名及次数。

```
grep "Failed password for invalid" /var/log/secure | awk '{print $11}' | sort | uniq -c | sort -nr
```

（3）查看登录成功的用户名及 IP 地址

基于 Mar 3 11:47:57 localhost sshd[2231]: Accepted password for root from 10.1.1.1 port 56339 ssh2 日志记录，执行如下命令，得到登录成功的用户名及 IP 地址。

```
grep "Accepted" /var/log/secure | awk '{print $9,$11}'| sort | uniq-c| sort-nr
```

任务环境

✓　VM Workstation 虚拟化平台

- ✔ Windows Server 2019 虚拟机
- ✔ CentOS 7 虚拟机
- ✔ 实验环境的网络拓扑（如图 4-4-4 所示）

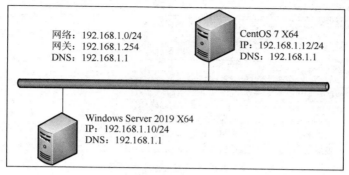

网络：192.168.1.0/24
网关：192.168.1.254
DNS：192.168.1.1

CentOS 7 X64
IP：192.168.1.12/24
DNS：192.168.1.1

Windows Server 2019 X64
IP：192.168.1.10/24
DNS：192.168.1.1

图 4-4-4　网络拓扑

 学习活动

活动 1　排查 Windows 日志

[数字资源]

视频：排查 Windows
日志

公司的一台 Windows 服务器突然发生问题，服务出现异常，安全运维人员紧急处理，将服务器断网后，经过仔细排查日志，发现有账户登录的痕迹，于是将服务器的日志导出带回。现要求安全技术人员对系统日志进行审计，具体活动要求如下：

（1）分析攻击者渗透入侵的手段。

（2）分析攻击者登录后的用户行为。

STEP 1　首先，将异常服务器的日志导入，经过初步浏览，发现有大量的登录尝试、验证失败事件。然后，通过事件 ID 4625、4776 过滤发现凭据验证事件从 13:56 开始就大量存在。因此，确定攻击者采用了暴力破解手段尝试登录日志，如图 4-4-5 所示。

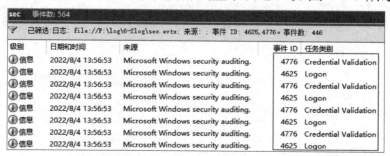

图 4-4-5　攻击者尝试登录日志

STEP 2　继续排查分析，发现经过大量的暴力破解后，攻击者已经破解出密码，成功登录系统了，如图 4-4-6 所示。

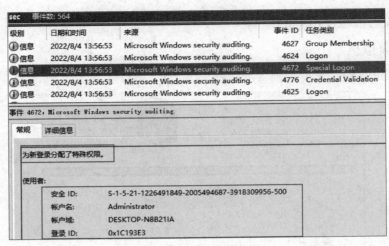

图 4-4-6　成功登录日志

从图 4-4-6 中可以看到，攻击者使用 Administrator 账户登录了系统，说明攻击者成功暴力破解了 Administrator 账户的密码。

STEP 3　继续查看该账户的操作事件，可以发现从 14:06 开始进行了任务类别为 User Account Management 和 Security Group Management 的操作，如图 4-4-7 和图 4-4-8 所示。

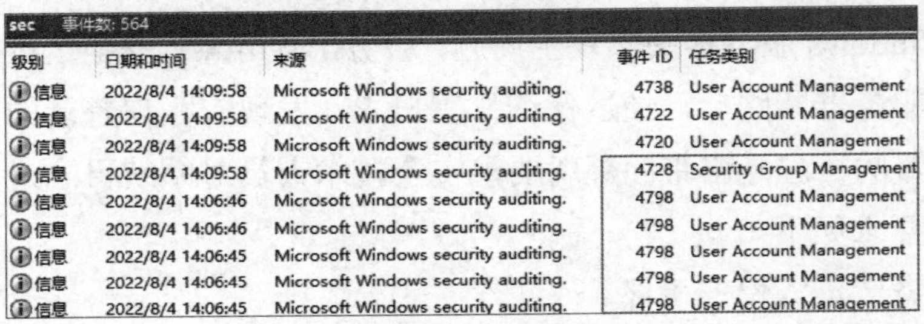

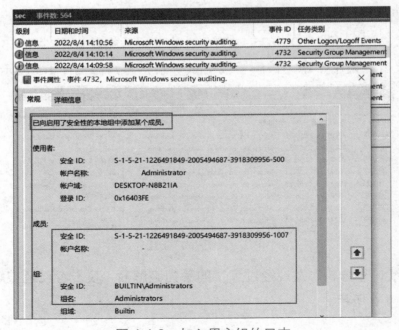

图 4-4-7　用户账户管理的日志

图 4-4-8　加入用户组的日志

从图 4-4-7 和图 4-4-8 中可以看到，攻击者在系统里创建了 SID 为 1007 的用户账户，并将该用户账户加入 Administrators 组。

STEP 4 进一步对照相关日志，可以发现 SID 为 1007 的用户的账户名为 hack21$，如图 4-4-9 所示。

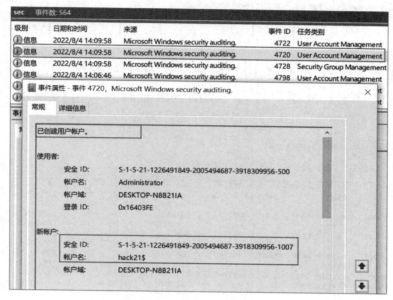

图 4-4-9 确认后门账户

经过这样的排查分析，安全技术人员确认：

（1）攻击者采用了暴力破解 Administrator 账户密码的手段进行渗透入侵。

（2）攻击者使用 Administrator 账户登录后，创建了一个后门账户 hack21$，并将其加入 Administrators 组，方便保持对系统的控制权限。

通过这一事件，安全运维人员得到的经验教训是系统管理员必须设置强密码，而且需要定期更换密码。

活动 2 排查 Linux 日志

[数字资源]

视频：排查 Linux 日志

公司的 Linux 服务器到了规定的运维时间，日志已经下载到本地，要求安全技术人员在本地 Linux 系统上对日志进行排查，具体活动要求如下：

（1）排查日志，查找暴力破解的来源 IP 地址。

（2）排查相关日志，查找暴力破解的用户名。

（3）排查日志，确认暴力破解成功的用户。

STEP 1 以 admin 身份登录本地 Linux 系统，提升权限，将已经下载到本地的服务器日志文件 testlog.tar.gz 解压缩到目录/tmp/log 下，如图 4-4-10 所示。

```
[root@localhost admin]# mkdir /tmp/log
[root@localhost admin]# tar zxvf testlog.tar.gz -C /tmp/log
var/log/
var/log/tallylog
var/log/grubby_prune_debug
var/log/lastlog
var/log/btmp
var/log/wtmp
var/log/tuned/
var/log/tuned/tuned.log
var/log/audit/
```

图 4-4-10　解压缩日志文件

STEP 2　排查日志，找出 root 用户最后一次的登录时间，以及从什么地方登录，如图 4-4-11 所示，可以看到 root 用户最后一次的登录时间为 Aug 10 16:50，从 tty1 本地控制台登录。

```
[root@localhost log]# pwd
/tmp/log
[root@localhost log]# last -f var/log/wtmp
root     tty1                          Wed Aug 10 16:50   gone - no logout
reboot   system boot  3.10.0-957.el7.x Wed Aug 10 16:36 - 18:08 (342+01:31)
root     pts/0        192.168.3.112    Tue Aug  9 21:22 - down   (04:37)
root     tty1                          Tue Aug  9 17:34 - 01:59  (08:24)
reboot   system boot  3.10.0-957.el7.x Tue Aug  9 17:34 - 01:59  (08:25)
root     tty1                          Mon Aug  8 22:28 - 04:26  (05:58)
reboot   system boot  3.10.0-957.el7.x Mon Aug  8 22:28 - 04:26  (05:58)
root     tty1                          Tue Jun  7 19:08 - 19:13  (00:05)
reboot   system boot  3.10.0-957.el7.x Tue Jun  7 19:07 - 04:26 (62+09:19)
root     tty1                          Sat Dec 29 21:43 - 21:44  (00:00)
reboot   system boot  3.10.0-957.el7.x Sat Dec 29 21:43 - 21:44  (00:00)
reboot   system boot  3.10.0-957.el7.x Sat Dec 29 21:41 - 21:43  (00:01)
root     tty1                          Sat Dec 29 21:39 - 21:40  (00:00)
reboot   system boot  3.10.0-957.el7.x Sat Dec 29 21:39 - 21:40  (00:00)

wtmp begins Sat Dec 29 21:39:47 2018
```

图 4-4-11　root 用户最后一次的登录时间与方式

STEP 3　排查相关日志，找出 root 用户最后一次网络登录的来源 IP 地址，如图 4-4-12 所示，可以看到登录来源 IP 地址为 192.168.3.112。

```
[root@localhost log]# pwd
/tmp/log
[root@localhost log]# last -f var/log/wtmp
root     tty1                          Wed Aug 10 16:50   gone - no logout
reboot   system boot  3.10.0-957.el7.x Wed Aug 10 16:36 - 18:08 (342+01:31)
root     pts/0        192.168.3.112    Tue Aug  9 21:22 - down   (04:37)
root     tty1                          Tue Aug  9 17:34 - 01:59  (08:24)
reboot   system boot  3.10.0-957.el7.x Tue Aug  9 17:34 - 01:59  (08:25)
root     tty1                          Mon Aug  8 22:28 - 04:26  (05:58)
reboot   system boot  3.10.0-957.el7.x Mon Aug  8 22:28 - 04:26  (05:58)
root     tty1                          Tue Jun  7 19:08 - 19:13  (00:05)
reboot   system boot  3.10.0-957.el7.x Tue Jun  7 19:07 - 04:26 (62+09:19)
root     tty1                          Sat Dec 29 21:43 - 21:44  (00:00)
reboot   system boot  3.10.0-957.el7.x Sat Dec 29 21:43 - 21:44  (00:00)
reboot   system boot  3.10.0-957.el7.x Sat Dec 29 21:41 - 21:43  (00:01)
root     tty1                          Sat Dec 29 21:39 - 21:40  (00:00)
reboot   system boot  3.10.0-957.el7.x Sat Dec 29 21:39 - 21:40  (00:00)

wtmp begins Sat Dec 29 21:39:47 2018
```

图 4-4-12　root 用户最后一次网络登录的来源 IP 地址

STEP 4　从记录失败的、错误的登录尝试及验证事件日志文件/var/log/btmp 中继续排查，找出最后两次登录错误的时间和来源 IP 地址，如图 4-4-13 所示。

```
[root@localhost log]# lastb -f var/log/btmp -n 2
panda    ssh:notty    192.168.3.112    Wed Aug 10 17:06 - 17:06  (00:00)
panda    ssh:notty    192.168.3.112    Wed Aug 10 17:06 - 17:06  (00:00)
```

图 4-4-13　找出最后两次登录错误的时间和来源 IP 地址

STEP 5　统计从 ssh 登录错误的次数及出现的时间段，如图 4-4-14 所示。

```
[root@localhost log]# lastb -f var/log/btmp | grep ssh | awk '{print $1,$7,$8,$9}'| uniq -c
    157 panda 17:06 - 17:06
     97 panda 17:05 - 17:05
     80 panda 17:04 - 17:04
    174 panda 17:03 - 17:03
    157 root 17:02 - 17:02
    114 root 17:01 - 17:01
```

图 4-4-14　从 ssh 登录错误的次数及时间段

从图 4-4-14 中可以看到，当前 panda 和 root 用户在 17:01～17:06 时间段内有登录错误的记录，统计次数如框线处所示。

STEP 6　排查/var/log/secure 日志文件，找到 panda 用户成功登录的时间，如图 4-4-15 所示。

```
[root@localhost log]# grep panda secure | grep -i --color accept
Aug 10 17:06:44 localhost sshd[10280]: Accepted password for panda from 192.168.3.112 port 55949 ssh2
```

图 4-4-15　panda 用户成功登录的时间

STEP 7　进一步排查日志，显示 panda 用户被验证错误的时间段，如图 4-4-16 所示。

```
[root@localhost log]# grep panda secure | grep -i --color fail | awk '{print $3}'|awk -F : '{print $1":"$2}' | sort | uniq -c
    411 17:03
    192 17:04
    257 17:05
    345 17:06
```

图 4-4-16　panda 用户被验证错误的时间段

从图 4-4-16 中的结果可以推断，在 17:03～17:06 时间段内 panda 用户密码正在被尝试暴力破解。

STEP 8　再进一步排查日志，显示还有 root 用户也被暴力破解，如图 4-4-17 所示。

```
[root@localhost log]# grep root secure | grep -i accept
Aug  9 21:22:17 localhost sshd[9358]: Accepted password for root from 192.168.3.112 port 61872 ssh2
Aug  9 21:22:17 localhost sshd[9362]: Accepted password for root from 192.168.3.112 port 61876 ssh2
Aug  9 21:22:40 localhost sshd[9390]: Accepted password for root from 192.168.3.112 port 61909 ssh2
[root@localhost log]# grep root secure | grep -i --color fail | awk '{print $3}'|awk -F : '{print $1":"$2}' | sort | uniq -c
    304 17:01
    350 17:02
      2 21:41
```

图 4-4-17　排查 root 用户的登录验证

分析图 4-4-17 可知，root 用户在 17:01～17:02 时间段内被暴力破解密码，但攻击者并未猜出密码，root 用户于 21:22 正常登录。

思考与练习

1．请简述排查 Windows 日志的思路与步骤。

2．请简述排查 Linux 日志的思路与步骤。

3．请列举 grep、awk、sort 和 uniq 命令的使用方法。

4．在给定的 Linux 日志中排查分析，找出暴力破解的来源 IP 地址、用户名及成功登录时间。

防火墙安全配置

保护主机边界安全，防止恶意攻击，维护公司基础设施稳定运行。在网络安全等级保护安全运维管理规定中，明确要求"应在网络边界或区域之间根据访问控制策略设置访问控制规则，默认情况下除允许通信外受控接口拒绝所有通信"。因此，防火墙安全配置在操作系统安全加固和管理中非常重要。

本模块需要掌握的主要知识与技能有：

- Windows 防火墙的配置方法
- Linux 防火墙的配置方法
- 虚拟防火墙（云防火墙）的配置方法

通过对本模块知识的学习，以及技能的训练，可以掌握以下操作技能：

- 能根据实际应用需求，配置 Windows 防火墙
- 能根据实际应用需求，配置 Linux 防火墙
- 能根据实际应用需求，配置虚拟防火墙

任务 1　Windows 防火墙配置

★ 学习目标

1. 能掌握 Windows 防火墙基于网络位置启用与关闭的方法；
2. 能掌握 Windows 防火墙建立入站规则、出站规则的方法；
3. 能基于网络位置启用与关闭防火墙；
4. 能根据应用需求建立入站规则或出站规则；
5. 通过配置 Windows 防火墙实现访问安全，培养并保持良好的安全意识和防护习惯。

任务描述

公司部署了一台 Windows 服务器，提供文件共享服务。根据网络安全等级保护的要求："应在不同等级的网络区域边界部署访问控制机制，设置访问控制规则"，网络安全运维人员考虑到服务器的访问安全，需要启用 Windows 防火墙，为其建立安全的访问控制规则，在默认情况下除允许通信外，受控接口拒绝所有通信。为此，管理员需要完成以下运维工作：

（1）启用 Windows 防火墙，允许用户使用 ping 命令测试与该服务器的连通性。

（2）配置防火墙规则，只允许 192.168.1.0/24 网络访问该服务器的远程桌面服务。

知识准备

Windows 高级安全防火墙是一种主机防火墙，提供基于主机的双向流量筛选，它可以阻止进出本地设备的未经授权的流量，以保护计算机免受外部恶意软件的攻击。

1．Windows 防火墙与网络位置

为了增加计算机在网络中的安全性，位于不同网络位置的计算机有不同的 Windows 防火墙设置。例如，位于公用网络的计算机，其防火墙设置较为严格，而位于专用网络的计算机，其防火墙设置则较为宽松。系统将网络位置分为专用网络、公用网络与域网络，通过网络和共享中心来查看网络位置，如图 5-1-1 所示，该计算机所在的网络位置为公用网络。

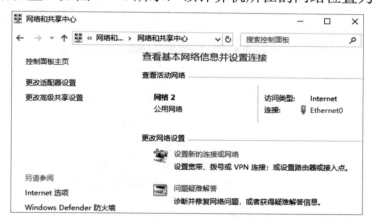

图 5-1-1　查看网络位置

2．Windows 防火墙的启用与关闭

系统默认已启用 Windows 防火墙，若要更改设置，则可以通过选择【开始】→【Windows系统】→【控制面板】选项，在打开的界面中选择【系统和安全】选项，打开【系统与安全】界面，选择【Windows Defender 防火墙】选项，在打开的界面中选择【启用或关闭 WindowsDefender 防火墙】选项来更改，如图 5-1-2 所示，可以分别针对专用网络与公用网络位置来设置。

图 5-1-2　启用与关闭防火墙

Windows 防火墙会阻挡绝大部分的入站连接，除了默认允许的应用和功能。可以通过选择图 5-1-2 中的【允许应用或功能通过 Windows Defender 防火墙】选项，打开【允许的应用】界面来添加、更改或删除所允许的应用和功能，如图 5-1-3 所示。

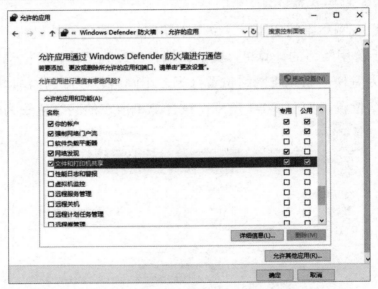

图 5-1-3　设置防火墙允许的应用和功能

3．Windows 防火墙的高级安全设置

不同的网络位置有不同的 Windows 防火墙规则设置，同时也有不同的配置文件，主要有以下 3 种。

- 域配置文件：用于存在针对 Active Directory 域控制器的账户身份验证系统的网络。
- 专用配置文件：专门并且最好在专用网络中使用，如家庭网络。
- 公共配置文件：在设计时考虑了公共网络（如咖啡店、机场、酒店、商店等场所提供的 Wi-Fi 热点）的安全性。

根据应用需求，可以进一步针对这些配置文件设置防火墙规则，通过以下方法进行修改：

在【本地计算机 上的高级安全 Windows Defender 防火墙 属性】对话框中针对每个配置文件进行详细设置，默认入站/出站设置，如图 5-1-4 所示。

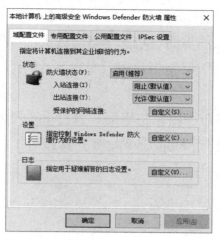

图 5-1-4　默认入站/出站设置

📖 **小提示：** 若要最大限度保证安全，则请勿更改入站连接默认的阻止设置。

📚 **任务环境**

- ✓ VM Workstation 虚拟化平台
- ✓ Windows Server 2019 虚拟机
- ✓ Windows 10 虚拟机
- ✓ 实验环境的网络拓扑（如图 5-1-5 所示）

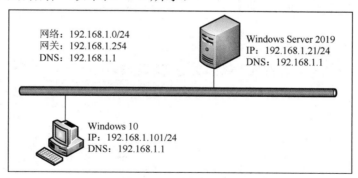

图 5-1-5　网络拓扑

🔧 **学习活动**

[数字资源]

视频：配置防火墙开放 Ping 通信

活动 1　配置防火墙开放 Ping 通信

公司要求安全运维人员开启 Windows 服务器防火墙，考虑到运维管理的方便，需要开放 Ping 通信，具体活动要求如下：

（1）检查 Windows Defender 防火墙是否启用。

（2）开放 ICMP 协议回显请求，并在客户端中利用 ping 命令测试。

STEP 1　在 Windows 服务器上，选择【开始】→【Windows 系统】→【控制面板】选项，在打开的界面中选择【系统和安全】选项，打开【系统与安全】界面，选择【Windows Defender 防火墙】选项，在打开的界面中选择【启用或关闭 Windows Defender 防火墙】选项，在【自定义设置】界面中确认防火墙是否启用，如图 5-1-6 所示，显示防火墙在专用网络位置和公用网络位置均已启用。

STEP 2　在客户端中打开命令提示符界面，执行 ping 192.168.1.21 命令，如图 5-1-7 所示，显示请求超时，表明无法利用 ping 命令与服务器通信。

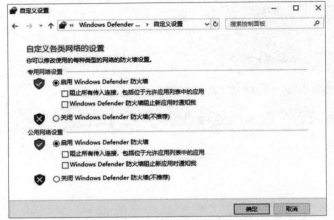

图 5-1-6　确认防火墙已启用

图 5-1-7　测试连通性

STEP 3　在任务栏搜索框中输入 wf.msc，打开【高级安全 Windows Defender 防火墙】界面，在左侧窗格中选择【入站规则】选项，如图 5-1-8 所示。

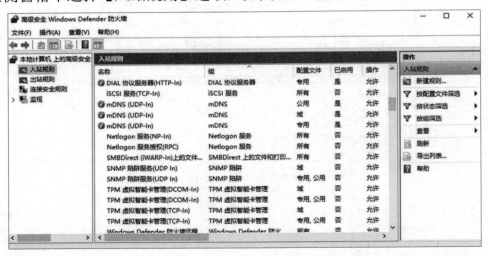

图 5-1-8　选择【入站规则】选项

STEP 4　单击【入站规则】窗格中【协议】列自动排序，快速找到【文件和打印机共享(回显请求-ICMPv4-In)】规则，双击该规则打开属性对话框，在【常规】选区中勾选【已启用】复选框，如图 5-1-9 所示，单击【确定】按钮，启用该入站规则。

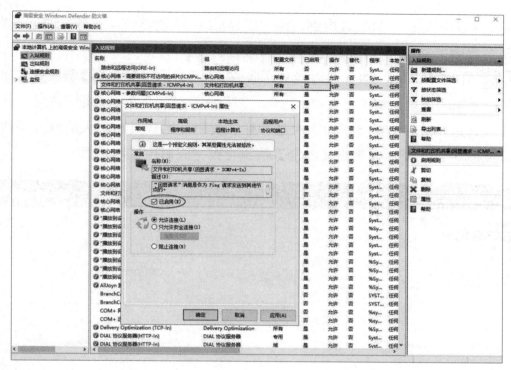

图 5-1-9　启用【文件和打印机共享(回显请求-ICMPv4-In)】规则

📢 小提示： 为了方便找到相应规则，可以单击【入站规则】窗格中的【协议】列、【本地端口】列等进行排序，也可以通过右侧【操作】窗格中的【按组筛选】选项进行排序。

STEP 5　在客户端中执行 ping 192.168.1.21 命令，如图 5-1-10 所示，表明利用 ping 命令已经能够与服务器通信了。

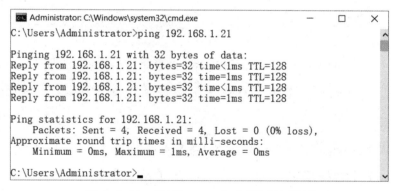

图 5-1-10　利用 ping 命令测试连通性

活动 2　配置防火墙允许特定网络访问远程桌面服务

为了方便 IT 运维人员远程管理 Windows 服务器，要求对该服务器启用远程桌面服务，配置防火墙只允许公司内部网络 192.168.1.0/24 能远程连接到该服务器并对其进行管理，具体活动要求如下：

（1）开启服务器的远程桌面管理功能。

[数字资源]

视频:配置防火墙允许特定网络访问远程桌面服务

（2）配置防火墙规则，只允许内部网络 192.168.1.0/24 能够访问服务器的远程桌面服务。

（3）在客户端中利用远程桌面连接服务器进行验证。

STEP 1 开启 Windows 服务器远程桌面服务。在【服务器管理器】界面中选择【本地服务器】选项，选择远程桌面的【已禁用】选项，弹出【系统属性】对话框，在【远程桌面】选区中选中【允许远程连接到此计算机】单选按钮，弹出【远程桌面防火墙例外将被启用】的提示信息，如图 5-1-11 所示，单击【确定】按钮直到完成启用远程桌面。

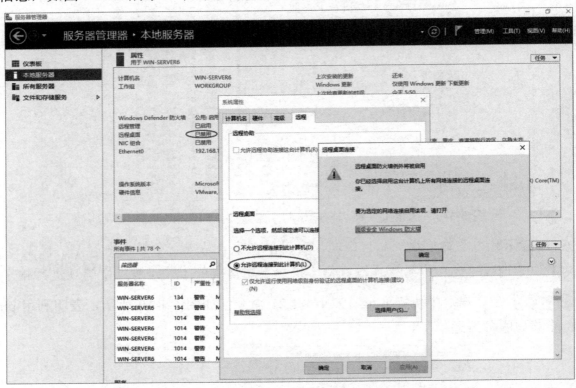

图 5-1-11　开启 Windows 服务器远程桌面服务

🔊 小提示：关于远程桌面连接用户，默认允许系统管理员账户 Administrator 能够连接服务器。

STEP 2 在 Windows Defender 防火墙的【入站规则】中，双击【远程桌面-用户模式(TCP - In)】规则，打开远程桌面属性对话框，在【常规】选项卡中可以看到已勾选【已启用】复选框和选中【允许连接】单选按钮，如图 5-1-12 所示。

STEP 3 进一步设置特定网络连接远程桌面服务。在远程桌面属性对话框中，选择【作用域】选项卡，添加允许远程连接的 IP 地址，如图 5-1-13 所示，连续单击【确定】按钮完成规则设置。

STEP 4 在 192.168.1.101 客户端中验证。在任务栏搜索框中输入 mstsc，打开【远程桌面连接】对话框，在【计算机】文本框中输入服务器 IP 地址 192.168.1.21，单击【连接】按钮，在弹出的输入凭据对话框中，输入连接服务器的用户名和密码，如图 5-1-14 所示。

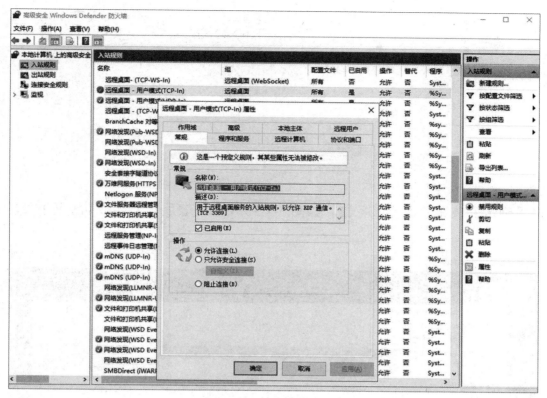

图 5-1-12 启用远程桌面规则

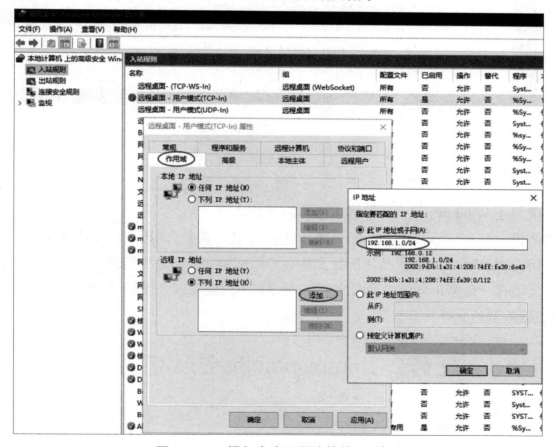

图 5-1-13 添加允许远程连接的 IP 地址

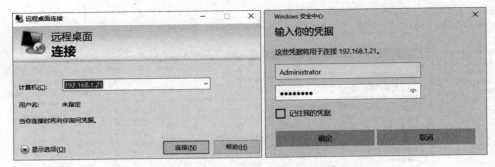

图 5-1-14　远程桌面连接服务器

单击【确定】按钮后连接服务器，如图 5-1-15 所示，表明客户端成功地连接到了远程服务器。

图 5-1-15　已远程桌面连接到服务器

思考与练习

1．请简述 Windows 防火墙与网络位置的关系。

2．请说出 Windows Defender 防火墙开放 Ping 通信需要启用哪个入站规则？

3．请简述 Windows 防火墙域配置文件、专用配置文件和公用配置文件的应用场景。

4．公司有一台 Windows 文件服务器，请设置防火墙规则，仅允许 192.168.3.0/24 网络能够访问该服务器的文件共享服务。

任务 2　Linux iptables 防火墙配置

学习目标

1．能掌握 iptables 规则表和链；

2．能掌握 iptables 命令的用法；

3．能根据应用需求使用 iptables 配置主机防火墙规则；

4．通过 iptables 防火墙配置，培养并保持系统防护的良好意识和防护习惯。

任务描述

公司有一台 CentOS 6 服务器提供业务服务，依据网络安全等级保护对于访问控制的要求，为了做好服务器的防护工作，需要设置访问控制规则，在默认情况下除允许通信外，受控接口拒绝所有通信。为此，管理员需要完成以下运维工作：

（1）配置 iptables 防火墙规则，仅允许管理工作站访问服务器的 TCP 22 端口。

（2）配置 iptables 防火墙规则，只允许特定网络访问该服务器的 Web 服务。

知识准备

iptables 是 Linux 系统提供的一个非常优秀的防火墙工具，支持数据包过滤、数据包转发、地址转换等安全功能。它可以用于搭建 Linux 主机防火墙，也可以用于搭建网络防火墙。

1．iptables 表和链

iptables 默认的表有 filter、nat、mangle、raw，每个表中包含多个链：PREROUTING、INPUT、FORWARD、OUTPUT、POSTROUTING。常用的表和链如下。

（1）filter 表：用于过滤数据包，控制网络流量，它有以下 3 种内建链。

- INPUT 链：数据包进入本机之前对其进行处理。
- OUTPUT 链：数据包从本机发出之前对其进行处理。
- FORWARD 链：数据包转发到其他主机之前对其进行处理。

（2）nat 表：用于等待数据包进行地址转换，实现网络地址转换 NAT 功能，它有以下 3 种内建链。

- PREROUTING 链：处理刚到达本机并在路由转发之前的数据包，它会转换数据包中的目标 IP 地址，通常用于 DNAT。
- POSTROUTING 链：处理即将离开本机的数据包，它会转换数据包中的源 IP 地址，通常用于 SNAT。
- OUTPUT 链：数据包从本机发出之前对其进行处理。

iptables 允许用户向内置表的链中添加、删除规则，实现数据包的过滤、地址转换等，过滤框架如图 5-2-1 所示。

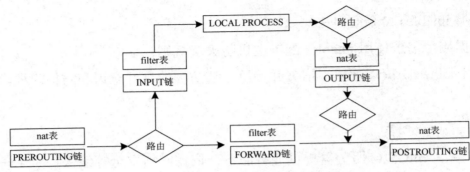

图 5-2-1　iptables 过滤框架

- 如果是外部主机发送数据包给防火墙本机，则数据将会经过 PREROUTING 链与 INPUT 链。
- 如果是防火墙本机发送数据包给外部主机，则数据将会经过 OUTPUT 链与 POSTROUTING 链。
- 如果防火墙作为路由负责转发数据，则数据将经过 PREROUTING 链、FORWARD 链及 POSTROUTING 链。

2. iptables 命令

使用 iptables 命令添加、删除防火墙规则，命令格式如下：

```
iptables [-t table] <-A|-D|-I|-R|-P|-L|-F|-Z> chain rule-specification [options]
```

iptables 命令选项说明如表 5-2-1 所示。

表 5-2-1　iptables 命令选项说明

选项	说明	选项	说明
-A	追加防火墙规则	-j	指定匹配当前规则要处理的动作：ACCEPT、DROP、REJECT、LOG 等
-D	删除防火墙规则	-p	指定协议
-I	插入防火墙规则	-s	指定源地址
-R	替换防火墙规则	-d	指定目的地址
-P	设置链默认规则	-i	指定入站网络接口
-L	列出防火墙规则	-o	指定出站网络接口
-F	清空防火墙规则	--sport	指定源端口
-Z	清空防火墙数据表统计信息	--dport	指定目的端口
-t	指定表名，不使用-t 默认为 filter 表	--state	指定状态

例如，允许 172.16.1.100 访问服务器的 TCP 3306 端口，执行如下命令：

```
iptables -t filter -A INPUT -p tcp -s 172.16.1.100 --dport 3306 -j ACCEPT
```

任务环境

✓ VM Workstation 虚拟化平台

✓ CentOS 6 虚拟机

✓ CentOS 7 虚拟机

✔ 实验环境的网络拓扑（如图 5-2-2 所示）

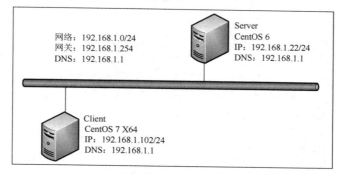

图 5-2-2　网络拓扑

学习活动

活动 1　配置防火墙仅允许特定主机访问 SSH 服务

公司有一台 CentOS 6 服务器，管理员需要设置防火墙规则，仅允许特定的主机访问该服务器的 TCP 22 端口。为此，管理员以 admin 身份登录服务器，提升权限，需要完成如下工作：

（1）仅允许 192.168.1.102 主机访问服务器的 TCP 22 端口。

（2）允许所有主机 Ping 通信。

[数字资源]

视频：配置防火墙仅允许特定主机访问 SSH 服务

STEP 1　配置 INPUT 链默认策略。登录服务器，执行 iptables -P INPUT DROP 命令，修改 INPUT 链默认策略，采用权限最小化原则，只放行允许的流量，如图 5-2-3 所示。

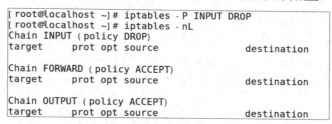

图 5-2-3　修改 INPUT 链规则为 DROP

STEP 2　仅允许 192.168.1.102 主机访问服务器的 TCP 22 端口。在终端中执行 iptables -A INPUT -p tcp -s 192.168.1.102 --dport 22 -j ACCEPT 命令，添加访问 SSH 服务规则，如图 5-2-4 所示。

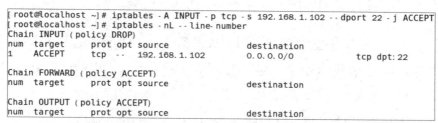

图 5-2-4　添加访问 SSH 服务规则

STEP 3　允许所有主机 Ping 通信。在终端中执行 iptables -A INPUT -p icmp -j ACCEPT 命令，如图 5-2-5 所示。

```
[root@localhost ~]# iptables -A INPUT -p icmp -j ACCEPT
[root@localhost ~]# iptables -nL --line-number
Chain INPUT (policy DROP)
num  target      prot opt source              destination
1    ACCEPT      tcp  --  192.168.1.102        0.0.0.0/0           tcp dpt:22
2    ACCEPT      icmp --  0.0.0.0/0            0.0.0.0/0

Chain FORWARD (policy ACCEPT)
num  target      prot opt source              destination

Chain OUTPUT (policy ACCEPT)
num  target      prot opt source              destination
```

图 5-2-5　添加规则允许所有主机 Ping 通信

STEP 4　保存防火墙规则。在终端中执行 iptables-save 命令，如图 5-2-6 所示。

```
[root@localhost ~]# iptables-save
# Generated by iptables-save v1.4.21 on Wed Oct  4 13:23:41 2023
*filter
:INPUT DROP [85:22698]
:FORWARD ACCEPT [0:0]
:OUTPUT ACCEPT [12:727]
-A INPUT -s 192.168.1.102/32 -p tcp -m tcp --dport 22 -j ACCEPT
-A INPUT -p icmp -j ACCEPT
COMMIT
# Completed on Wed Oct  4 13:23:41 2023
```

图 5-2-6　保存防火墙规则

STEP 5　客户端验证。在 192.168.1.102 主机上执行 ping 和 ssh 命令测试验证，如图 5-2-7 所示。

```
[root@localhost ~]# ping 192.168.1.22 -c 2
PING 192.168.1.22 (192.168.1.22) 56(84) bytes of data.
64 bytes from 192.168.1.22: icmp_seq=1 ttl=64 time=0.290 ms
64 bytes from 192.168.1.22: icmp_seq=2 ttl=64 time=0.315 ms

--- 192.168.1.22 ping statistics ---
2 packets transmitted, 2 received, 0% packet loss, time 1001ms
rtt min/avg/max/mdev = 0.290/0.302/0.315/0.021 ms
[root@localhost ~]# ssh admin@192.168.1.22
admin@192.168.1.22's password:
Last login: Wed Oct  4 13:43:49 2023 from 192.168.1.102
[admin@localhost ~]$ w
 13:46:45 up 2 days, 17:33,  3 users,  load average: 0.00, 0.01, 0.19
USER     TTY      FROM            LOGIN@   IDLE   JCPU   PCPU WHAT
admin    :0       :0              日20    ?xdm?  5:35m  0.61s /usr/lib
admin    pts/2    :0              二17    3:25   0.28s  9.73s /usr/lib
admin    pts/0    192.168.1.102   13:46   4.00s  0.02s  0.00s w
[admin@localhost ~]$
[admin@localhost ~]$ exit
登出
Connection to 192.168.1.22 closed.
```

图 5-2-7　客户端验证

活动 2　配置防火墙只允许特定网络访问 Web 服务

公司有一台 CentOS 6 服务器对内部提供 Web 服务，管理员需要设置防火墙规则，只允许特定网络访问该服务器的 Web 服务。为此，管理员以 admin 身份登录服务器，提升权限，需要完成如下工作：

（1）仅允许 192.168.1.0/24 网络访问服务器 TCP 80 和 443 端口。

（2）将 192.168.1.0/24 网络访问 Web 服务的所有数据包信息记录到

[数字资源]

视频：配置防火墙只允许特定网络访问 Web 服务

/var/log/iptables-web.log 日志文件中。

STEP 1 登录服务器，仅允许 192.168.1.0/24 访问该服务器 TCP 80 和 443 端口。在终端中执行命令添加两条规则，如图 5-2-8 所示。

```
[ root@localhost ~]# iptables -A INPUT -p tcp -s 192.168.1.0/24 --dport 80 -j ACCEPT
[ root@localhost ~]# iptables -A INPUT -p tcp -s 192.168.1.0/24 --dport 443 -j ACCEPT
[ root@localhost ~]# iptables -nL INPUT
Chain INPUT (policy DROP)
target      prot opt source              destination
ACCEPT      tcp  --  192.168.1.102       0.0.0.0/0            tcp dpt:22
ACCEPT      icmp --  0.0.0.0/0           0.0.0.0/0
ACCEPT      tcp  --  192.168.1.0/24      0.0.0.0/0            tcp dpt:80
ACCEPT      tcp  --  192.168.1.0/24      0.0.0.0/0            tcp dpt:443
```

图 5-2-8　添加访问 Web 服务规则

STEP 2 将 192.168.1.0/24 网络访问 Web 服务的所有数据包信息记录到/var/log/iptables-web.log 日志文件中，在终端中执行命令添加两条规则，如图 5-2-9 所示。

```
[ root@localhost ~]# iptables -I INPUT -p tcp -s 192.168.1.0/24 --dport 80 -j LOG --log-level 6
[ root@localhost ~]# iptables -I INPUT -p tcp -s 192.168.1.0/24 --dport 443 -j LOG --log-level 6
[ root@localhost ~]# iptables -nL INPUT --line-number
Chain INPUT (policy DROP)
num target      prot opt source              destination
1   LOG         tcp  --  192.168.1.0/24      0.0.0.0/0            tcp dpt:443 LOG flags 0 level 6
2   LOG         tcp  --  192.168.1.0/24      0.0.0.0/0            tcp dpt:80 LOG flags 0 level 6
3   ACCEPT      tcp  --  192.168.1.102       0.0.0.0/0            tcp dpt:22
4   ACCEPT      icmp --  0.0.0.0/0           0.0.0.0/0
5   ACCEPT      tcp  --  192.168.1.0/24      0.0.0.0/0            tcp dpt:80
6   ACCEPT      tcp  --  192.168.1.0/24      0.0.0.0/0            tcp dpt:443
```

图 5-2-9　添加规则记录日志

📢 **小提示：** 若要实现访问 Web 服务器的日志记录，则需要在/etc/rsyslog.conf 文件中添加一行：kern.info　/var/log/iptables-web.log，保存后重新启动 rsyslog 服务。

STEP 3 保存防火墙规则。在终端中执行 iptables-save 命令，如图 5-2-10 所示。

```
[ root@localhost ~]# iptables-save
# Generated by iptables-save v1.4.21 on Wed Oct  4 16:20:08 2023
*filter
:INPUT DROP [64:20731]
:FORWARD ACCEPT [0:0]
:OUTPUT ACCEPT [132:12704]
:LOGGING - [0:0]
-A INPUT -s 192.168.1.0/24 -p tcp -m tcp --dport 443 -j LOG --log-level 6
-A INPUT -s 192.168.1.0/24 -p tcp -m tcp --dport 80 -j LOG --log-level 6
-A INPUT -s 192.168.1.102/32 -p tcp -m tcp --dport 22 -j ACCEPT
-A INPUT -p icmp -j ACCEPT
-A INPUT -s 192.168.1.0/24 -p tcp -m tcp --dport 80 -j ACCEPT
-A INPUT -s 192.168.1.0/24 -p tcp -m tcp --dport 443 -j ACCEPT
COMMIT
# Completed on Wed Oct  4 16:20:08 2023
```

图 5-2-10　保存防火墙规则

STEP 4 在客户端中验证是否能够访问 Web 服务器。在 192.168.1.102 主机上使用浏览器访问 Web 服务器进行验证，如图 5-2-11 所示。

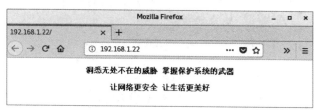

图 5-2-11　在客户端中访问 Web 服务器

STEP 5 在服务器中验证是否能够访问日志。在 Web 服务器上查看/var/log/iptables-web.log 日志文件内容，如图 5-2-12 所示。

```
[root@localhost ~]# cat /var/log/iptables- web.log
Oct  4 16:11:39 localhost kernel: IN=ens33 OUT= MAC=00:50:56:b0:b2:bb:00:50:56:b0
:ab:b0:08:00 SRC=192.168.1.102 DST=192.168.1.22 LEN=60 TOS=0x00 PREC=0x00 TTL=64
ID=21509 DF PROTO=TCP SPT=45024 DPT=80 WINDOW=29200 RES=0x00 SYN URGP=0
Oct  4 16:11:39 localhost kernel: IN=ens33 OUT= MAC=00:50:56:b0:b2:bb:00:50:56:b0
:ab:b0:08:00 SRC=192.168.1.102 DST=192.168.1.22 LEN=52 TOS=0x00 PREC=0x00 TTL=64
ID=21510 DF PROTO=TCP SPT=45024 DPT=80 WINDOW=229 RES=0x00 ACK URGP=0
```

图 5-2-12　在服务器中访问日志

思考与练习

1．请简述 Linux iptables 表和链的作用。

2．请简述 Linux iptables 命令的基本用法。

3．在 CentOS 6 服务器上，配置 iptables 防火墙，仅允许网络 192.168.3.0/24 对服务器 TCP 80、443、3306 端口访问，并记录访问日志。

任务 3　Linux firewalld 防火墙配置

学习目标

1．能掌握 firewalld 预定义区域的用途；

2．能掌握 firewalld 防火墙的配置方法；

3．能安装并启用 firewalld 防火墙；

4．能根据应用需求配置 firewalld 防火墙规则；

5．通过 firewalld 防火墙配置，培养并保持系统防护的良好意识和防护习惯。

任务描述

为了做好主机系统的防护工作，公司依据网络安全等级保护对于访问控制的要求"应对源地址、目的地址、源端口、目的端口和协议等进行检查，以允许/拒绝数据包进出"，需要设置访问控制规则，在默认情况下除允许通信外，受控接口拒绝所有通信。为此，管理员需要完成以下运维工作：

（1）安装 firewalld 并启动 firewalld 服务。

（2）使用 firewalld 工具配置防火墙规则。

知识准备

firewalld 防火墙是 CentOS 7 系统默认的防火墙管理工具，它提供了支持网络区域所定义的网络连接及接口安全等级的动态防火墙管理。

1. firewalld 区域

在 firewalld 中预先定义好了一些区域配置，将所有传入流量划分区域，每个区域都有自己的指定用途，都有属于自己的一套规则。firewalld 常用的区域如表 5-3-1 所示。

表 5-3-1 firewalld 常用的区域

区域名称	默认配置
public	除非与传出流量相关，或者与 ssh 或 dhcpv6-client 预定义服务匹配，否则拒绝传入流量。public 是新添加的网络接口的默认区域
internal	除非与传出流量相关，或者与 ssh、mdns、ipp-client、samba-client 或 dhcpv6-client 预定义服务匹配，否则拒绝传入流量
external	除非与传出流量相关，或者与 ssh 预定义服务匹配，否则拒绝传入流量。通过对此区域转发的 IPv4 传出流量进行伪装，使其看起来像来自传出网络接口的 IPv4 地址
dmz	除非与传出流量相关，或者与 ssh 预定义服务匹配，否则拒绝传入流量
trusted	允许所有传入流量

2. 管理 firewalld

firewalld 的管理方式共有 3 种，分别为使用命令工具 firewall-cmd、使用图形化工具 firewall-config、使用/etc/firewalld 中的配置文件。

通常在管理 firewalld 防火墙时，建议采用命令工具 firewall-cmd，其命令格式为 firewall-cmd [OPTIONS...]。

firewall-cmd 命令的常用选项及其说明如表 5-3-2 所示。

表 5-3-2 firewall-cmd 命令的常用选项及其说明

选项	说明
--list-all	检索当前区域的所有信息
--add-service=<SERVICE>	允许<SERVICE>的流量。如果未提供 --zone=选项，则将使用默认区域
--add-port=<PORT/PROTOCOL>	允许到<PORT/PROTOCOL>端口的流量。如果未提供--zone=选项，则将使用默认区域
--remove-service=<SERVICE>	从区域允许的列表中删除<SERVICE>。如果未提供 --zone=选项，则将使用默认区域
--permanent	将配置永久写入配置文件
--reload	丢弃当前运行时配置，并应用永久配置

例如，配置 Linux 服务器防火墙，放行 TCP 80 端口，其命令如下：

```
firewall-cmd --zone=public --add-port=80/tcp --permanent
firewall-cmd --reload
```

3. firewalld 富规则

firewalld 富规则是一种高级防火墙规则，它可以根据源 IP 地址、目标 IP 地址、端口、协议类型等条件进行过滤和控制，从而实现更加精细化的网络安全管理。

（1）富规则基本结构

firewalld 富规则为管理员提供了一种表达性语言，它的基本结构如下：

```
rule
  [source]
```

```
[destination]
Service|port|protocol|icmp-block|masquerade|forward-port
[log]
[audit]
[accept|reject|drop]
```

（2）使用富规则

firewall-cmd 命令有 4 个选项可用于处理富规则，富规则选项如表 5-3-3 所示。

表 5-3-3　富规则选项

选项	说明
--add-rich-rule="<RULE>"	向指定区域中添加<RULE>，如果未指定区域，则向默认区域中添加
--remove-rich-rule="<RULE>"	从指定区域中删除<RULE>，如果未指定区域，则从默认区域中删除
--query-rich-rule="<RULE>"	查询<RULE>是否已添加到指定区域中，如果未指定区域，则为默认区域。如果规则存在，则返回 0，否则返回 1
--list-rich-rules	输出指定区域的所有富规则，如果未指定区域，则为默认区域

例如，允许指定的 IP 地址 192.168.0.142 能够访问服务器 TCP 80 端口，使用富规则的 firewall-cmd 命令为 firewall-cmd --zone=public --add-rich-rule="rule family=ipv4 source address= 192.168.0.142/32 port port=80 protocol=tcp accept" --permanent;firewall-cmd --reload。

任务环境

- ✓ VM Workstation 虚拟化平台
- ✓ CentOS 7 虚拟机
- ✓ 实验环境的网络拓扑（如图 5-3-1 所示）

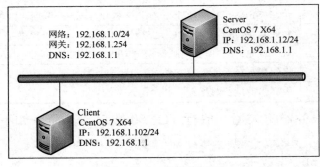

图 5-3-1　网络拓扑

[数字资源]

视频：安装和启动 firewalld 服务

学习活动

活动 1　安装和启动 firewalld 服务

根据网络安全等级保护的访问控制要求，管理员需要在 Linux 系统上开启防火墙服务并设置自启动，阻止未经允许的流量访问 Linux 服务器，不允许来自外部的 Ping 通信。为此，管理员以 admin 身份登录系统，提升权限，具体活动要求如下：

（1）安装 firewalld 软件包。

（2）开启 firewalld 服务并设置服务自启动。

（3）拒绝来自外部的 Ping 通信并验证防火墙的有效性。

STEP 1　安装 firewalld 软件包。以 admin 身份登录系统，提升权限后执行 yum install firewalld 命令，安装防火墙最新软件包，如图 5-3-2 所示。

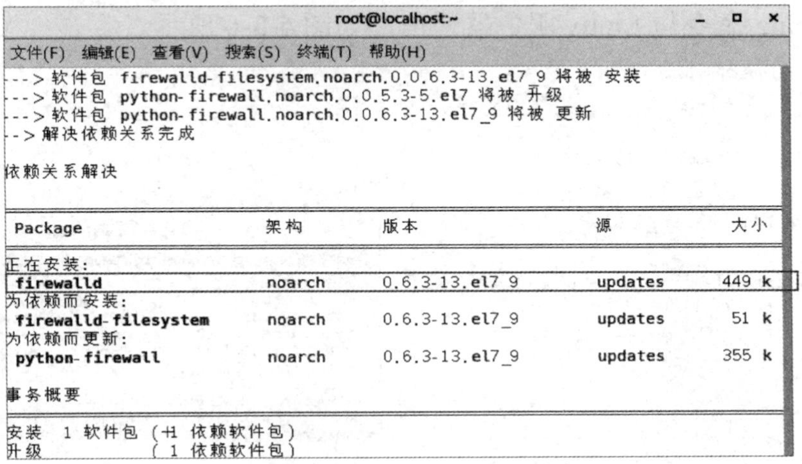

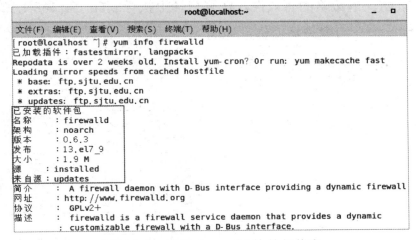

图 5-3-2　安装 firewalld 软件包

STEP 2　查看 firewalld 软件包信息。在终端中执行 yum info firewalld 命令，查看安装情况，如图 5-3-3 所示。

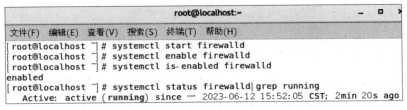

图 5-3-3　查看 firewalld 软件包信息

STEP 3　启动 firewalld 服务并设置自启动，如图 5-3-4 所示。

图 5-3-4　启动 firewalld 服务并设置自启动

STEP 4 查看默认的防火墙策略。在终端中执行 firewall-cmd --list-all 命令，显示当前区域的默认设置，如图 5-3-5 所示。

在图 5-3-5 中，防火墙默认区域为 public，默认允许 ssh 和 dhcpv6-client 服务接入，当数据包不能匹配以上显示处理规则时，则执行默认动作为 default，即接收 icmp 包并拒绝其他一切。

STEP 5 在客户端上 ping 测试。在客户机终端上执行 ping 192.168.1.12 -c 4 命令，显示客户端能够利用 ping 命令与 Linux 服务器通信，如图 5-3-6 所示。

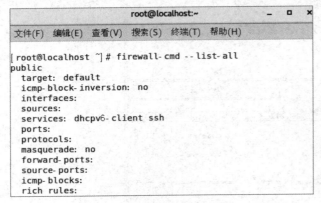

图 5-3-5　查看防火墙默认策略

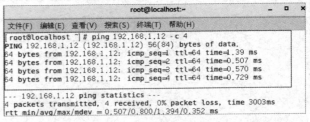

图 5-3-6　在客户端上 ping 测试

STEP 6 阻止所有 Ping 通信。在服务器上执行 firewall-cmd --zone=public --add-icmp-block=echo-request --permanent 命令，添加阻止 ping 请求规则，如图 5-3-7 所示。

STEP 7 验证防火墙策略的有效性。在客户端上执行 ping 192.168.1.12 -c 4 命令，显示客户端无法利用 ping 命令与服务器通信，如图 5-3-8 所示，说明防火墙策略生效。

图 5-3-7　阻止所有 Ping 通信

图 5-3-8　验证防火墙策略的有效性

活动 2　配置 firewalld 防火墙规则

[数字资源]

视频：配置 firewalld
防火墙规则

根据网络安全等级保护的访问控制要求，管理员需要在 Linux 服务器上配置防火墙规则，阻止特定网络访问该服务器的 Telnet、Samba 服务，禁止除 192.168.1.11 这个 IP 地址以外的所有 IP 地址连接 SSH 服务。为此，

管理员以 admin 身份登录系统，提升权限，需要完成如下工作：

（1）阻止特定网络 192.168.2.0/24 访问服务器的 Telnet 和 Samba 服务。

（2）禁止除 192.168.1.11 这个 IP 地址以外的所有 IP 地址连接 SSH 服务。

STEP 1　阻止特定网络访问服务器的 Telnet 服务。在终端中执行 firewall-cmd --zone=public --add-rich-rule="rule family=ipv4 source address=192.168.2.0/24 service name=telnet reject" --permanent 命令，并重新加载使配置生效，如图 5-3-9 所示。

图 5-3-9　添加规则阻止访问 Telnet 服务

STEP 2　阻止 192.168.2.0/24 网络主机访问服务器的 Samba 服务。在终端中执行 firewall-cmd --zone=public --add-rich-rule="rule family=ipv4 source address=192.168.2.0/24 service name=samba reject" --permanent 命令，并重新加载使配置生效，如图 5-3-10 所示。

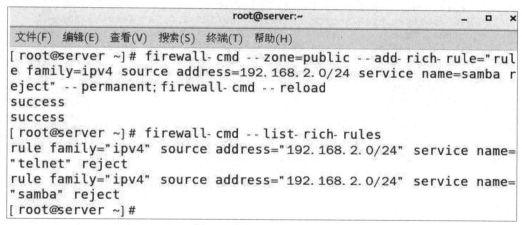

图 5-3-10　添加规则阻止访问 Samba 服务

STEP 3　移除默认允许的 SSH 服务。在终端中执行 firewall-cmd --zone=public --remove-service=ssh --permanent 命令，拒绝所有主机对服务器 SSH 服务的连接，如图 5-3-11 所示。

STEP 4　禁止除 192.168.1.11 这个 IP 地址以外的所有 IP 地址连接 SSH 服务。在终端中执行 firewall-cmd --zone=public --add-rich-rule="rule family=ipv4 source address=192.168.1.11/32 service name=ssh accept" --permanent 命令，只允许 192.168.1.11 主机访问 SSH 服务，验证策略的有效性，如图 5-3-12 所示。

```
root@server:~                    _ □ ×
文件(F)  编辑(E)  查看(V)  搜索(S)  终端(T)  帮助(H)
[root@server ~]# firewall-cmd --zone=public --remove-service=ssh
--permanent;firewall-cmd --reload
success
success
[root@server ~]# firewall-cmd --zone=public --list-all
public
  target: default
  icmp-block-inversion: no
  interfaces:
  sources:
  services: dhcpv6-client samba telnet
  ports:
  protocols:
  masquerade: no
  forward-ports:
  source-ports:
  icmp-blocks: echo-request
  rich rules:
        rule family="ipv4" source address="192.168.2.0/24" servi
ce name="telnet" reject
        rule family="ipv4" source address="192.168.2.0/24" servi
ce name="samba" reject
[root@server ~]#
```

图 5-3-11　移除默认允许的 SSH 服务

```
文件(F)  编辑(E)  查看(V)  搜索(S)  终端(T)  帮助(H)
[root@server ~]# firewall-cmd --zone=public --add-rich-rule="rul
e family=ipv4 source address=192.168.1.11/32 service name=ssh ac
cept" --permanent;firewall-cmd --reload
success
success
[root@server ~]# firewall-cmd --list-rich-rules
rule family="ipv4" source address="192.168.2.0/24" service name=
"telnet" reject
rule family="ipv4" source address="192.168.2.0/24" service name=
"samba" reject
rule family="ipv4" source address="192.168.1.11/32" service name
="ssh" accept
[root@server ~]#
```

图 5-3-12　验证策略的有效性

STEP 5 验证阻止访问服务器 Telnet 和 Samba 服务的有效性。在位于 192.168.2.0/24 网络的客户端上执行 telnet 192.168.1.12 和 smbclient //192.168.1.12/admin 命令，显示拒绝访问，如图 5-3-13 所示。

```
文件(F)  编辑(E)  查看(V)  搜索(S)  终端(T)  帮助(H)
[admin@localhost ~]$ telnet 192.168.1.12
Trying 192.168.1.12...
telnet: connect to address 192.168.1.12: Connection refused
[admin@localhost ~]$ smbclient //192.168.1.12/admin
do_connect: Connection to 192.168.1.12 failed (Error NT_STATUS_CONNECTI
```

图 5-3-13　验证阻止访问服务器 Telnet 和 Samba 服务的有效性

STEP 6 验证只允许 192.168.1.11 主机能够访问服务器 SSH 服务。在主机地址为 192.168.1.11 的客户端上执行 ssh 192.168.1.12 命令能够登录服务器，登录后显示来自 192.168.1.11 主机的远程登录，如图 5-3-14 所示。

```
文件(F)  编辑(E)  查看(V)  搜索(S)  终端(T)  帮助(H)
[root@localhost ~]# ssh 192.168.1.12
The authenticity of host '192.168.1.12 (192.168.1.12)' can't be established.
ECDSA key fingerprint is SHA256:oWlkz3AyGVEzzUlSbENQ5EeBqYqZcGCKGcKPh3ibra4.
ECDSA key fingerprint is MD5:37:41:e4:56:56:e6:06:48:40:e0:d4:f1:09:5a:6c:12.
Are you sure you want to continue connecting (yes/no)? yes
Warning: Permanently added '192.168.1.12' (ECDSA) to the list of known hosts.
root@192.168.1.12's password:
Last login: Mon Jun 12 20:16:09 2023
[root@localhost ~]# w
 20:20:52 up 6 min,  3 users,  load average: 0.08, 0.64, 0.42
USER     TTY      FROM             LOGIN@   IDLE   JCPU   PCPU WHAT
admin    :0       :0               20:15   ?xdm?  1:09   0.78s /usr/libexec/g
n
admin    pts/0    :0               20:16   36.00s  0.28s  1.10s /usr/libexec/g
n
root     pts/1    192.168.1.11     20:20    4.00s  0.05s  0.01s w
[root@localhost ~]# exit
登出
Connection to 192.168.1.12 closed.
```

图 5-3-14　验证 SSH 服务

思考与练习

1．请简述 Linux 防火墙 firewalld 的区域。

2．请简述 Linux 防火墙 firewall-cmd 命令的基本用法。

3．请简述 Linux 防火墙 firewall-cmd 命令中富规则的用法。

4．在 CentOS 7 服务器上开启防火墙服务，阻止网络 192.168.3.0/24 对服务器 TCP 80、443 端口的访问，并在客户端中验证防火墙规则的有效性。

任务 4　虚拟防火墙配置

学习目标

1．能掌握虚拟防火墙的基本概念；

2．能掌握安全组的主要功能；

3．能掌握安全组的使用流程；

4．能使用安全组配置规则保护云服务器实例；

5．通过虚拟防火墙的配置，培养并保持系统防护的良好意识和防护习惯。

任务描述

随着云计算技术的不断成熟，公司已经将门户网站放到私有云平台上。公司要求 IT 管理部使用虚拟防火墙对云服务器进行保护，安排管理员登录云平台的控制台，配置防火墙与安全组，实现网络流量的精确控制和保护。为此，管理员需要完成以下运维工作：

（1）在云平台上部署一台 Linux 云主机实例。

（2）任何人都可以访问云主机的 HTTP 服务，只允许 IP 地址 192.168.13.101 能登录云主机的 FTP 和 SSH 服务。

知识准备

虚拟防火墙又被称为云防火墙，是专门为难以或无法部署硬件防火墙的环境而设计的网络安全解决方案。例如，公有云和私有云环境、软件定义网络（SDN）等。它可以针对云上网络资产的互联网边界、虚拟私有云（VPC）边界及主机边界实现三位一体的统一安全隔离管控，是业务上云的第一道网络防线。

1. 云防火墙介绍

云防火墙主要包含互联网边界防火墙、VPC 边界防火墙、主机边界防火墙，为互联网、虚拟网络、主机 3 种边界提供防护，如图 5-4-1 所示。

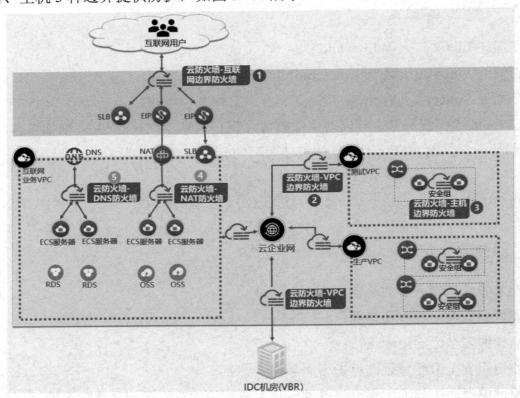

图 5-4-1　云防火墙案例全景图

（1）互联网边界防火墙

互联网边界防火墙主要用于检测互联网和云上资产间的通信流量，它是一种集中式管理的防火墙。互联网边界防火墙部署在互联网和用户主机之间。

（2）VPC 边界防火墙

VPC 边界防火墙主要用于检测两个 VPC 间的通信流量，是一种分布式防火墙。VPC 边界防火墙部署在两个 VPC 网络之间。

（3）主机边界防火墙

安全组是 ECS（Elastic Compute Service）提供的分布式虚拟主机边界防火墙，具备状态检测和数据包过滤功能，用于设置 ECS 实例间的网络访问控制。安全组是由同一个地域（Region）内具有相同安全防护需求并相互信任的实例组成。

2. OpenStack 防火墙功能实现

OpenStack 是一个开源的云计算管理平台项目，为私有云和公有云提供可扩展的、弹性的云计算服务。OpenStack 防火墙通过 3 种方式实现：安全组（Security Group）、防火墙即服务（Firewall-as-a-Service，FWaaS）、端口安全（Port Security）。在任务中主要使用 OpenStack 安全组来实现虚拟主机的访问流量控制。

（1）安全组功能

安全组是一种网络访问控制的机制，是一些规则的集合，用来对虚拟主机的访问流量加以限制，其实质上是通过 iptables 规则控制进出实例的流量。

通过使用 OpenStack 安全组，可以实现网络流量的精确控制和保护，确保虚拟机实例在云平台中的安全。以下是 OpenStack 安全组的一些主要功能。

- 防火墙规则：安全组允许定义规则，可以指定允许或拒绝特定的 IP 地址、端口和协议。
- 入站和出站过滤：可以配置安全组规则来限制入站和出站的网络流量。
- 安全组策略：可以将多个虚拟机实例分组，并为每个组分配安全组。这样就可以通过应用相同的规则集合来管理整个组内实例的流量。
- 动态更新：可以随时更改安全组规则，而不会中断虚拟机实例的运行。

（2）安全组的操作

在创建实例时需要指定安全组，每个实例至少属于一个安全组，OpenStack 有一个默认的 default 安全组。使用安全组的流程如图 5-4-2 所示。

图 5-4-2　安全组使用流程

不能删除一个项目的默认安全组，也不能删除已经被指定给正在运行的实例的安全组。

任务环境

- ✓ VM Workstation 虚拟化平台
- ✓ CentOS 7 虚拟机，OpenStack 云平台
- ✓ Windows 10 虚拟机
- ✓ 实验环境的网络拓扑（如图 5-4-3 所示）

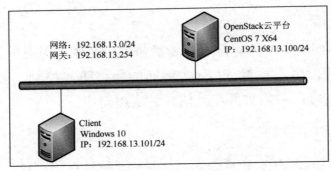

图 5-4-3　网络拓扑

学习活动

活动 1　部署云服务器实例

[数字资源]

视频：部署云服务器实例

公司已经部署了 OpenStack 云平台，根据业务上云的需求，要求 IT 安全管理员在云平台上部署一台 Linux 云主机实例，具体活动要求如下：

（1）创建 Linux 云主机，实例镜像使用 centos65，实例规格使用 m1.small，网络使用 Internal（已定义），安全组使用默认的 default。

（2）为实例绑定浮动 IP 地址，使用 Outside 网络（已定义）自动分配。

STEP 1　在客户端浏览器地址栏中输入 http://192.168.13.100/dashboard 访问云平台，创建 Linux 云主机。

（1）在云平台左侧窗口中，选择【项目】→【云主机】选项，单击右侧窗口中的【创建云主机】按钮，弹出【启动实例】对话框，如图 5-4-4 所示。

图 5-4-4　创建云主机

（2）输入实例名称 c65，单击【下一步】按钮，选择 centos65 镜像源，如图 5-4-5 所示。

（3）继续单击【下一步】按钮，选择 m1.small 实例规格，如图 5-4-6 所示。

（4）单击【下一步】按钮，选择 Internal 网络，如图 5-4-7 所示。

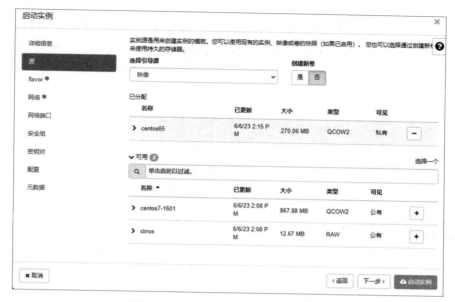

图 5-4-5　选择 centos65 镜像源

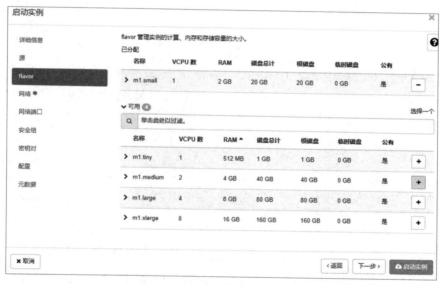

图 5-4-6　选择云主机规格

图 5-4-7　选择云主机网络

（5）继续单击【下一步】按钮，在安全组对话框中，选择默认的安全组 default，如图 5-4-8 所示，单击【启动实例】按钮，完成云主机 c65 的创建。

图 5-4-8　选择云主机的安全组

STEP 2　为实例 c65 绑定浮动 IP 地址，具体步骤如下。

（1）在实例 c65 的右侧，单击下拉按钮，在弹出的下拉列表中选择【绑定浮动 IP】选项，如图 5-4-9 所示。

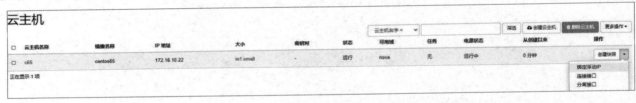

图 5-4-9　选择【绑定浮动 IP】选项

（2）在弹出的【管理浮动 IP 的关联】对话框中，单击【+】按钮，选择一个 IP 地址，如图 5-4-10 所示。

（3）在弹出的【分配浮动 IP】对话框中，如图 5-4-11 所示，单击【分配 IP】按钮。

图 5-4-10　【管理浮动 IP 的关联】对话框

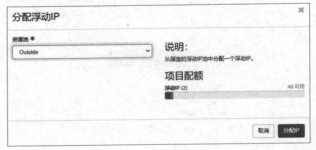

图 5-4-11　【分配浮动 IP】对话框

（4）返回【管理浮动 IP 的关联】对话框，如图 5-4-12 所示，单击【关联】按钮，绑定 IP 地址。

（5）查看【云主机】对话框，可以看到云主机 c65 已经绑定浮动 IP 地址，如图 5-4-13 所示。

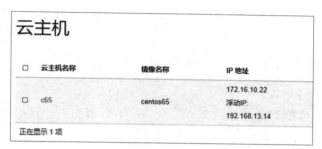

图 5-4-12　关联浮动 IP 地址　　　　　图 5-4-13　查看云主机绑定的浮动 IP 地址

活动 2　配置防火墙与安全组保护实例

[数字资源]

视频：配置防火墙与安全组保护实例

云主机实例上已经部署了 HTTP 和 FTP 服务，在发布网站前，公司要求 IT 安全管理员使用云平台的防火墙与安全组功能，做好安全防护，具体活动要求如下：

（1）配置防火墙，只允许 IP 地址 192.168.13.101 登录云主机，任何 IP 地址可以访问云主机的 HTTP 服务。

（2）配置安全组，放行云主机的 SSH、FTP 与 HTTP 服务。

STEP 1　配置防火墙，具体步骤如下。

（1）在云平台左侧窗口中，选择【项目】→【网络】→【防火墙】选项，在右侧防火墙窗口中选择【防火墙规则】选项卡，单击【添加规则】按钮，如图 5-4-14 所示。

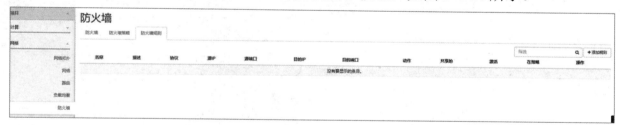

图 5-4-14　防火墙规则页面

（2）在弹出的【添加规则】对话框中，添加两条规则，只允许 IP 地址 192.168.13.101 登录云主机，任何 IP 地址都可以访问云主机的 HTTP 服务，如图 5-4-15 所示。

（3）选择【防火墙策略】选项卡，创建策略，将规则加入策略，如图 5-4-16 所示。

（4）选择【防火墙】选项卡，创建防火墙，选择路由，如图 5-4-17 所示，并单击【添加】按钮。

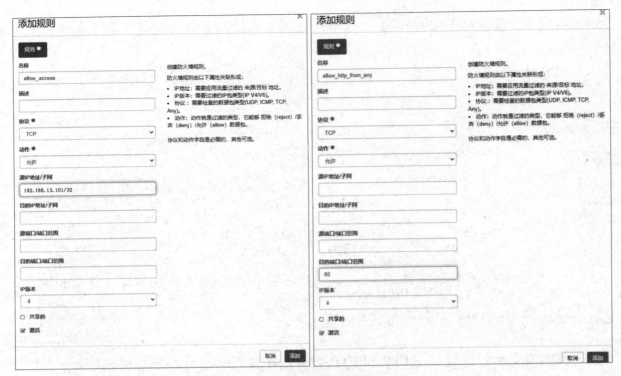

图 5-4-15　添加规则

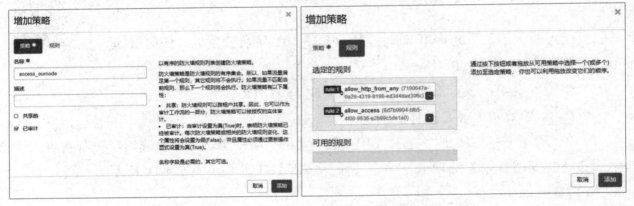

图 5-4-16　创建策略并关联规则①

图 5-4-17　创建防火墙并选择路由

---

① 图 5-4-16 中"其它"的正确写法应为"其他"，后文同。

STEP 2　配置安全组，具体步骤如下。

（1）在云平台左侧窗口中，选择【项目】→【计算】→【访问&安全】选项，在右侧窗口中可以看到 default 安全组，如图 5-4-18 所示。

图 5-4-18　default 安全组

（2）单击【管理规则】按钮，打开管理安全组规则对话框，添加 21、22、80 端口的访问规则，如图 5-4-19 所示。

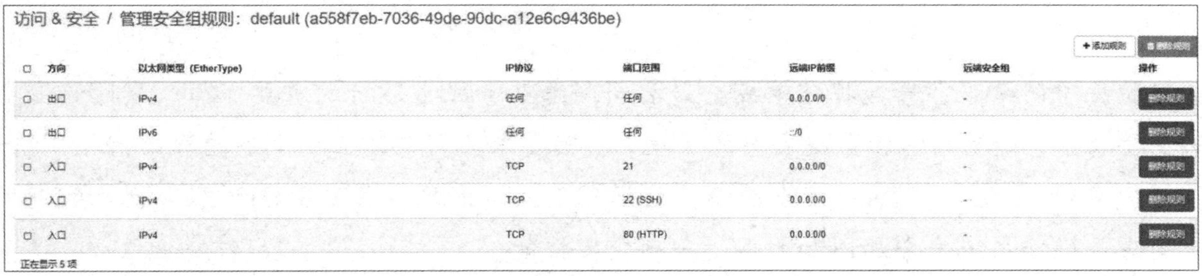

访问 & 安全 / 管理安全组规则: default (a558f7eb-7036-49de-90dc-a12e6c9436be)

方向	以太网类型 (EtherType)	IP协议	端口范围	远端IP前缀	远端安全组	操作
出口	IPv4	任何	任何	0.0.0.0/0	-	删除规则
出口	IPv6	任何	任何	::/0	-	删除规则
入口	IPv4	TCP	21	0.0.0.0/0	-	删除规则
入口	IPv4	TCP	22 (SSH)	0.0.0.0/0	-	删除规则
入口	IPv4	TCP	80 (HTTP)	0.0.0.0/0	-	删除规则

正在显示 5 项

图 5-4-19　管理规则

（3）查看云主机实例的详细信息，可以看到安全组的设置，如图 5-4-20 所示。

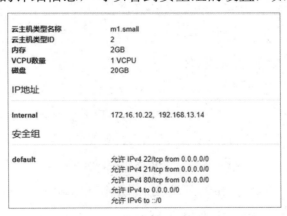

图 5-4-20　查看云主机实例的安全组

思考与练习

1．请说出云防火墙主要包含哪 3 种边界防护？请分别简述其功能。

2．请列出 OpenStack 防火墙的 3 种实现方式。

3．使用 centos65 镜像、m2.medium 实例规格、Internal 网络创建 Linux 实例，将其作为 Web 服务器，并使用默认的安全组为实例自动分配浮动 IP 地址。

4．为 Web 服务器实例配置安全组，要求只能访问该实例的 SSH 和 HTTP 服务。

模块 6

服务器连接安全配置

保护公司网络服务器数据传输安全是公司网络业务正常运行的重要保障。在网络安全等级保护要求中，针对网络和系统安全的管理，明确要求公司要建立安全通信和访问控制机制，通过创建 IP 安全策略、IPSec 安全策略实现通信安全。因此，在 Windows 服务器上配置安全连接策略是操作系统安全加固和管理的一项重要技能。

本模块将介绍 Windows 服务器中常用的安全连接策略管理方法，需要掌握的主要知识与技能有：

- 创建 IP 筛选器的方法
- 基于 IP 筛选器的 IP 安全策略
- IPSec 加密算法及认证算法配置
- 配置 IPSec 传输模式的方法

通过对本模块知识的学习，以及技能的训练，可以掌握以下操作技能：

- 能根据实际需求创建基于 IP 筛选器的 IP 安全策略
- 能根据实际需求配置安全协议的认证及加密算法
- 能根据实际需求进行 IPSec 加密算法及认证算法的配置
- 能根据实际需求进行 IPSec 传输模式的配置

任务 1 配置 IP 安全策略

★ 学习目标

1. 能掌握创建 IP 筛选器列表的方法；
2. 能掌握管理 IP 筛选器操作的方法；
3. 能使用本地安全策略工具管理 IP 筛选器列表和操作；

4．能使用本地安全策略工具创建与分配 IP 安全策略；

5．通过配置 IP 安全策略操作，培养并保持良好的系统防护意识和防护习惯。

🔍 任务描述

公司依据网络安全等级保护中对于安全通信和访问控制的相关要求，需要针对公司中的 Windows Server 2019 服务器进行 TCP/IP 协议安全配置，从而控制入站访问，保护服务器的安全。为此，管理员需要完成以下安全运维工作：

（1）创建并管理 IP 筛选器列表和操作。

（2）创建与分配 IP 安全策略。

📅 知识准备

IP 安全策略是一个基于通信分析的策略，它首先将通信内容与设定好的规则进行比较，以判断通信是否与预期相吻合，然后决定是允许还是拒绝通信的传输。IP 安全策略可以通过定义 IP 筛选器列表和操作实现更为精确的 TCP/IP 安全通信。

1．IP 筛选器

IP 筛选器通过源地址、目标地址、协议、源端口和目标端口来匹配数据包，实现 TCP/IP 安全通信。在通常情况下，IP 筛选器定义需要包含下列设置：

- IP 数据包的源地址和目标地址。
- 用于传送数据包的协议。
- TCP 和 UDP 协议的源端口和目标端口。

在 Windows 系统中，实现 IP 安全策略需要创建与管理 IP 筛选器列表和 IP 筛选器操作。

（1）IP 筛选器列表

IP 筛选器列表就是一组通信的集合。IP 筛选器列表包含一个或多个筛选器，这些筛选器定义了 IP 地址和通信类型，一个 IP 筛选器列表可用于多种通信方案。

（2）IP 筛选器操作

IP 筛选器操作的行为有许可、阻止和协商安全。通常 IP 流量过滤使用阻止或许可规则。管理员还可以根据与源、目标和 IP 通信类型的匹配情况触发安全协商，这种类型的 IP 数据包筛选使管理员能够准确定义需要保护的具体 IP 通信。

2．IP 安全策略的操作方法

通过执行本地计算机的 IP 安全策略功能，实现 IP 筛选器定义和 IP 筛选器操作行为的设置。例如，阻止恶意 IP 地址的入站访问，需要以下几个步骤：

（1）管理 IP 筛选器列表，设置需要被拦截的 IP 地址。

（2）管理 IP 筛选器操作，设置拦截动作，选择许可或阻止。

（3）创建 IP 安全策略，将 IP 筛选器列表和操作关联起来。

（4）分配 IP 安全策略，执行分配动作使策略生效。

任务环境

- ✓ VM Workstation 虚拟化平台
- ✓ Windows Server 2019 虚拟机
- ✓ Windows 10 虚拟机
- ✓ 实验环境的网络拓扑（如图 6-1-1 所示）

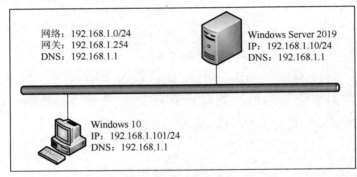

图 6-1-1　网络拓扑

学习活动

[数字资源]

视频：管理 IP 筛选
器列表和操作

活动 1　管理 IP 筛选器列表和操作

管理员登录 Windows Server 2019 服务器，定义 TCP/IP 筛选操作，阻止恶意 IP 地址的入站访问，保证服务器的安全，具体活动要求如下：

（1）创建 IP 筛选器列表，设置拦截 IP 地址 192.168.1.101。

（2）设置 IP 筛选器操作，以及阻止的拦截动作。

STEP 1　创建 IP 筛选器列表。打开【本地安全策略】界面，首先选择左侧窗格中的【安全设置】→【IP 安全策略，在本地计算机】选项，然后在右侧窗格空白处右击，弹出快捷菜单，如图 6-1-2 所示。

STEP 2　选择【管理 IP 筛选器列表和筛选器操作】命令，打开【管理 IP 筛选器列表和筛选器操作】对话框，如图 6-1-3 所示。

STEP 3　单击【添加】按钮，打开【IP 筛选器列表】对话框，开始创建 IP 筛选器列表，设置 IP 筛选器列表名称和描述信息，如图 6-1-4 所示。

在图 6-1-4 中，可以使用"添加向导"为 IP 筛选器列表创建多个 IP 筛选器。这样，多个子网、IP 地址和协议被定义到一个通信集中。

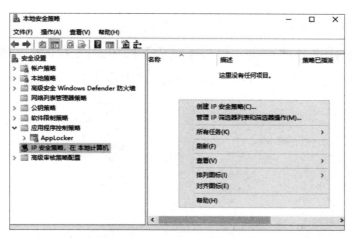

图 6-1-2 创建 IP 筛选器列表

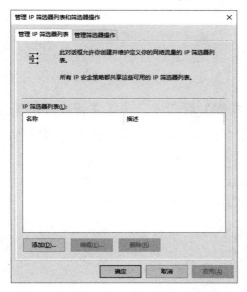

图 6-1-3 【管理 IP 筛选器列表和筛选器操作】对话框

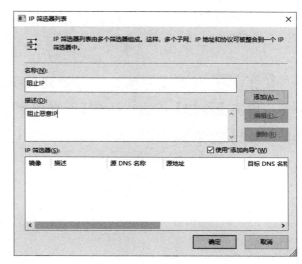

图 6-1-4 【IP 筛选器列表】对话框

STEP 4 在【IP 筛选器列表】对话框中，单击【添加】按钮，弹出欢迎使用 IP 筛选器向导对话框，连续单击【下一页】按钮，在【IP 流量源】对话框和【IP 流量目标】对话框中，分别指定 IP 流量的源地址和目标地址，如图 6-1-5 所示。

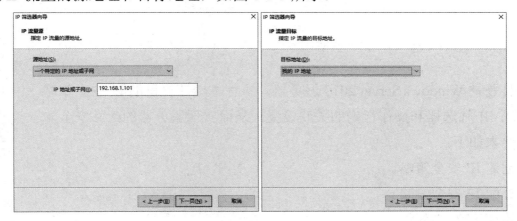

图 6-1-5 指定源地址与目标地址

STEP 5 选择任何协议类型，如图 6-1-6 所示。

STEP 6 完成 IP 筛选器的定义，单击【完成】按钮返回【IP 筛选器列表】对话框，可以看到已经定义的 IP 筛选器，如图 6-1-7 所示，单击【确定】按钮完成 IP 筛选器列表的定义。

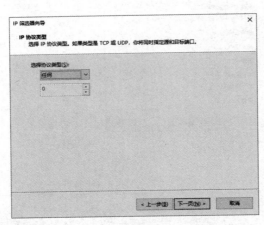
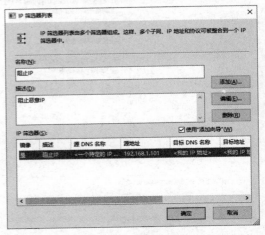

图 6-1-6 设置 IP 协议类型　　　　　图 6-1-7 返回【IP 筛选器列表】对话框

STEP 7 返回【管理 IP 筛选器列表和筛选器操作】对话框，选择【管理筛选器操作】选项卡，单击【添加】按钮，打开【筛选器操作向导】对话框，依次设置 IP 筛选器操作名称和描述信息，以及筛选器操作的行为，如图 6-1-8 所示，直至完成 IP 筛选器操作的设置。

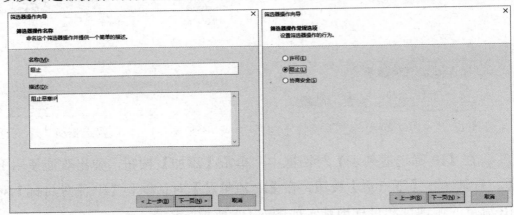

图 6-1-8 设置 IP 筛选器操作

活动 2 创建与分配 IP 安全策略

管理员登录 Windows Server 2019 服务器，执行本地计算机的 IP 安全策略功能，完成 IP 筛选器和操作行为的关联设置，从而实现服务器的入站安全，具体活动要求如下：

（1）创建 IP 安全策略。

（2）分配 IP 安全策略。

（3）验证策略有效性。

[数字资源]

视频：创建与分配 IP 安全策略

STEP 1 在【本地安全策略】界面中，首先选择【安全设置】→【IP 安全策略，在本地计算机】选项，然后在右侧窗格空白处右击，在弹出的菜单中选择【创建 IP 安全策略】命令，如图 6-1-9 所示。

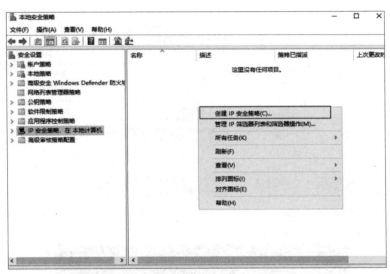

图 6-1-9　选择【创建 IP 安全策略】命令

STEP 2 弹出【IP 安全策略向导】对话框，单击【下一页】按钮，在【IP 安全策略名称】对话框的【名称】文本框和【描述】文本框中分别输入名称和描述信息，如图 6-1-10 所示。

STEP 3 继续设置 IP 安全策略，在 IP 安全策略属性对话框中添加 IP 安全规则，在【IP 筛选器列表】对话框中，选择在活动 1 中创建的 IP 筛选器列表，如图 6-1-11 所示，单击【下一页】按钮。

图 6-1-10　输入名称和描述信息

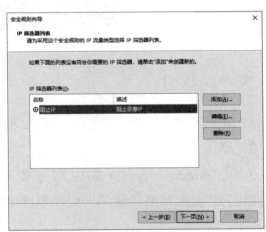

图 6-1-11　选择 IP 筛选器列表

STEP 4 在【筛选器操作】对话框中，选择在活动 1 中创建的 IP 筛选器操作，如图 6-1-12 所示。

STEP 5 执行完安全规则向导后，分配阻止安全策略，使 IP 安全策略生效，如图 6-1-13 所示。

STEP 6 在客户端中执行 ping 命令测试，结果显示：来自 192.168.1.101 的主机无法使用 ping 命令与服务器通信，说明 IP 安全策略生效，如图 6-1-14 所示。

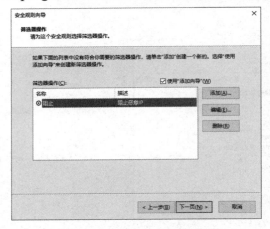

图 6-1-12　选择 IP 筛选器操作

图 6-1-13　分配阻止安全策略

图 6-1-14　验证 IP 安全策略

思考与练习

1．请说出创建 IP 筛选器需要定义的设置选项。

2．请简述创建 IP 安全策略的方法。

3．在 Windows Server 2019 服务器中，以管理员身份运行本地安全策略程序，设置基于 IP 筛选器的 IP 安全策略，要求只允许来自 192.168.1.13 的主机能够访问该服务器的远程桌面服务。

任务 2　配置 IPSec 传输模式

学习目标

1．能掌握传输模式和隧道模式的应用场景；

2．能掌握 IPSec 传输模式的配置方法；

246

3. 能掌握传输模式和隧道模式的数据封装格式；

4. 能使用 IP 安全策略配置 IPSec 传输模式，加密网络传输数据；

5. 通过配置 IPSec 传输模式，培养并保持系统防护的良好意识和防护习惯。

任务描述

公司有两台重要的数据库服务器，经常需要进行同步复制和异地备份。为了保证数据在网络传输中的安全，需要管理员实现服务器间端到端的数据传输加密，确定如下方案：

- 不需要增加额外设备，使用 Windows 服务器自带的 IP 安全策略。
- 使用 IPSec 传输模式来实现两台服务器间端到端的数据传输加密。
- 密钥管理采用预共享密钥，隧道加密采用 3DES 加密算法，并采用 AH 进行鉴别。

为此，管理员需要完成以下安全运维任务：

（1）两台服务器间设置 IPSec 传输模式，加密网络传输数据。

（2）捕获两台服务器间的传输数据包，验证通信加密。

知识准备

IPSec（Internet Protocol Security）是 IETF 提出的使用密码学保护 IP 层通信的安全保密架构，通过对 IP 协议的分组进行加密和认证来保护 IP 协议的网络传输协议簇，从而确保在 Internet 协议的网络上进行保密且安全的通信。

1. IPSec 体系结构

IPSec 主要目标是确保数据在传输过程中的机密性、完整性和可用性，这些目标是通过使用基于加密的保护服务、安全协议与动态密钥管理来实现的。

IPSec 实现的体系结构，如图 6-2-1 所示。

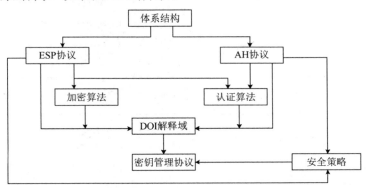

图 6-2-1　IPSec 体系结构

（1）ESP（Encapsulated Security Payload，封装安全载荷）协议。它用来向 IP 层提供数据完整性检验、数据加密及身份验证以应对网络上的监听。

（2）AH（Authentication Header，身份验证报头）协议。它用来向 IP 通信提供数据完整性和身份验证，同时可以提供抗重播服务，但不提供数据加密保护。

（3）加密算法。在 ESP 中使用的不同加密算法，如 DES、3DES 等。

（4）认证算法。在 AH 和 ESP 中使用的不同身份验证算法，如 MD5 等。

（5）DOI（Domain of Interpretation）解释域。它用来存放密钥管理协议协商的参数，如加密及认证算法的标识符、运作参数等。

（6）密钥管理协议（Internet Security Association and Key Management Protocol）。它用于通信实体间密钥的产生、注册、分发、安装、更新、删除等管理。

（7）安全策略。它用来决定两个通信实体间如何通信，其核心由安全关联 SA（Security Association）、安全关联数据库、安全策略数据库 3 部分组成。

2．IPSec 封装模式

IPSec 有两种封装模式：传输（Transport）模式和隧道（Tunnel）模式。

传输模式：只是传输层数据被用来计算 AH 或 ESP 头，AH 或 ESP 头及 ESP 加密的用户数据被放置在原 IP 包头后面。通常，传输模式应用于两台主机之间的通信，或者一台主机和一个安全网关之间的通信。

隧道模式：用户的整个 IP 数据包被用来计算 AH 或 ESP 头，AH 或 ESP 头及 ESP 加密的用户数据被封装在一个新的 IP 数据包中。通常，隧道模式应用于两个安全网关之间的通信。

传输模式和隧道模式的数据包封装格式，如图 6-2-2 所示。

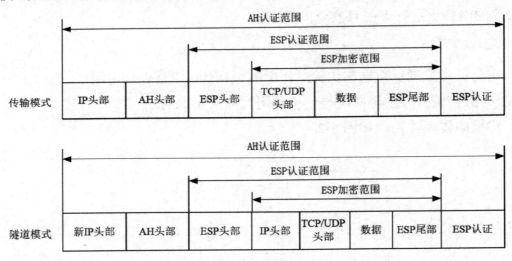

图 6-2-2　传输模式和隧道模式的数据包封装格式

任务环境

✓ VM Workstation 虚拟化平台

✓ Windows Server 2019 虚拟机

✓ 实验环境的网络拓扑（如图 6-2-3 所示）

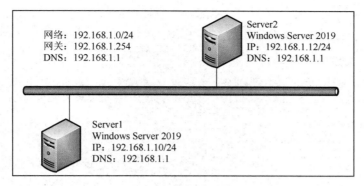

图 6-2-3　网络拓扑

学习活动

活动 1　捕获网络传输数据包验证明文传输

[数字资源]

视频：捕获网络
传输数据包验证
明文传输

管理员登录 Windows Server 2019 服务器，捕获两台服务器间的传输数据，验证在网络中传输的数据包是明文的，以便获得公司管理层的支持，实施服务器间传输数据加密方案。具体活动要求如下：

（1）在服务器 Server1 上安装 Wireshark 软件。

（2）在两台服务器间发送 ping 包，捕获数据包，分析确认明文传输。

STEP 1　在服务器 Server1 上安装 Wireshark 软件并启动，其启动界面如图 6-2-4 所示。

图 6-2-4　Wireshark 启动界面

STEP 2　在安装 Wireshark 的服务器 Server1 上执行 ping 192.168.1.12 命令，同时捕获数据包，如图 6-2-5 所示。

STEP 3　选取捕获的数据包，查看数据包详细信息，如图 6-2-6 所示，显示是明文数据，发现数据包中的内容都是可以阅读的，证明网络通信是明文的。

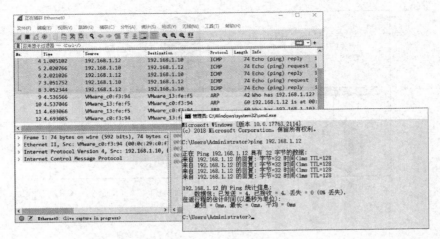

图 6-2-5　捕获数据包

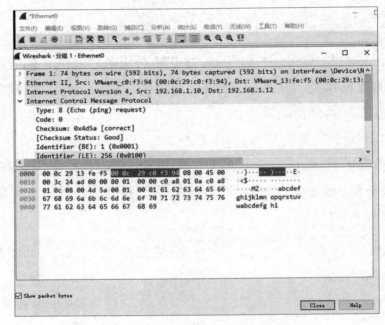

图 6-2-6　查看数据包详细信息

活动 2　使用 IPSec 设置端到端的网络传输加密

[数字资源]

视频：使用 IPSec 设置端到端的网络传输加密

管理员登录服务器，分别在两台服务器上配置 IP 安全策略，实现 IPSec 的加密通信，具体活动要求如下：

（1）创建 IP 安全策略保护两台服务器之间的所有通信。

（2）采用预共享密钥 Xxjs@1008 进行身份验证，隧道加密采用 3DES 加密算法，并采用 AH 进行鉴别。

STEP 1　在服务器 Server1 的搜索框中输入 secpol.msc，打开【本地安全策略】界面。首先选择左侧窗格中的【安全设置】→【IP 安全策略，在本地计算机】选项，然后在右侧窗格空白处右击，在弹出的快捷菜单中选择【创建 IP 安全策略】命令，如图 6-2-7 所示，将该安全策略命名为 IPSec。

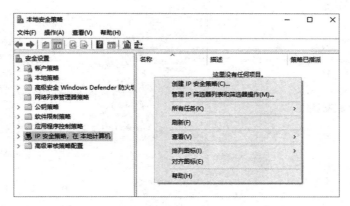

图 6-2-7　选择【创建 IP 安全策略】命令

STEP 2　在【IPSec 属性】对话框中，添加 IP 安全规则，启动创建 IP 安全规则向导，直到出现 IP 筛选器界面，添加一个新的 IP 筛选器列表，名称为 server1-to-2，并定义其属性，如图 6-2-8 所示。

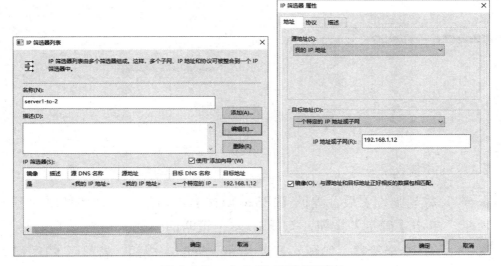

图 6-2-8　定义 IP 筛选器列表

其属性如下。

- 地址：源地址为【我的 IP 地址】，目标地址为【192.168.1.12】。
- 协议：选择【任何】选项。

完成后，在 IP 筛选器列表中，选中已经创建的 IP 筛选器列表 server1-to-2，如图 6-2-9 所示。

STEP 3　单击【下一页】按钮，在【筛选器操作】对话框中，添加一个新的筛选器操作，将其命名为 ipsec_server12，选择筛选器操作的行为是【协商安全】，IP 流量安全采用自定义方式设置，如图 6-2-10 所示。

完成后，在【筛选器操作】对话框的【筛选器操作】列表框中，选中已经创建的筛选器操作 ipsec_server12，如图 6-2-11 所示。

STEP 4　单击【下一页】按钮，在【身份验证方法】对话框中，设置使用预共享密钥的验证方法，如图 6-2-12 所示。

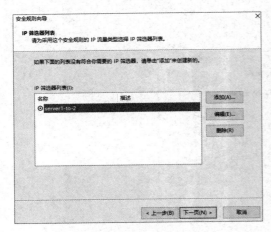

图 6-2-9　IP 筛选器列表

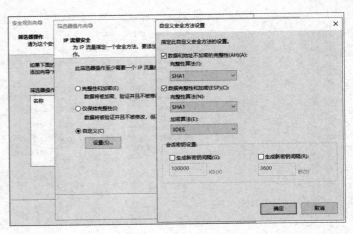

图 6-2-10　设置筛选器操作

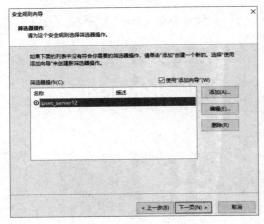

图 6-2-11　选中筛选器操作

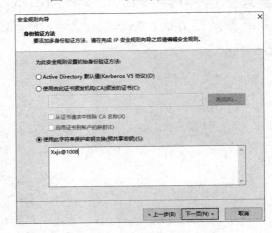

图 6-2-12　身份验证方法

STEP 5 在完成规则设置后，返回【IPSec 属性】对话框，选择要使用的 IP 安全规则，如图 6-2-13 所示，单击【确定】按钮，完成 IP 安全策略的创建。

STEP 6 分配 IP 安全策略，如图 6-2-14 所示。分配完成后，若显示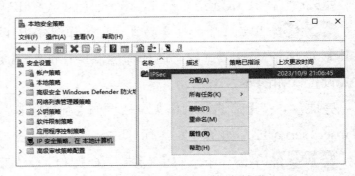图标，则说明 IP 安全策略已经生效。

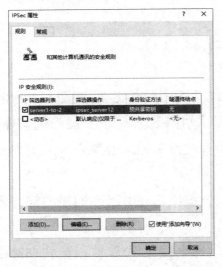

图 6-2-13　选择要使用的 IP 安全规则

图 6-2-14　分配 IP 安全策略

STEP 7　在另一台服务器 Server2 上，重复上述步骤，要注意源地址、目标地址需要互换一下，如图 6-2-15 和图 6-2-16 所示。设置完成后，单击【分配】按钮即可。

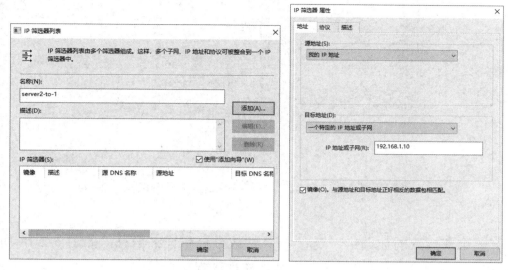

图 6-2-15　Server2 IP 筛选器列表

图 6-2-16　Server2 IPSec 属性

活动 3　验证服务器间传输数据已加密

管理员登录服务器 Server1，再次向服务器 Server2 发出 ping 包，并采用 Wireshark 捕获数据包，查看数据包是否已经加密。具体活动要求如下：

（1）在两台服务器间发送 ping 包，同时捕获数据包。

（2）验证服务器间传输数据是否已经加密。

STEP 1　在服务器 Server1 上打开 Wireshark 捕获数据包，同时向 Server2 发出 ping 包，如图 6-2-17 所示。

[数字资源]

视频：验证服务器间传输数据已加密

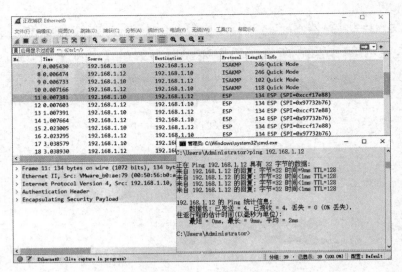

图 6-2-17　捕获数据包

STEP 2　选取捕获的数据包，查看 ESP 协议数据包详细信息，如图 6-2-18 所示，发现数据已经加密，不可阅读，表明服务器间通信被加密保护。

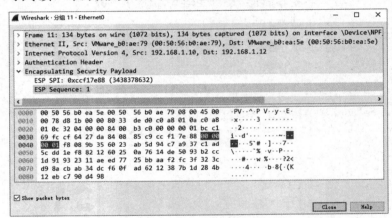

图 6-2-18　查看加密的数据包

思考与练习

1．请简述 IPSec 的安全目标及协议。

2．请简述传输模式和隧道模式的应用场景。

3．请简述服务器之间设置 IPSec 传输模式的步骤。

4．在服务器之间部署 IPSec 传输模式并捕获数据包分析，验证数据传输的安全性。

任务 3　Windows 防火墙连接安全规则的制定

学习目标

1．能掌握 Windows 防火墙建立连接安全规则的设置方式；

2．能掌握 Windows 防火墙 IPSec 加密连接安全规则的制定方法；

3．能根据应用需求制定 Windows 防火墙连接安全规则；

4．通过制定防火墙连接安全规则，培养并保持良好的系统防护意识和防护习惯。

🔍 任务描述

公司有两台重要的服务器，需要管理员使用 Windows 防火墙建立连接安全规则，保证两台服务器间发送信息的安全。为此，管理员需要完成以下运维任务：

（1）在两台服务器上建立 Windows 防火墙连接安全规则，根据需求设置密钥交换、数据保护和身份验证方法。

（2）捕获两台服务器间发送的信息，验证通信是否加密。

📅 知识准备

Windows 高级安全防火墙支持 IPSec 功能，IPSec 使用密钥交换、数据保护、身份验证方法来建立连接安全规则，为通信设备提供身份验证及对特定网络流量进行加密，确保设备之间传输数据的安全。

1．密钥交换（主模式）

密钥交换是指用于保护两个设备之间的主模式协商的安全方法，只能指定一种密钥交换算法，而且必须在两台设备上选择相同的密钥交换算法。

密钥交换使用的安全方法有：完整性算法、加密算法和密钥交换算法，如图 6-3-1 所示。

（1）完整性算法：SHA-1、SHA-256、SHA-384 和 MD5。

（2）加密算法：AES-CBC 256、AES-CBC 192、AES-CBC 128、3DES 和 DES。

（3）密钥交换算法：DH1、DH2、DH14、DH24 等。

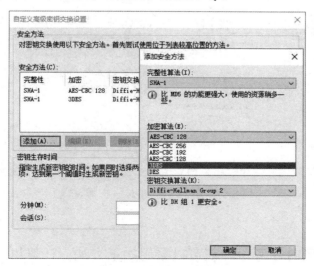

图 6-3-1　密钥交换使用的安全方法

2. 数据保护（快速模式）

在连接安全规则中使用数据保护设置来保护网络流量。在进行自定义数据保护设置时，如果需要对指定区域内的所有网络流量进行加密，则检查【要求所有使用这些设置的连接安全规则使用加密】复选框，勾选该复选框将禁用"数据完整性"部分，并强制仅选择与加密算法组合的"数据完整性和加密"算法，如图6-3-2所示。

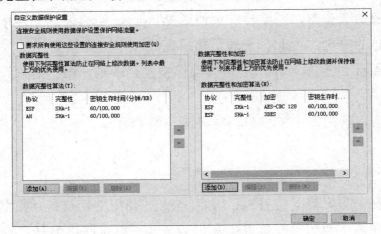

图 6-3-2　数据保护设置

其中，添加"数据完整性算法"，防止在网络上修改数据，可选择适当的协议（ESP 或 AH），支持的完整性算法有 SHA-1、SHA-256、AES-GMAC 128 等；添加"数据完整性和加密算法"，防止在网络上修改数据并保持保密性，可选择适当的协议（ESP 或 ESP 和 AH），支持的加密算法主要有 AES-CBC 128、AES-GCM 128、DES 和 3DES 等，如图6-3-3所示。

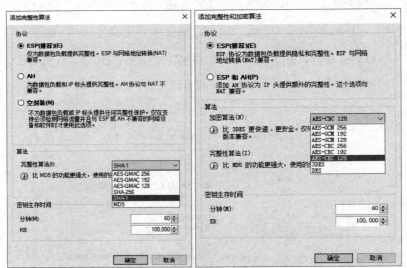

图 6-3-3　设置数据保护算法

3. 身份验证方法

在建立连接安全规则时，身份验证可以采用如下方法：计算机（Kerberos V5）、计算机（NTLMv2）、证书颁发机构（CA）的计算机证书、预共享密钥，如图6-3-4所示。

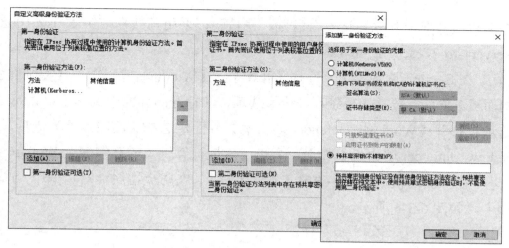

图 6-3-4　设置身份验证方法

任务环境

- ✓ VM Workstation 虚拟化平台
- ✓ Windows Server 2019 虚拟机
- ✓ 实验环境的网络拓扑（如图 6-3-5 所示）

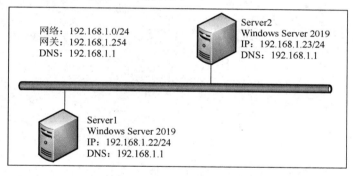

图 6-3-5　网络拓扑

学习活动

活动 1　制定 Windows 防火墙连接安全规则

[数字资源]

视频：制定 Windows
防火墙连接安全规则

管理员登录服务器，分别在两台服务器上配置 Windows 防火墙连接安全规则，保障服务器间发送信息的安全性，具体活动要求如下：

（1）指定 IPSec 建立安全连接的设置方法，具体要求如表 6-3-1 所示。

表 6-3-1　IPSec 设置要求

IPSec 设置	说明
密钥交换	完整性算法 SHA-1、加密算法 3DES、密钥交换算法 DH 组 2
数据保护	采用数据完整性和加密算法： 协议 ESP、加密算法 3DES、完整性算法 SHA-1

（2）在两台服务器上建立连接安全规则，身份验证采用预共享密钥 Xxjs@1008，规则名称分别为 server1-to-2、server2-to-1。

STEP 1 在 Server1 服务器上，选择【开始】→【Windows 系统】→【控制面板】选项，打开【控制面板】界面，选择【系统和安全】选项，在打开的界面中选择【Windows Defender 防火墙】选项，打开【Windows Defender 防火墙】界面，选择【高级设置】选项，打开【高级安全 Windows Defender 防火墙】界面，右击【本地计算机上的高级安全 Windows Defender 防火墙】选项，在弹出的快捷菜单中选择【属性】命令，在防火墙属性对话框中，选择【IPSec 设置】选项卡，如图 6-3-6 所示。

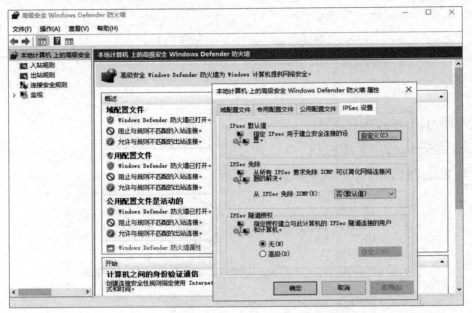

图 6-3-6　选择【IPsec 设置】选项卡

STEP 2 单击【自定义】按钮，设置密钥交换（主模式），采用自定义的方式，按要求设置安全方法：完整性算法 SHA-1、加密算法 3DES、密钥交换算法 DH 组 2，如图 6-3-7 所示。

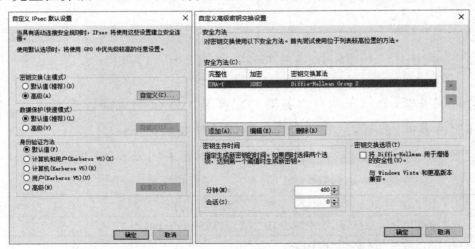

图 6-3-7　自定义密钥交换（主模式）

STEP 3　设置数据保护（快速模式），选中【高级】单选按钮，单击【自定义】按钮，在
【自定义数据保护设置】对话框中，勾选【要求所有使用这些设置的连接安全规则使用加密】
复选框，在数据完整性和加密中设置算法：协议 ESP、完整性算法 SHA-1、加密算法 3DES，
如图 6-3-8 所示。

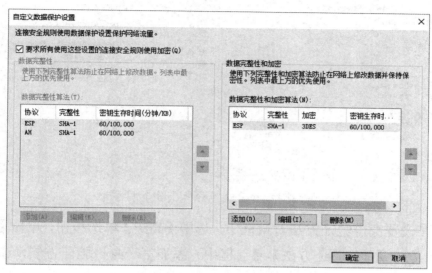

图 6-3-8　自定义数据保护（快速模式）

STEP 4　在【高级安全 Windows Defender 防火墙】对话框中，选择【连接安全规则】选
项，在右侧窗格空白处右击，在弹出的快捷菜单中选择【新建规则】命令，弹出【新建连接
安全规则向导】对话框，选择连接安全规则的类型为【服务器到服务器】，如图 6-3-9 所示，
单击【下一步】按钮。

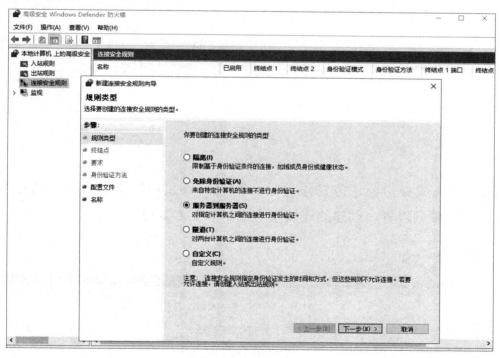

图 6-3-9　选择连接安全规则的类型

STEP 5 设置终结点从 Server1 到 Server2，入站和出站连接都要求身份验证，如图 6-3-10 所示，单击【下一步】按钮。

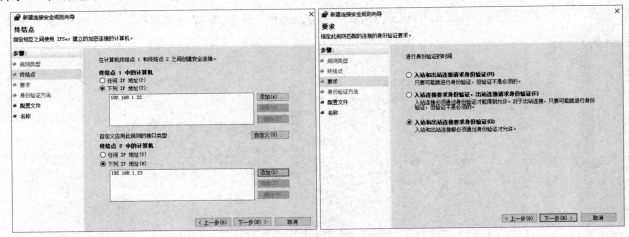

图 6-3-10   设置终结点和身份验证要求

STEP 6 在设置身份验证方法对话框中，选中【高级】单选按钮，单击【自定义】按钮，在弹出的【自定义高级身份验证方法】对话框中，添加第一身份验证方法，选择预共享密钥，如图 6-3-11 所示。

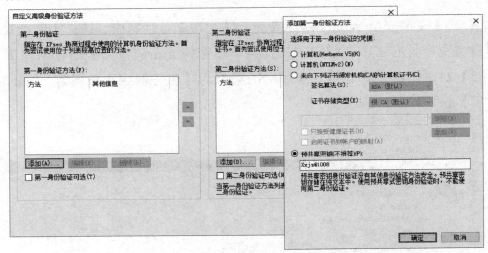

图 6-3-11   设置身份验证方法

STEP 7 在完成身份验证方法设置后，配置文件采用默认设置，将规则名称设置为 server1-to-2，完成规则设置，创建的连接安全规则如图 6-3-12 所示。

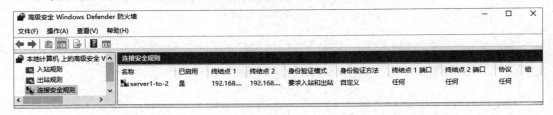

图 6-3-12   Server1 服务器上的连接安全规则

STEP 8 　在 Server2 服务器上重复上述步骤，设置终点结从 Server2 到 Server1，将规则名称设置为 server2-to-1，创建完成后的连接安全规则如图 6-3-13 所示。

图 6-3-13　Server2 服务器上的连接安全规则

活动 2　验证通信数据加密并监视安全关联

[数字资源]
视频：验证通信数据加密并监视安全关联

管理员登录 Server1 服务器，向 Server2 服务器发出 ping 包，并采用 Wireshark 捕获数据包，查看数据包是否加密。同时，在 Windows 防火墙中监视安全关联。具体活动要求如下：

（1）在两台服务器间发送 ping 包，同时捕获数据包，验证服务器间发送的信息是否已经加密。

（2）在 Windows 防火墙中监视安全关联，查看主模式与快速模式。

STEP 1 　在 Server1 服务器上打开 Wireshark 捕获数据包，同时向 Server2 服务器发出 ping 包，如图 6-3-14 所示。

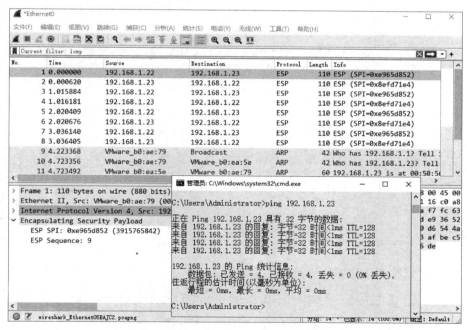

图 6-3-14　Wireshark 捕获数据包

🔊 **小提示**：在 Server2 服务器的防火墙中需要放行 Ping 通信。

STEP 2 　选取捕获的数据包，查看 ESP 协议数据包详细信息，发现数据已经加密，不可阅读，表明服务器间通信被加密保护，如图 6-3-15 所示。

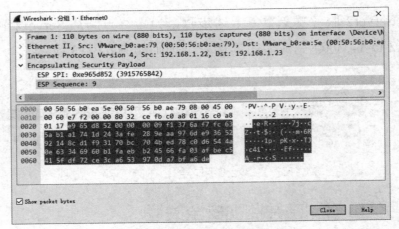

图 6-3-15　数据已加密

STEP 3 在【高级安全 Windows Defender 防火墙】对话框中，展开【监视】→【安全关联】节点，查看主模式和快速模式，分别如图 6-3-16 和图 6-3-17 所示。

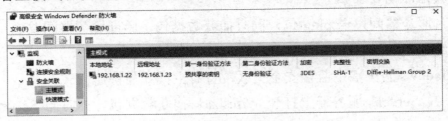

图 6-3-16　查看主模式

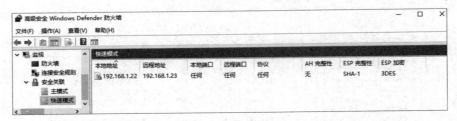

图 6-3-17　查看快速模式

> 小提示：如果主模式和快速模式中已看不到结果，则请重新在 Server1 服务器上向 Server2 服务器发送 ping 包，刷新后就可以看到结果。

思考与练习

1．请简述密钥交换使用的安全方法。

2．请说一说在建立连接安全规则时身份验证的方法有哪些？

3．请简述服务器间制定防火墙连接安全规则的步骤。

4．在两台服务器上使用 Windows 防火墙建立连接安全规则，密钥交换采用默认设置，数据保护采用完整性算法 MD5，身份验证采用预共享密钥的方式。